四川高等职业教育研究中心2018年专项研究课题"生态文明教育内容及其课程体系研究"（课题编号：GZY18B14）成果之一

生态文明教育研究

首届生态文明教育国际学术交流会论文集

阎红 叶建忠 主编

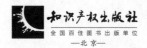

知识产权出版社
全国百佳图书出版单位
—北京—

图书在版编目（CIP）数据

生态文明教育研究：首届生态文明教育国际学术交流会论文集 / 阎红，叶建忠主编 . —北京：知识产权出版社，2019.8

ISBN 978-7-5130-6409-5

Ⅰ．①生… Ⅱ．①阎… ②叶… Ⅲ．①生态环境 – 环境教育 – 国际学术会议 – 文集 Ⅳ．① X171.1–53

中国版本图书馆 CIP 数据核字（2019）第 182738 号

内容提要

本书围绕生态文明与生态文明教育的概念、生态文明教育课程建设与课程资源开发、生态文明教育展望等内容展开学术交流，共设置专家领航、内涵研究、方法研究、课程体系研究、思政教育、体育教育、管理研究 7 个栏目，以期抛砖引玉，在我国高校界就生态文明教育内容引起讨论。

责任编辑：李小娟　　　**责任印制：**孙婷婷

生态文明教育研究——首届生态文明教育国际学术交流会论文集
SHENGTAI WENMING JIAOYU YANJIU:
SHOUJIE SHENGTAI WENMING JIAOYU GUOJI XUESHU JIAOLIUHUI LUNWENJI

阎红　叶建忠　主编

出版发行 知识产权出版社 有限责任公司		**网　　址：** http://www.ipph.cn	
电　　话： 010-82004826		http://www.laichushu.com	
社　　址： 北京市海淀区气象路 50 号院		**邮　　编：** 100081	
责编电话： 010-82000860 转 8531		**责编邮箱：** lixiaojuan@cnipr.com	
发行电话： 010-82000860 转 8101		**发行传真：** 010-82000893	
印　　刷： 北京中献拓方科技发展有限公司		**经　　销：** 各大网上书店、新华书店及相关专业书店	
开　　本： 787mm×1092mm　1/16		**印　　张：** 21.5	
版　　次： 2019 年 8 月第 1 版		**印　　次：** 2019 年 8 月第 1 次印刷	
字　　数： 350 千字		**定　　价：** 78.00 元	
ISBN 978-7-5130-6409-5			

主编

阎红　叶建忠

副主编

刘细丰　马经义　秦佳梅　刘洁　肖玉

编委

庄红　徐伯初　张剑渝

序言

生态文明教育的重要性——祝贺生态文明教育研究中心成立

张象枢

2018年新时代的蓝图已经格外清晰。新时代属于每一个人，每一个人都是新时代的见证者、开创者、建设者。四川国际标榜职业学院为了迎接新时代的到来，与国际生态发展联盟及中欧社会论坛合作，成立了生态文明教育中心。这是新时代下将生态文明大学理念具体落实的划时代之举。

生态文明是人类文明发展的高级阶段，在达到这一文明期间必定要经历一个启蒙时期，例如，工业文明诞生前的文艺复兴时期。

生态文明建设是奠定全面小康社会的生态环境根基，建设美丽中国，为人民创造良好生产生活环境，为全球生态安全做出贡献，是我们每一个人的责任。

在生态文明建设中，生态文明教育必不可少。深化生态文明教育改革是构筑生态文明建设体制、机制的内在动力源。也是构筑绿色"一带一路"，扩大开放是生态文明建设的外在动力源。生态文明教育不仅涉及思想文化的根本转变，而且还要通过生态文明教育将生态文明理念融入经济建设、政治建设、文化建设、社会建设各方面和全过程。

社会主义现代化是人与自然和谐共生的现代化，既要创造更多物质财富和精神财富以满足人民日益增长的美好生活需要，也要提供更多优质的生态产品以满足人民日益增长的对优美生态环境的需要。因此，只有通过生态文明教育改变生产观念和消费观念，才能从根本上改变人们的生产方式和生活方式。

国际生态联盟与中欧社会联盟进行了坚持不懈的努力。如今在四川国际标榜职业学院成立生态文明教育研究中心，标志着中国建立生态文明大学的工作进入了一个新阶段。

感谢四川国际标榜职业学院，正是因为有这一奋力开拓之创新精神，才使得"国际视野、本土立场、鲜明的中国文化特征、并独具新兴健康时尚产业价值高等职业学院的标榜梦"在现实中得以践行。国际生态发展联盟、中欧社会论坛和四川国际标榜职业学院携手合作，为了推进生态文明大学的建设，将构成"三位一体"的长期战略合作伙伴，为建设绿色、包容、共创、共赢、共享的人类共同体做出应有的贡献。

前言

生态文明建设是我国统筹推进"五位一体"总体布局和协调推进"四个全面"战略布局的重要内容，习近平总书记在党的十九大报告中指出，"建设生态文明是中华民族永续发展的千年大计"。文明创新需要以教育创新作为重要支撑，为贯彻习近平生态文明思想，开展生态文明教育刻不容缓。

四川国际标榜职业学院围绕"以美与健康提升人的生命品质"办学理念，长期致力于为服务人的美好生活、健康生活培养高素质技术技能型人才。2018年4月6—8日，四川国际标榜职业学院联合中欧社会论坛（China-Euro Forum）、国际生态文明大学（Association Du Campus International Pour Une Civilisation Ecologique）、北京益地友爱国际环境技术研究院（Beijing EDUI International Environmental Research Institute）成立了"生态文明教育研究中心"（Research Center on Ecological Civilization Education），隆重举行了中心成立及揭牌仪式；其间，中心举办了"首届生态文明教育国际学术交流会"，30余名国内外长期致力于生态文明建设与教育的学者、专家齐聚标榜学院，共同围绕生态文明与生态文明教育的概念、生态文明教育课程建设与课程资源开发、生态文明教育展望等内容进行学术交流。本次学术交流会共收集交流论文43篇，其中校外专家交流论文8篇。四川国际标榜职业学院将论文编辑形成论文集，面向全社会进行发表，以期抛砖引玉，在我国高校界就生态文明教育内容引起讨论；相关意见或建议欢迎反馈至生态文明教育研究中心（联系方式：四川国际标榜职业学院，Email：yu.xiao@polus.edu.cn）。

衷心感谢参加本次学术交流会的学者、专家，感谢为论文提供指导的专家，感谢论文投稿作者，感谢参与首届生态文明教育国际学术交流会论文集论文资料收集及编辑的人员，感谢四川国际标榜职业学院及其教育基金会提供经费支持！

2018年12月10日

Preface

The construction of ecological civilization is an important part of China's overall planning to promote the "Five in One" and "Four Comprehensives" strategic layout. The report of the 19th National Congress of the CPC pointed out, "The construction of ecological civilization is the fundamental task crucial for generations' sustainable development of the Chinese nation." Since education is the cornerstone of all innovations, it is imperative to carry out education on ecological civilization so as to implement Xi Jinping's thought.

Sticking to the school's educational philosophy "Elevate Quality of Life through Arts and Wellbeing", Polus International College has long been committed to train professionals for serving for better life of human beings. During April 6th – 8th, 2018, by convening "The First International Ecological Civilization Education Academic Conference", with the participation of China-Euro Forum, Association Du Campus International Pour Une Civilisation Ecologique and Beijing EDUI International Environmental Research Institute, Polus International successfully established the Research Center on Ecological Civilization Education. More than 30 scholars and experts specialized in ecological civilization attended the conference and conducted academic exchanges on the concept of ecological civilization education, curriculum construction, teaching resource development and future prospects.

After the conference, a total of 43 academic papers were collected, of which 8 were from off-campus experts. These papers were compiled and published by Polus International College, in the hope of drawing out of more valuable research on the ecological civilization. Any comments or suggestions are welcome at Research Center on Ecological Civilization Education. (Contact us: Polus International College, Email: yu.xiao@polus.edu.cn)

Special thanks to the scholars and experts who participated in this academic exchange, the experts who provided guidance for the papers, the authors who contributed the papers, and the people who participated in the collection and editing of the papers. Deepest appreciation to Polus International College and its education foundations for providing financial support!

December 10, 2018

专│家│领│航│

内｜涵｜研｜究

方｜法｜研｜究

课｜程｜体｜系｜研｜究｜

思 ｜ 政 ｜ 教 ｜ 育 ｜

体 | 育 | 教 | 育 |

管 | 理 | 研 | 究 |

Expert Pilot

Connotation Research

Method Study

Curriculum System Research

Ideological and Political Education

Physical Education

Management Research

专　家　领　航

Expert Pilot

生态文明教育研究

首届生态文明教育国际学术交流会论文集

生态教育促进环境经济社会与人全面持续发展的作用

张象枢（中国人民大学 北京 100872）

1 生态教育的核心内容

生态教育的核心内容是关于生态文明理念、原则和目标的教育。

2 生态教育的根本任务

生态文明教育的根本任务是通过各种形式教育全体人民"树立尊重自然、顺应自然、保护自然的生态文明理念",自觉以体现生态文明理念的原则为自己行为的准则,以致力于实现人与自然的和谐为人生追求的目标,为生态文明建设奋斗终生。

3 生态教育在建设中国特色社会主义五位一体整体布局中的作用

经济建设、政治建设、文化建设、社会建设和生态文明建设五位一体协调发展是建设中国特色社会主义的整体布局。生态文明建设在其中具有特别重要的地位和作用,这是由中国向社会主义生态文明转变的历史使命决定的。党的十八大报告明确要求:"面对资源约束趋紧、环境污染严重、生态系统退化的严峻形势,必须树立尊重自然、顺应自然、保护自然的生态文明理念,把生态文明建设放在突出地位,融入经济建设、政治建设、文化建设、社会建设各方面和全过程,努力建设美丽中国,实现中华民族永续发展。"

生态教育通过对受教育者进行生态文明理念、原则和目标的教育,不仅直接推进生态环境建设,而且为生态经济建设、生态政治建设、生态文化建设、生态社会(含资源节约、环境友好社会)建设奠定思想基础,从而有助于将生态文明理念、原则和目标融入建设中国特色五位一体总体布局的整体和全过程。

4 生态教育促进生态良好、生产发展和生活富裕"三生"共赢,实现可持续发展

人类诞生时,生产和生活水平很低,与此同时,其对生态的破坏力也微不足道,生态系统仍能保持完好。农业文明下,生产生活有所改善,但已开始破坏生

态。工业文明，一方面，显著地提高了生产和生活的水准，另一方面，环境污染、资源浪费和生态退化的现实充分表明：只有建设生态文明才能把人类引上生态良好、生产发展和生活富裕的光明大道。

浙江省杭州市临安区太湖源镇白沙村，通过"反思"依靠砍木头、卖木头、卖炭、卖柴不仅不能摆脱贫困，而且陷入"越穷越砍，越砍越穷"的恶性循环的教训，选择了发展林下经济、竹笋加工、开展生态旅游、发展竹文化产业和竹产品设计与技术咨询业等，既能获得高收益，又可保护山区生态环境，实现生态良好、生产发展、生活富裕"三生共赢"。这一经验已在国内外多地推广，被誉为"山区综合可持续发展的临安模式"。

5 生态教育培育人全面发展的作用

5.1 生态教育应贯彻在人全面发展的各个方面

人的全面发展要从德智体美劳五个方面的教育来实现，因此，生态教育也应融入涵盖德智体美劳的一切教育内容之中。而当前生态教育的主要问题之一就是远未能将生态教育全面融入德育、智育、体育、美育、劳育之中。

就其对人全面发展的作用而言，生态教育是生态德智体美劳五位一体的教育，其目的是将生态系统的真善美融入人的身心培育及人通过劳动与自然之间的物质代谢过程之中。

生态德育——以是否善待生态系统为区分善恶的重要标准。

生态智育——探索关于生态系统的真知。

生态体育——将生态的真善美体现于身心健康的培育中。

生态美育——以生态美为美的自然物质基础。

生态劳育——将生态的真善美落实于人通过劳动与自然的物质代谢过程中。

5.2 生态德育

生态德育在整个生态教育体系中处于首要地位，这是因为生态教育要解决人对生态环境的根本态度问题，即是尊重自然，还是忽视自然；是顺应自然，还是对抗自然；是保护自然，还是破坏自然的问题。总之，是价值取向问题，是伦理道德问题。

生态德育中除了要就生态伦理的理论问题进行教育之外，更重要的是要结合实际情况鼓励人们向保护环境的好人好事学习（例如，云南省丽江市老君山森林公园群众通过生态教育，从为争抢资源而发生械斗转变为团结合作、共同保护环境的故事），抵制和反对破坏生态、浪费资源和污染环境的坏人坏事。在当前某些官员、企业主、个人为一己私利，严重污染环境、浪费资源、破坏生态的环境事件层出不穷之际，加强生态德育，使之与加大环境法律法规执行力度相配合，从道德和法律两个方面规范人们的行为，已成为生态教育最紧迫的任务。

5.3 生态智育

生态智育是生态教育的知识基础，其任务应是使受教育者逐步全面、系统地掌握生态知识。当前的问题是：片面强调已形成于各门学科的书本上的生态知识，忽视各族人民长期基于实践经验积累的有关生态的丰富感性知识，例如，哈尼族梯田和蒙古族保护草原的故事（参阅韩念勇《草原逻辑》）；比较重视有关生态的自然科学知识，在一定程度上忽视有关生态的人文科学和社会科学的知识；侧重单一学科的教育，未能致力于使受教育者从总体上系统地掌握自然、经济、社会复合系统（或称环境社会系统）的本质特征。

5.4 生态体育

生态体育在生态教育体系中的地位在于，使作为生态系统成员之一的人通过接受生态体育，能够遵循生态系统健康的要求增进自身的身心健康。

生态体育要求人们在与自然和谐的状态中进行体育活动，既能增进身体健康，又能欣赏自然美景，陶冶性情，获得生态知识。中国的太极拳就是符合生态体育要求的运动。体育设施的建设也应注意保护生态环境，应该与周边的生态环境相协调。但很多体育设施的建设都不符合这一要求，例如，不少地区高尔夫球场建设及使用对生态的负面影响等。

5.5 生态美育

生态美育在生态教育体系中的特殊重要地位在于，它的重要使命是克服近代大工业造成的人性分裂，实现人性的复归。

　　美育又称美感教育，即通过培养人们认识美、体验美、感受美、欣赏美和创造美的能力，从而使我们具有美的理想、美的情操、美的品味和美的素养。1735年德国哲学家鲍姆加通首次在其博士论文《关于诗的若干前提的哲学默想录》中提出美学（aesthetica）的学科概念。1793年，德国席勒在其《审美书简》一书中将古希腊社会和近代欧洲社会相比，感到在古希腊社会中人的天性是完整和谐的，而近代大工业造成了人性的分裂。他极力主张通过审美教育来克服人性的分裂。这一论述启发我们认识到：人与自然的分裂是工业文明造成的人性分裂的一个重要方面，只有把生态文明理念、原则和目标融入美育之中，才能促进人与自然的和谐，实现人性的复归。

　　蔡元培先生一生崇尚美育，民国元年将德文aesthetische erziehung译为美育，并亲自开美育课程。他认为，美感有超脱、普遍、有则和必然四大特点，指出"人既脱落一切现实世界相对之感动，而为浑然之美感，则即所谓与造物为友，而已接触于实体世界之观念也"。这里所说的"造物"当然不是指上帝、佛祖，因为先生主张美感教育具有与宗教相同的性质和功用，但可以避免宗教的保守和宗派之见，曾多次提出"以美育代宗教"。显然，"与造物为友"的本意就是与大自然为友，和大自然和谐共处。这一精辟论述对开展生态美育有重要的启迪作用。

　　美育的具体内容分为现实美和心灵美。前者包括自然美、艺术美和技术美等。自然美是一切美感产生的自然物质基础。因此，应把生态美育贯彻于美育的整体和全过程之中。

　　叶朗在《美在意象》一书中指出："中国传统文化中有一种强烈的生态意识。中国传统哲学是'生'的哲学。中国古代思想家认为，'生'就是'仁'，'生就是善'。中国古代思想家又认为，大自然是一个生命世界，天地万物都包含有活泼泼的生命、生意，这种生命、生意是最值得观赏的，人们在这种观赏中，体验到人与万物一体的境界，从而得到极大的精神愉悦。在中国古代文学艺术的很多作品中，都创造了'人与万物一体'的意象世界，这种意象世界就是我们今天说的'生态美'。唐宋诗词中处处显出花鸟树木与人一体的美感。如'泥融飞燕子，沙暖睡鸳鸯'（杜甫），'山鸟山花吾友于'（杜甫），'人鸟不相乱，见兽皆相亲'

（王维），'一松一竹真朋友，山鸟山花好兄弟'（辛弃疾）。有的诗歌充满着对自然界的感恩之情。如杜甫《题桃树》中'高秋总馈贫人实，来岁还舒满眼花'，就是说，不仅供人以生命必需的食物物品，而且还给人以审美的享受。这是非常深刻的思想。"

在当前生态文明建设中，很多地区都注意到加强生态美的教育。例如，临安的竹文化和钱塘江潮的潮文化（我们在协助当地编制规划时把潮文化概括为：勇猛如潮；奋进如潮；坚韧如潮；诚信如潮）。

5.6 生态劳育

劳动教育是使受教育者通过劳动树立正确的劳动观点和劳动态度，热爱劳动和劳动人民，养成劳动习惯的教育。问题是如何将生态文明的理念、原则和目标融入劳动教育之中。

马克思指出："劳动首先是人和自然之间的过程，是人以自身的活动来引起、调整和控制人和自然之间的物质变换（应为代谢）的过程"；"联合起来的生产者，将合理地调节他们与自然的物质变换，把它置于他们的共同控制之下，而不让它作为盲目的力量来统治自己；靠消耗最小的力量，在最无愧于和最适合于他们的人类本性的条件下来进行这类物质变换"。

马克思的这两段话中强调的在未来社会要更符合人性地进行劳动，意味着：一方面，劳动要遵循人类生态学的要求，越来越有利于人在德智体美劳等方面的全面发展；另一方面，劳动要遵循生态规律的要求，越来越有利于保护、恢复和培育生态系统。我们认为，只有按照这一要求进行的劳动教育，才是真正的生态劳育。

5.7 探索生态德智体美劳全面教育的实践

现在，已有一些地区在探索从德智体美劳五个方面进行生态教育的途径。除了上述浙江省杭州市临安区以外，贵州省贵阳市两湖一库区的乐耕园与湖库守望者项目和北京市海淀区苏家坨镇的小毛驴项目也都进行了有益的探索。但是，从全国范围来看，将生态教育贯彻与融入德智体美劳五育之中仍然是当前中国教育改革与发展的一项重要任务。

高等院校生态文明教育的思考

栾胜基（北京大学　北京　100871）

对生态文明的理解，可以从"生产力发展理论"和"社会结构理论"两个方面入手。随着生产力的发展，人类文明经历了原始文明、农业文明和工业文明三个阶段。从社会结构来看，"生态文明"是与"物质文明""政治文明""精神文明"并列的一种文明形式，是社会文明系统的一个组成要素。而本文所指生态文明是基于"生产力发展"的理解。

"生态文明"概念，最早是由中国明确提出的。但是"生态文明"的理念自19世纪中叶以来就在国内外萌芽、发展和完善，起到对大众的教育作用。而高等教育的生态文明则是20世纪后半叶提出的。

1 中国高校中的生态文明教育的发展

中国高等院校的生态文明教育可以说是起源于1962年发表的《寂静的春天》、1972年人类环境会议召开和1987年联合国世界环境与发展委员会发表《我们共同的未来》的研究报告。这一时期，全球范围的生态价值理念逐渐形成，成为人类社会的基本共识，由此催生了中国高等院校的生态文明教育。

同时，国内的高污染、高能耗粗放型经济发展方式对生态环境保护产生的压力越来越大。1973年我国召开了第一次全国环境保护会议；改革开放以后，生态建设开始进入到经济视阈中，上升为一个经济问题，国家开始规划各种降低消耗、节约能源、鼓励环保的经济政策。进入21世纪，中国推进生态文明社会转型。党的十七大上明确提出"生态文明"概念；党的十八大上确立"五位一体"的总体布局，提出"绿色发展理念"；党的十九大把生态文明建设上升为国家意志。于是，由"理论探讨"上升为"国家理念"，作为"施政纲领"逐步影响社会不同角色的生产生活方式。此后，高校"生态文明教育"也逐渐兴起。

在我国，关于高校生态文明教育的研究有不断增长的趋势，有就教育内容而言，也有结合不同学科的趋势。当前，学界对"生态文明教育"的概念未形成统一认识，但调查显示：高校大学生的生态文明观现状不容乐观，公共生态教育非常薄弱，整体素质偏低，具体表现为"环保基础知识不够全面，节约意识薄弱，生态实践行为不容乐观，自我约束力差等"。教育内容缺乏系统性与实践性，极少探讨高校生态文明教育的运作方式，引发"长效机制""运作管理""学科交叉"的思考。

结合高校群体的目标、定位和现状，生态文明教育的具体内容包括理论和实践两个方面，当然也涉及理念、态度、行为能力的培养等。生态文明教育的主要理论来源为"和谐社会""可持续发展""生态文明""科学发展观"等思想。公共生态教育的途径，有思想政治课、校园文化、社会实践、大众传媒、网络教育等；生态环境专业性教育则以科学研究、专业实习、工程应用等途径为主。

研究视角呈现多角度化，有伦理学、思想政治教育、心理学、法学、生态经济学等。有基于经济学原理分析高校生态文明思想政治教育的研究，有基于和谐社会视角探讨高校生态文明教育有效性的研究，也有基于人文素养视角探究生态文明教育时效性的研究，此外，也有学者探讨生态文明教育的路径等。

总体来看，研究热点主要表现在，专业基础知识是生态文明的体现与延伸。高校生态环境教育是生态文明建设的理论基础和科学指导，生态文明建设又为生态环境研究提供研究对象和平台。科学的发展能够带来对生态系统更透彻的理解，提供更有效的维护和保育措施；而生态文明建设，也会为生态、环境等相关学科提供发展的机会和平台，有利于推动科学的发展。高校在相关学科知识发展上，呈现出不同热点。

针对生态文明建设的反馈评价，则包含了省域、地区等不同尺度及行业调查研究。基础研究方面，对于生态环境承载能力的研究近年颇为火热，环境保护、污染治理仍是生态文明建设的主战场。同时，经济社会也对成熟可行的环境评价、风险评估体系及法律规制提出了新的要求。延伸领域方面，生态文明与经济学、法学、社会学、心理学、城市规划等学科的交叉，延伸出了绿色低碳、绿色城市、生态旅游、美丽乡村建设等特色研究，中国在这些领域的前沿探索，将推动和引领一波全新的发展。从不同视角，结合各个领域，生态文明所迸发的多个研究热点，彰显了"绿色文明"巨大的发展能量和成长潜力。

尽管高等院校的生态文明教育取得了长足发展，但是在适应高等教育规律方面仍有不足，尤其是人本教育与学术教育的分离，使得生态文明教育在高等院校中还有很大的发展空间。

2 生态文明教育的人本性与学术性的融合

中外教育史证明，高等教育可以孕育出伟大的创造发明，也能创造伟大的文明。生态文明的创建需要一种教育的环境。高等教育中人本教育和学术教育是不可分割的整体，共同形成了一种高层次人才培养的环境。

学者李润洲指出："人本教育即以人为本的教育，它具有全纳性、整全性与生成性。建构人本教育，在教育目的上，要着眼于人的个性发展，谋求社会进步与个体发展的有机统一；在教育内容上，要着眼于人的全面发展，实现科学教育与人文教育的共荣会通；在教育方法上，要着眼于人的自主发展，达成教育方法与个人成长的最佳匹配。"

学术教育可以理解为治学、做学问的艺术或方法。《辞海》中的定义为"学术是较为专门、有系统的学问"。学术教育是指培养具有理论性、科学性的人才，具有理论分析的或理论归纳的实践经验总结能力。

但是随着生态文明时代的到来，过去的一些定义已经难以确切地表述出"人本与学术"教育的内涵和特征。例如，学术的主体是各类探索者（人本），学术的体现形式是思想、观点、理论和方法，这些就是探索者对客观事物的过程及所有研究思考的结果。由此可见，探索者的人本教育是何等重要，人本教育是学术教育的前提。

从本质上讲，生态文明教育是一个动态的、发展的、不断深化的认知过程，是人们在认知过程中观察分析、思考归纳、相互交流进而达成共识的结果。正如人类文明史的研究等重大学术课题，我们无法实录重现远古的变迁，只能通过科学研究提出一些学说观点，为多数人认同，并在进一步深入研究中得到修正和发展。生态文明教育不仅是一种形态，更是一个过程。

我们以绿色文明为例。什么是"绿色文明"呢？我们可以把它看作是开头提及的"纵向人类文明发展史"的演变过程或结果。如果说农业文明是"黄色文明"，工业革命是"黑色文明"，那么生态文明则作为"绿色文明"代表人类文明发展的更高层次和未来方向。工业文明和生态文明的发展观、自然观、技术观、消费观有所差异，见表1。

表1 工业文明和生态文明的差异

工业文明	生态文明
发展观： 经济发展观单纯追求经济的增长	科学发展观坚持经济与社会、人与自然全面、协调、可持续发展
自然观： ①机械论自然观割裂了人与自然之间的内在联系，把人与自然的关系对立起来 ②否认自然界具有"内在价值"	（1）有机论自然观把包括人类在内的整个自然界视为不可分割的有机整体，应当尊重自然，与自然和谐共处 （2）自然万物都是以自身为目的，因而都具有内在价值和天赋的生存权利
技术观： 把技术视为人类用来征服、操纵和统治自然的工具	技术的研发和应用在促进经济增长的同时，应维护生态系统的平衡稳定，使技术活动生态化
消费观： 把消费看作是刺激经济快速增长的重要手段和实现人生价值的标志	倡导绿色消费要考虑自然资源、能源的可承受能力，还要与国情国力相适应，注重大自然精神价值的消费
生态文明并不是对工业文明的完全否定，而是在批判地继承工业文明基础上发展起来的一种新的文明形态	

3 教案讨论

北京大学深圳研究生院为研究生开设一门《中国农村环境管理研究》课程。课程的主要内容包括，认识和理解农村和农村环境的内涵，回答为什么提出对农环境的管理；分析农村环境问题的发生与演变，使学生了解农村环境管理的对象，以及如何用环境科学的技术解决面临的环境问题，用经济学和社会学的分析方法进行农村环境管理。采用的主要方法为课堂教授与讨论，典型农村实地调研与报告。

授课的逻辑主线以历史事件或任务，追溯农村环境的演变过程，与实地调研相结合探讨未来发展。首先，通过阅读古代农书（由于学生的本科专业各不相同）理解中国古代淳朴的生态意识和思想，例如，陈旉（1076—1149年）在他的《农书》中指出："农事必知天地时宜，则生之、蓄之、长之、育之、成之、熟之、无不遂矣。"强调"顺天地时利之宜"。其次研究工业化过程的影响，阅读西奥多·W.舒尔茨《改造传统农业》一书，深入理解在工业文明的环境中，是如何改造传统农业，是如何使农民世代使用的那种类型的农业得以改造，就要发展并供给一套比较有利可图的要素。随后，在深入调查的基础上，每个同学根据各自兴趣和专业背景提出各自的研究报告，体现个性化培养。

全部授课过程，体现以传统生态意识，近代生态技术与知识，当今生态文明的理念，使学生有个性发展的同时，掌握环境科学在农村环境管理中的应用。

中国的高等院校的生态文明教育，应取我国古代"以人为本、天人合一、道法自然"传统生态意识之精华，以地球生物圈福祉为己任，培养有人本精神和学术研究能力的高层次人才。

论生态文明大学的战略定位

——生态文明教育研究中心的意义

张象枢[1]　黄海峰[2]

（1. 中国人民大学　北京　100872；2. 北京大学深圳研究生院

广东深圳　518055）

1 从联合国视角看生态文明大学的宗旨

1.1 落实千年发展目标

对各国人民而言，发展寄托着生存和希望，象征着尊严和权利。

1.2 切实推进发展

要解决各种全球性挑战，包括最近发生在欧洲的难民危机，根本出路在于谋求发展。面对重重挑战和道道难关，我们必须攥紧发展这把钥匙。唯有发展，才能消除冲突的根源。唯有发展，才能保障人民的基本权利。唯有发展，才能满足人民对美好生活的热切向往。

1.3 明确办学方向

以2015峰会通过的2015年后发展议程为起点，共同走出一条公平、开放、全面、创新的发展之路，努力实现各国共同发展。

1.4 根本出发点

增强各国发展能力。发展归根到底要靠本国自身努力，中国人讲："量腹而受，量身而衣。"各国要根据自身禀赋特点，制定适合本国国情的发展战略。国际社会要帮助发展中国家加强能力建设，根据他们的实际需求，有针对性地提供支持和帮助。

2 从各国社会发展的视角看生态文明大学的原则

2.1 生态文明大学的建设原则

建设原则主要有：从中国国情出发因地制宜；本土化与全球化相结合；原则性与灵活性相结合；顶层设计与摸着石头过河相结合。

2.2 生态文明大学的建设形式

生态文明大学主要有以下建设形式：

实施体制外与体制内相结合、以体制外创新倒逼、诱导体制内大学的改革。

自组织与他组织相结合、以自组织为基础的大学。

混合所有制的大学。

具有扁平式结构的网络大学。

具有非营利的社会企业组织性质的大学。

科研、教学、养生三位一体的大学。

通过生态教育促进人类全面发展的大学。

实施跨学科与多学科相结合、践行系统工程的大学。

用先进信息技术武装的MOOC（慕课）大学。

以为生态文明建设服务为宗旨的大学。

2.3 生态文明大学的人才资源

基本结构：生态大学人才资源应有合理的专业结构、年龄结构及全职、兼职与临时工作者的合理比例。

中坚力量：退休但仍志愿参加生态大学工作的教育工作者、科技工作者医务工作者是生态大学的中坚力量。

先锋梯队：中青年志愿者是创建生态大学的生力军、先锋队。

兼职人员：仍在现有体制内任职，但愿以部分时间参加或帮助生态大学工作的志愿者。他们的参与有双重含义：一方面，有利于生态大学的发展；另一方面，还会促进他（她）们所在单位的改革与创新。

2.4 生态文明大学的培养对象

除了学位学历教育之外，也包括：转移到非农产业务工经商的农村劳动者、与企业签订一定期限劳动合同的在岗农民工、具备中高级技能的农民工、农村未能继续实行升学并准备进入非农产业就业或进城务工的应届初高中毕业生；有志于成为新型农民队伍一员的青年农民；有志于终身从事志愿者事业的中青年志愿者；有志于推进可持续发展事业的企业家。

2.5 生态文明大学的教学方法

教学教材：既要有理论教材，又要编写反映本地和国内外实践经验的教材（纸制的和数字的）。

教学方法：采用与创新符合生态大学特点的教学方法，例如，动脑与动手相结合的实验教学法，以学生为主体的教学互动教学法，以及"请进来、走出去"参观考察与现场指导相结合学习先进经验的方法等。

2.6 生态文明大学的项目融资

主要特点：生态大学是不以营利为目的的实行有偿服务的社会组织，本身应能做到自负盈亏。

基金支持：生态大学依法可以接受国内外的基金支持。

奖励与补贴：生态大学依法可以接受国家的奖励和补贴。

3 从中国发展的视角看生态文明大学的建设

党的十八大要求"把生态文明建设放在突出地位，融入经济建设、政治建设、文化建设、社会建设各方面和全过程"，创建教学、科研与养生三位一体的生态大学应在落实上述任务中起重要作用。其中要求"坚持走中国特色新型工业化、信息化、城镇化、农业现代化道路，推动信息化和工业化深度融合、工业化和城镇化良性互动、城镇化和农业现代化相互协调，促进工业化、信息化、城镇化、农业现代化同步发展"。这不仅明确了生态文明的发展方向，也为生态文明大学的创建提供了战略思路。

党的十九大不仅为中华民族伟大复兴的中国梦描绘了一幅宏伟蓝图，而且发出了中国建设生态文明的庄严承诺。报告前所未有地提出了"像对待生命一样对待生态环境""积极参与全球环境治理，落实减排承诺""为全球生态安全做出贡献"等论断，也为生态文明大学确立了战略定位。

2018年3月11日，十三届全国人大一次会议第三次全体会议表决通过了《中华人民共和国宪法修正案》，生态文明历史性地写入宪法。这有几个方面的重要意义①从政治层面，生态文明写入宪法成了国家意志；②从法律层面，生态文明体制改革必须符合宪法规定；③从技术层面，宪法能够总揽生态文明建设法治格局。

宪法有了关于生态文明的思想阐述和原则性规定，发挥总揽全局的规范作用，我国的基本法律和其他法律、行政法规和规章、地方法规和规章、自治条例和单行条例等，就能全面地、系统地、持续地贯彻和发展生态文明思想，使生态文明建设真正从法律上进入"五位一体"的总体布局，真正使生态文明建设法治化。

总之，在中欧社会论坛、国际生态发展联盟、亚洲教育论坛的大力支持下，国际生态文明大学和四川国际标榜职业学院（以下简称标榜学院）率先成立的生态文明教育研究中心（以下简称研究中心），这既是标榜学院自身人才教育升级转型的内在需要，又是中国民办学校在教育层面，依据宪法构筑生态文明教育体系，以适应"一带一路"国际合作的外部需要。因此，该研究中心率先围绕生态文明教育的原则、目标、理念、方法、重点开展前期研究，有助于教育升级转型中的规划与设计。毫无疑问，研究中心的成立，也是为今后创建生态文明大学奠定基础。

教学、科研与养生三位一体生态文明大学的初步设想

——论生态文明教育研究中心如何融入标榜学院整体发展战略

张象枢[1]　黄海峰[2]

（1. 中国人民大学　北京　100872；2. 北京大学深圳研究生院
广东深圳　518055）

1 宗旨

针对当前中国教育、科研与医疗卫生体制机制的弊端，适应生态文明建设的需要，借四川国际标榜职业学院"专升本"转型良机，率先成立生态文明教育研究中心，最终创建集教学、科研与养生为一体的生态大学。

现有教育、科研与医疗卫生体制与机制根深蒂固，需要从体制外的创新来"倒逼"、配合机制内的改革，从而深化教育、科技与医疗卫生体制改革的任务。

中央要求"把生态文明建设放在突出地位，融入经济建设、政治建设、文化建设、社会建设各方面和全过程"，创建教学、科研与养生三位一体的生态文明大学应在落实上述任务中起重要作用。

生态文明大学是为满足生态文明建设的需要而诞生的。在筛选、规划与设计生态大学的活动，或当评估该项活动成败与优劣时，都要以是否满足当前生态文明建设需要作为唯一标准。

2 任务

为生态文明建设服务；为实现中国特色社会主义工业化，尤其是工业生态化转型服务；为实现中国特色农业现代化服务，尤其是农业生态化转型服务；为实现中国特色城镇化，尤其是建设生态城镇服务；为实现中国特色信息化，尤其是为推进信息化与工业化、农业现代化及城镇化的紧密结合服务。

3 原则

从中国国情出发；因地制宜；本土化与全球化相结合；原则性与灵活性相结合；顶层设计与摸着石头过河相结合。

4 内部组织机构及与外部社会环境的关系

4.1 大学与政府的教育、科研与医疗卫生机构的关系

生态文明大学属于兼具教学科研和养生多种功能的民办大学，成立时直接依法申请登记，依法接受政府各相关机构的管理和监督。

4.2 大学与区域发展和社区建设的关系

生态文明大学与所在创建生态文明先行示范区的区域发展与社区建设之间的关系，是类似鱼与水的关系。生态文明大学植根于所在地，又服务于所在地区域发展与社区建设。它必须"接地气"，否则，就会成为无源之水、无本之木，无法形成可持续发展的长效体制机制。

4.3 一校多院的关系

在生态文明大学中，教学院、研究院和养生院三者之间存在着密不可分、相辅相成的关系。研究院的研究成果是教学院的教学内容和对养生院的技术支持；教学院的学员是实现科技推广应用中解决"最后一公里"环节的关键人物；养生院是在将生态文明理念、原则、目标融入经济建设、政治建设、文化建设和社会建设的基础上，实现人全面发展的重要方面之一。

4.4 总校与分校的关系

生态文明大学总校与分校之间主要是横向的、平等的关系。为便于处理学校与外界关系，某些具体事务由总校统一负责联系。

4.5 生态文明大学的战略合作伙伴

生态文明大学（中国）与国际生态文明大学（法国）作为亚欧两个相互依存的学校，共享教学信息、师资，密切与国内外一流大学开展合作。例如，北京大学、清华大学、人民大学等大学，中国科学院、中国社会科学院、农业科学院、中国环境科学技术研究院、环境保护部环境战略与政策研究中心等科研机构，其中依托中欧社会论坛、亚洲教育论坛、国际生态发展联盟、"三生"环境与发展研究院等社会组织。生态文明大学（中国）接受上述各类机构多方面的支撑，也为它们提供广阔的活动空间，彼此相辅相成，互相促进。

5 教学院系

5.1 专业设置

从生态文明先行示范区建设的实际情况出发，总体上以培养应用型人才为主。一方面，在现有专业的基础上，增加生态文明教育理念；另一方面，实行

"增量改革"，即专业设置的面要宽，需要办什么就办什么，每个专业的划分要细，就业的工作需要干什么就学什么。当前，为适应城镇化中完善公共就业创业服务体系的需要，除了学位教育之外，争取进入农民工职业技能实训基地建设系列，提供涵盖就业技能培训、岗位技能提升培训、高技能人才和创业培训、劳动预备制培训、社区公益性培训等政府补贴职业技能培训服务。适应加快推进农业现代化的需要，从根本上解决"谁来种地"的问题，设置培养青年农民成为实用农业人才的专业。适应青年志愿者提高水平的需要，设置培养社区建设、环境保护等专业的实用型硕士和博士学位生。为适应企业家提高水平的需要，与瑞士等国合作设置EMBA，培养致力于可持续发展事业的企业家。

5.2 教学内容

生态文明先行示范区建设需要什么就教什么。

5.3 学员

转移到非农产业务工经商的农村劳动者、与企业签订一定期限劳动合同的在岗农民工、具备中高级技能的农民工、农村未能继续升学并准备进入非农产业就业或进城务工的应届初高中毕业生。

有志于成为新型农民队伍一员的青年农民。

有志于终身从事志愿者事业的中青年志愿者。

有志于推进可持续发展事业的企业家。

5.4 师资队伍

谁会谁教。既要有退休的教师、科研工作者、医生（中医、西医），又要有战略合作单位的在职人员，还要有具有丰富实践经验的农民、工人、企业家、基层干部。

5.5 教材

既要有理论教材，又要编写反映本地和国内外实践经验的教材（纸制的和数字的）。

5.6 教学方法

采用与创新符合生态文明大学特点的教学方法，例如，动脑与动手相结合的实验教学法，以学生为主体的教学互动教学法，以及"请进来、走出去"参观考察与现场指导相结合学习先进经验的方法等。

6 研究院

6.1 定位

生态文明大学的研究中心或研究院应建成国内外、区内外与生态文明先行示范区建设相关的科研成果的中试区和推广区，使这些成果顺畅地走完"最后一公里"。

6.2 体制机制创新

研究中心或研究院应在落实党的十八届三中全会关于深化科技体制改革中有关建立产学研协同创新等一系列举措中起先锋作用。

7 养生院

7.1 定位

作为三位一体生态大学的养生院，是生态文明建设先行示范区医疗卫生服务体系的重要组成部分。

7.2 特点

养生院应建成基于疗养医学观念的生态型、系统集成化颐养示范区。

7.3 服务对象

服务对象以生态文明先行示范区人民群众和志愿终生在生态大学为生态文明建设服务的已退休教师、科研人员和医务工作者为主，也可接纳其他人士入住。

8 融资

8.1 特点

生态文明大学是不以营利为目的的实行有偿服务的社会组织，本身应能做到自负盈亏。

8.2 基金支持

生态大学依法可以接受国内外的基金支持和企业捐赠。

8.3 奖励与补贴

生态大学依法可以接受国家的奖励和补贴。

从保护气候系统到建设生态文明

陈彦 （中欧社会论坛 法国巴黎）

　　我今天就同生态文明有关的三个概念谈谈想法，并简单梳理这三个概念在近半个世纪以来国际社会与舆论中的演变。与生态文明有关的三个概念：一是气候保护；二是可持续发展；三是生态转型。为什么是这三个概念？因为梳理这三个概念的演变可以帮助我们理解近50年来国际社会主流舆论的演变方向。

　　整体上来说，我们可以将这一变化的基本趋势概括为从科技主宰自然，发展统领社会，增长指引经济的科学主义、发展主义、生产主义及消费主义的社会模式中走出来，朝着人类与自然共生、发展与环境保护齐步、消费与资源挂钩的方向迈进。

1 从应对气候变化到保护气候系统

　　气候变化问题大概是迄今为止人类社会发动最为广泛，全球调动资源最多，世界各国舆论最为关注的世界性公共话题。在人类历史上，无论是自然灾害还是战争、饥饿，都没有像气候变暖一样引起世界各国的持续关注并共同寻找对策、联合应对。气候变化不仅关系到人类社会赖以生存和持续发展的最基本层面，例如科学、政治、经济、生态等各领域，而且也关系到每一个公民个体的生存状态和生活方式。

　　我们可以通过以下条线索来观察人类对气候变化的认识及其对此所采取的行动。

1.1 第一条线索：联合国政府间气候变化专业委员会（IPCC）的成立

　　联合国政府间气候变化专业委员会（以下简称委员会）的成立意味着人类第一次在全球范围内以制度化的形式组织起来，从科学角度观测、调查和论证人类活动是否是造成气候变化的主因。委员会由来自150多个国家和地区的2500多名学者组成，其成立和运行表明人类对气候变暖问题的集体意识的觉醒。

　　从1988年成立到今天，委员会已经走过了30年的历史。从1990年发布首次评估报告到2014年的第五次气候变化评估报告，委员会一步一步确认气候变暖的大趋势，也同时基本确认了人类活动和地球变暖之间的因果关系。报告明确表示自20世纪中叶以来，"人类活动影响极有可能是气候变暖的主要原因"。

　　报告指出，气候变化的影响无远弗届，波及全球各大陆、各海洋，没有国家可以幸免。中国是气候变暖的受害国。气候变暖导致的极端天气，台风、干旱的增加及海平面的上升，都会给中国的农业带来打击，甚至影响到粮食安全。如果全球平均海平面上升0.5米，广州、上海、天津等沿海大城市将面临洪水威胁。

1.2 第二条线索：由联合国牵头的人类联合应对气候风险的讨论和谈判的同步推进

从1992年里约环境与发展全球峰会开其端，每年一次的全球缔约方气候大会自1995年柏林峰会制度化。1997年《联合国气候变化框架公约》在日本京都通过，标志着国际社会应对气候变化行动达成阶段性成果。按照预期，联合国于2009年在哥本哈根召开的缔约方第十五届大会上应该通过《哥本哈根议定书》，以取代2012年到期的《京都议定书》。然而，尽管气候变暖问题迫在眉睫，但各国却没有达成可以取代《京都议定书》的协议。自2010年起，全球气候缔约各方不得不重启新一轮气候谈判。这新一轮谈判于2015年在巴黎结束，有舆论将2015年巴黎全球缔约方第21届气候大会视为拯救人类于气候变暖的最后一次机会。巴黎大会不负众望，参与峰会的195个国家地区就全球减排目标达成历史性协议。协议的达成洗刷了联合国2009年哥本哈根失败之耻，揭开了人类历史的新页，意味着世界各国向着地球人类共同体迈出了一大步。

协议达成之后，法国总统奥朗德表示："人类应对气候变暖的斗争属于几个世纪以来人类争取人的尊严、平等和基本权利的一部分。世界人权与公民权宣言是在巴黎宣布的，今天也是在巴黎，我们宣布了人类权利宣言。2015年12月12日将是地球史上的一个伟大的日子，巴黎曾经发生过数次革命，但今天我们刚刚完成的这一革命是最美和最为和平的革命。"

不能忽视的是，巴黎协议之所以能够达成，同中国、美国的积极参与和推动是分不开的。从2009年哥本哈根气候峰会到2015年，在环境领域，世界发生了很大的变化。

"人类世"概念。与此同时，一个起源于地质学的"人类世"概念的出现也对社会意识的变化起到了相当深刻的影响。"人类世"概念，最早由荷兰化学家、1995年诺贝尔化学奖得主保罗·约泽夫·克鲁岑（Paul Jozef Crutzen）2000年提出。此概念认为从18世纪工业革命以来，日益加剧的人类活动对地球的影响冲破了自然演变的进程。人类自此生活在一个新地质时期。在这个时期，人类活动主导了地球的演变。这一现象的结果不仅是地球自身演变规律被打破，更是地球演变速度的加快。科学界普遍认为，由于日益加剧的人类工业和经济活动，大量化石燃料的开采和使用，导致环境污染、人口增加、气候变暖、海平面升高。人类正在快速改变气候、水源、地表乃至生物圈的自然演变和自我更新机制，将自然与人类本身推向危险境地。

"人类世"概念将地球史和人类历史连成一体，将人类置于地球变化的中心。从人类对自然及其自身活动的关系的认识而言，无疑具有革命性的突破。正是由于此概念将地质的演变同人类活动联系起来，使得目前欧洲舆论界越来越多地使用保护气候系统，而不是应对气候变化。前者明确表明气候系统正在被人类所破坏，而后者则意味着人类正在应对一个由自然强加于人类的气候灾难。

人类世概念虽然将人类置于地球变化的中心，但这一"人类中心论"同被生态思想家一直批判的人类中心主义却截然不同。生态思想家所批评的人类中心主义以发展主义和科学进步观为特征，以征服自然为目的，是目前严重威胁人类生存的生态危机的思想根源。这一支配人类意识和行为长达数千年，并在工业革命之后大行其道，使人类成为破坏自身生存环境的祸首。而人类世概念则恰恰相反，是对人类征服自然行为的再反省，是对人类破坏自然、以自然为敌的线性科学发展观的自觉认识。

人类世概念的提出，同近三十年来世界科学家群体对地球变暖的研究和观察的集体努力不可分割。联合国政府间气候变化专业委员会的报告有力地证明人类活动所导致的气候变暖正在侵蚀地球环境的各个层面。如其第五次报告所指出，气候变化的影响无远弗届，波及全球各大陆、各海洋，没有国家可以幸免。从这个意义上讲，人类世概念除了将人类对自身生存环境的破坏提上日程之外，还向人类自身无节制的占有欲和无疆界的征服欲提出了挑战。

2 从发展到可持续发展

20世纪80年代末90年代初，可持续发展的概念渐渐取代了发展的概念。

长期以来，发展不仅是地缘政治对世界各国的划分标准，也是历史发展的阐释工具。世界被分成三个世界：不发达国家、发展中国家、发达国家。历史依据发展水平判定阶段。美国经济史家罗斯托（Rostow）用经济发展解释历史的进程，把社会发展分为由低及高的五个阶段：传统社会阶段、起飞准备阶段、起飞阶段、成熟阶段和大众消费阶段。我们今天讨论社会、经济问题时仍然离不开发展一词，但实际上"发展论"同"三个世界"的世界观一样正在退出历史话语的前台。发展一词也已经渐渐失去其社会层面的意义，只剩下经济发展的意义。

"可持续发展"的概念于1987年联合国世界环境与发展委员会的报告《我们共同的未来》正式提出。从国际社会全局来看，可持续发展概念是世界各国十分少有的被普遍接受的概念。从其内涵看，可持续发展完全可以同自由、平等、人权、均富一样被看作是世界普世价值。只是可持续发展的三大支柱——经济发展、环境友好、社会和谐虽然面面俱到，各国在理论上也都承认，但在具体政策上则或者掐头去尾，或者避重就轻，为我所用，结果往往是重视经济发展，忽视环境保护，社会和谐更是等而下之。

21世纪以来，随着生态危机日益严重，气候变暖得到证实，国际社会关于保护环境的呼声日益升高。尤其是伴随气候变暖现象而组织起来的一系列国际谈判使得世界舆论从单纯的保护环境、热爱地球家园走向对人类整体发展模式和人与自然关系的全面反思。得益于这一大背景，为了进一步推动世界各国加强对生态危机的重视和应对，联合国环境署于2012年里约地球峰会（里约+20）时推出《迈向绿色经济》报告，企图通过推出"绿色经济"概念引领世界各国进一步重视人类赖以生存的地球生态。不过，在提出绿色经济概念的联合国里约会议现场，此概念就遇到了强大的批评。拉丁美洲一些国家当时就批评联合国此概念有利于欧美发达国家的经济发展，有以环境问题为由，向后进国家强加新的标准从而限制后进国家经济发展之嫌。

平心而论，这样的批评是有失偏颇的。无论如何，后进国家是不可能躲过生态问题的。而来自欧洲环境组织对绿色经济概念的批评则显得更为发人深省。他们认为，绿色经济不能成为寻找新的经济增长点的代名词，也不能成为以新的科技手段对地球资源更为精细开发的新一轮掠夺。而同时，这两种可能的趋势都会导致对社会问题继续忽视和加大贫富差距和社会分化。尽管如此，绿色经济概念仍然广泛传播，也促进了世界舆论对生态环境持续恶化、地球资源和能源双双减少的局面的关注。与此同时，欧美国家在经济、社会、生态三重危机的压力之下，对经济增长本身也提出了有力的质疑。众多的经济学家提出西方一个多世纪以来的相对高速的经济增长已经穷尽，资源枯竭、工业疲惫、创新乏力等均是原因。最近，以《二十一世纪资本论》一书而扬名的法国经济学家皮凯提（Piketty）也表示，法国战后三十年的高速增长只是例外现象，年增长1%才是"常态"。正是站在对发展、可持续发展、绿色经济、增长、绿色增长的全面反思的基础上，欧洲社会更多采用的概念不是绿色经济也不是可持续发展，而是可持续城市（将城市看成一个自成一体的经济社会体系）、可持续社会，以社会指代发展使公众和政府不得忽视社会和社会问题。

实际上，人的问题、社会和谐问题应该处于可持续发展三大支柱——经济、环境、社会之首。不仅经济增长必须惠及所有民众，也只有在民众参与的前提下，才有可能真正遏制腐败、保护环境。只有这样的发展才是可持续的发展，这样的社会才是可持续的社会。鉴于此，中欧社会论坛于2014年在巴黎召开"应对气候变化、反思发展模式"的大型对话会议。此次会议以气候问题为中心，在2014年为期一年的时间里，开展多层次、多形式的对话和讨论，包括通过媒体和网络启动民调、讨论，中欧双方召开阶段性对话会，成立协调委员会统筹和引导讨论并将结果带入大会，形成参考文本，提交大会通过。同时，会议将气候问题的反思纳入到对人类文明整体生存环境与可持续发展的思考之中，反思人类文明，尤其是工业革命以降的现代文明发展模式。反思人类所必须面对的能源短缺、气候升温、资源瓶颈、环境污染、生物圈失衡等一系列生存危机挑战，寻找如何共同回应人类现有发展模式的优劣，开启新的思路以共同寻找应对之策。

3 从生态转型到生态文明

2016年，中欧社会论坛联合其他中欧有关机构在法国筹建国际生态文明大学，目前看来，这是世界第一所以生态文明命名的大学，也是我们向世界推广生态文明概念和理想的一个尝试。在命名之初，大家也有过争议，是命名为可持续发展大学，还是生态转型大学？最后我从中国文化背景提出生态文明大学，获得大家认可。

生态文明概念很可能是起源于中国的概念，据我看到的资料，1984苏联"生态文化"被中国译者译为"生态文明"，但这里的生态文化同生态文明并不具备同样的内涵。从生态文明概念的缘起看，中国至少在20世纪80年代末就有学者提出了十分系统的关于生态文明的阐述，西南大学叶谦吉教授的论述具有很强的代表性。他在1987年即提出：人类社会划分为蒙昧时代、野蛮时代和文明时代。蒙昧时代，是指人类根本没有意识到人与自然的关系，作为社会的人还没有产生的时代。野蛮时代，是指人与自然的关系建立在一种征服与被征服的基础上，人类把自身当成自然界的主人，看成是自然界的征服者的时代。而文明时代，则是人与自然之间建立一种和谐统一的关系，人利用自然，又保护自然，是自然界的精心管理者的时代。他这里提出的文明时代也即是生态文明时代。他明确指出，所谓生态文明，就是人类既获利于自然，又还利于自然，在改造自然的同时又保护自然，人与自然之间保持着和谐统一的关系。

值得指出的是，叶谦吉教授的有关生态文明观的论述是具有相当超前眼光的，在20世纪80年代，绝大多数国人才刚刚开始做起工业赶超，经济腾飞而对环境污染一无所知的发展梦的时候，叶教授已然提出了人与自然和谐统一的问题，并将人与自然界的关系作为划分文明时代的标准。自此之后有关讨论一直延续，直到2007年此概念纳入党的十七大报告，使得此概念正式进入中国官方话语的殿堂。

相比之下，生态文明概念在欧美的使用和讨论却不普遍，实际上，即使到现在，欧美关于生态文明的论述也是十分鲜见的。在生态意识高涨、生态保护走在世界前列的欧美，他们的生态文明概念并不普及，原因何在呢？我以为，欧洲缺少关于生态文明概念的讨论的一个重要原因可能是这一概念为生态转型（ecological transition）所替代。

生态转型概念起源于英国专家罗伯·霍普金斯（Rob Hopkins）2008年的著作*The Transition Handbook*。所谓生态转型（中文往往译为绿色转型），包括能源转型、循环经济、保护与复原生态系统、低碳与资源节约型经济等生态与技术要素。但生态转型并非仅仅是对目前人类发展模式的某种"绿化"，生态转型也意味着对工业时代开启的发展模式的全面反思和扬弃，意味着人类必须走出旧模式，探索和接纳能够维持人类与地球共生的永续生存模式，意味着人类必须以新的方式生活、生产、消费、工作和治理。对比之下，生态文明与生态转型其实具有充分的相通性，二者涵盖的范围也基本一致。那么，生态文明与生态转型二者又有什么差别呢？

从字面上看，生态文明与生态转型有着明显的不同，生态文明表述的是文明的一种形态，尽管这一形态会呈现出何种具体面貌我们还不得而知，而生态转型则是一个过程。也许，我们可以设想，既然生态转型是一个过程，那么这一过程会通向何方？其终极方向难道不就是生态文明吗？从这种意义上，生态转型的目的地即是生态文明。不过，欧洲学界的回答并非如此简单。最近问世的由瑞士洛桑大学哲学教授布尔（Dominique Bourg）等主编的名为《转型时代》的著作中，在一开始就提出向何处转型的问题，但是，作者的回答并非是生态转型的目的地即是生态文明。如果生态转型并非向生态文明迈进，那么在欧洲专家眼中，其目的地究竟在何处呢？

也许，这就是中国与欧洲在生态转型和生态文明观念上的根本区别所在。在中国无论是官方还是民间大量的关于生态文明论述中，生态文明概念或者是一个明确的人为规定的发展目标，或者是一个不证自明的人类社会发展阶段。正如张象枢教授说的："生态文明是人类文明发展的最高阶段。"

面对全球气候升温的紧迫性和日趋严重的环境危机，欧洲社会比较一致的看法是现今仍在持续的社会经济发展模式已经走到尽头，人类已经面临经济增长的极限。根据这一结论，人类社会必须彻底改弦更张，抛弃近代以来的征服自然、改造自然并依赖科学技术寻求永续发展的模式和思路。自20世纪50年代就开始的对"进步""发展"的质疑已从涓涓细流汇成主流思潮。一些学者不仅认为经济增长的时代已经一去不复返了，甚至认为"可持续发展"的提法已不能适应目前经济与环境的形势。人类不仅要重新界定人与自然的关系，也要重新思考人与科学技术的关系。从近代直至今天，人类实际生活于一种经济可以无限增长的幻觉之中，而这一增长的动力即是科学技术。

很可能，这种对现存经济秩序与社会模式的深刻怀疑态度正是"生态文明"概念难以在欧洲被接受的重要原因。同时，"生态转型"概念广泛流行，也正是因为这一概念表达的是一个过程而非目的。

换句话说，生态文明呈现的是一种确定性，是某种社会发展规律的自我实现；而生态转型表达的则是断裂和不确定性。这也正是欧洲目前的社会状况：大家知道社会需要转型，而且转型还有着相当的紧迫性，但是这一转型究竟走向何地则是不明确的。鉴于此，以"生态文明"概念命名我们的大学，也是向欧洲舆论界注入一定剂量的确定性，这也许有助于点燃后现代、后增长时代的希望与理想。

关于生态社会。最近法国新锐哲学家奥迪尔（Serge Audier）的新书《生态社会及其敌人》问世。奥迪尔在书中呼吁，现在不仅到了回溯历史，从传统生态思潮论述中吸取思想养料之时，也是需要打破各种理论藩篱重新思考社会走向，寻找新的社会模式，一种人类文明可以同自然生态兼容共存的开放的社会模式，这个新型的社会模式即是"生态社会"。何谓生态社会？奥迪尔的定义是："这一社会模式在自由、平等、社会互助之上，将对自然与生物多样性的尊重作为长期目标和核心价值整合于其运行机制之中。"这一"生态社会"与我们所讲的源于中国的生态文明似乎有着异曲同工之妙。

生态产业扶贫的路应当怎么走？

——基于四川省沐川县的案例分析

郭晓鸣（四川省社会科学院　四川成都　610072）

当前中国扶贫正处于攻坚克难的决胜阶段，脱贫人口主要集中于生态环境脆弱和边远山区的叠加区域，面临着生态保护和经济脱贫的双重挑战。因此，基于贫困人口现状与生态环境危机而提出的生态扶贫成了贫困地区脱贫的重要选择，要使当地贫困人口通过参与生态保护和建设获取持续性的收益，就必须要找到一条将生态保护与经济脱贫有机结合的新路子，生态扶贫的关键落脚点在于以贫困人口充分参与和分享为基础构建生态产业体系并形成生态产业竞争力。因此，如何使贫困地区的生态资源优势转化为生态产业优势和经济发展优势就成为贫困地区生态扶贫必须要面对的重要挑战。

就现实而言，贫困地区的生态产业发展关键是要处理好"青山绿水"的生态环境与"金山银山"的经济效益之间的平衡问题、"青山绿水"的生态环境与"金山银山"的转型能力之间的匹配问题。具体而言重点是要破解四个方面的矛盾冲突：一是生态资源丰富与生产基础设施不足的矛盾；二是生态产业集中集聚发展需求与生态资源分散化的矛盾；三是生态产业发展前期投入较大与贫困户投资能力严重不足的矛盾；四是扶贫资源的短期化取向与生态产业发展的长期性特征的矛盾。

近年来，贫困地区尤其是生态环境较好的贫困地区，在如何利用生态优势发展生态产业进而带动贫困人口脱贫方面开展了多元化的生动实践，可推广、可复制的生态产业扶贫模式已初现成效。其中，作为国家乌蒙山区连片扶贫开发县的四川省沐川县，立足资源禀赋，坚持"绿色发展、生态脱贫"理念，依托内外部扶贫力量，重点创新体制机制，探索性地走出了一条生态产业脱贫之路。

沐川县是集生态富饶与经济贫困于一体的典型代表，沐川县生态资源十分富集，森林覆盖达77.34%，名列四川省前茅，被誉为"天然氧吧"和"绿色明珠"，是全国生态文明示范工程试点县、国家级生态示范区、中国竹子之乡、全国绿化模范县、全国林业科技示范县、中国最佳绿色生态旅游名县。但同时，沐川县经济发展水平不高，2011年被纳入国家乌蒙山区连片贫困县时，人均GDP与农民人均纯收入仅相当于四川省平均水平的71.6%和86.8%，贫困发生率高达23.4%。如何将富饶的生态资源优势转化为经济发展优势是沐川县脱贫攻坚面临的重要课题，面对富集的生态资源基础和脱贫攻坚的现实紧迫需求，生态产业扶贫成为沐川县基于资源禀赋特征和贫困现实的理性选择。2011年以来，沐川县在深入实施天然林保护、退耕还林、地质灾害避险搬迁等常规性生态保护工程的基础上，立足扶贫体制机制创新，将更多的扶贫资源和扶贫政策用于支持生态产业发展，通过"调结构、扩规模、提品质、培业态"逐步构建了具有一定竞争力的生态产业体系，有效破解了贫困地区生态产业发展面临的共性矛盾，探索形成了极具推广价值的"五化"生态产业扶贫的创新性经验。

1 创新性经验

1.1 同步化产业转型

同步化产业转型，是指生态环境治理与生态产业转型同步推进。与传统扶贫模式不同，生态产业扶贫的关键是要破解"青山绿水"与"金山银山"之间的矛盾冲突，在保住"青山绿水"的同时实现产业的可持续发展与当地农民的脱贫致富，这首先就必须要保护好贫困地区的生态环境，为此必须要停止掠夺和破坏生态环境的相关产业，同时基于经济社会发展的基本考虑又必须要引导和促进生态型产业的发展。沐川县在关停污染产业和发展生态产业的过程中，将"关停、保护、发展"三个环节有机结合起来同步推进，在关停污染产业的同时，通过资金、技术、政策等全方位的支持，将关停污染产业释放的产能向生态型产业引导，在保住"青山绿水"的生态资源的同时，不仅避免了因关停污染产业而引发新的返贫问题，尤为重要的是通过引导发展生态型产业做大了生态产业规模，提供了更多就业岗位。近年来，沐川县通过强化污染治理，划定禁养区、限养区107.68万亩[①]；关闭土法造纸厂1247家、畜禽养殖场114家、网箱养殖6300余口、污染整治养殖场179家。在环境治理过程中，沐川县通过关闭污染补贴和出台贴息贷款政策，鼓励和支持污染产业关闭转型发展生态产业，例如，在关闭土法造纸厂的重点区域发展了茶叶、猕猴桃、魔芋等特色种

---

① 1亩等于666.67平方米。

植5582亩和林下生态养殖鸡、猪、羊、牛等3.1万头；在关闭小火纸厂的重点区域发展了100亩食用菌试验示范基地和上百家茶叶加工厂。

1.2 本土化规模扩张

本土化规模扩张，是指重点立足本地资源优势，支持本土化的经营主体进行生态产业的适度规模扩张。良好的生态环境是沐川县发展生态产业的显著优势，但同时必须清醒地认识到，虽然沐川县发展生态产业具有巨大的空间和潜力，但是与多数生态资源丰富的贫困地区一样，沐川县同样面临着生态资源分散化的基本特征，生态资源优势转化为产业优势和经济优势仍面临规模化扩大难度较大的主要困境，由于耕地资源相对细碎分散，对外招引大型龙头企业大规模进行基地建设缺乏资源条件。为此，沐川县采取了本土化的适度规模生态产业发展策略，以小群体、大规模、精品化为基本指向提升生态产业竞争力。一方面，做大本土化的主导产业。沐川县立足本地资源禀赋，以园区为引领，大力推进生态农业标准化、规模化建设，培育了林竹、茶叶、林下养殖、果蔬、中药材五大主导产业，以适度集中方式建设产业基地162个（林竹16个、林下养殖18个、茶叶64个、猕猴桃21个、李子26个、蔬菜中药材17个），1000亩以上园区48个，形成了"五业六带百基地"生态产业发展格局。另一方面，培育本土化的经营主体。沐川县生态产业发展注重坚持眼睛向内，适度规模，稳定优先，重点以本土农业企业、返乡农民工、农业创业人员、贫困户等为重点培育对象，支持本土农业企业、合作社、家庭农场、专业大户等经营主体加快发展，鼓励农民将承包的土地向农业企业、农民专业合作社、家庭农场、专业大户等新型农业经营主体流转，2014年以来，沐川县新增流转土地4.5万亩，兑现财政补贴230万元，全县土地流转总面积达到8.4万亩。截至2017年年底，全县农业企业达到189个、专业合作社321个、家庭农场109个、专业大户1034户。其中，贫困村引进农业企业21个，有合作社38个、家庭农场34个、专业大户307个。从总体上看，沐川县生态产业的发展是以更具规模理性的本土新型经营主体为基本支撑的，其在对生态产业发展及贫困户的带动方面，都表现出更强的稳定性和持续性。

1.3 系统化政策支持

系统化政策支持，是指围绕生态产业体系的关键环节调整优化产业扶贫政策。虽然沐川县拥有发展生态产业的先天性生态资源禀赋，但面临着生态产业基础薄弱的突出短板，不仅发展生态产业的生产性基础设施缺乏，而且产业品质、产业功能、产业业态、产业链条等都有待提升，只有构建起完善的生态产业体系才能使生态资源优势转化为生态产业优势和生态经济优势。在生态产业规模适度扩张的基础上，沐川县将扶贫政策和扶贫资源更多地投放到生态产业能力提升、链条延伸、品质提升等关键环节。一是加大生产性基础设施建设力度。在43个贫困村新建生产道、连户路等203.2千米、蓄水池4419.6个、排灌沟及管道35千米。二是加快产业链条延伸和拓展产业功能。新购茶叶机具1203台（套），全县形成茶叶、猕猴桃、魔芋、竹笋等农产品加工能力13.5万吨、制浆造纸能力38万吨、生猪屠宰能力10万头、贮藏能力2.1万吨、烘干能力0.31万吨；成功创建"中国天然氧吧""四川省乡村旅游强县"，观光休闲农业、乡村旅游等生态服务业加快发展。三是全力提升生态产业品牌建设。2014年以来，新建"三品一标"生产基地1.55万亩，累计达43.5万亩；"三品一标"认证42个，其中有机食品18个、绿色食品8个，"三品"比重达到84.5%，成功创建为省级有机产品认证示范县和省级农产品质量安全监管示范县；获得商标品牌27个，其中中国驰名商标1个、四川著名商标5个、乐山市知名商标21个。四是创新发展农村电商。成功申报为国家级电子商务进农村综合示范项目和省级电子商务脱贫奔康示范县，建成"农村淘宝"城区体验馆和城区电商体验中心1个，引入邮政、京东、易田等电商平台，自建"绿购"沐川县农产品销售平台，整合"沐川县造"农产品资源，推广"电商+合作组织+基地+贫困户"模式，实现了多平台、多渠道销售，初步构建起生态农产品冷链物流体系，快递物流配送实现乡村全覆盖。

1.4 精准化政策激励

精准化政策激励，是指通过更加精准的扶贫政策激励更多的贫困户参与生态产业发展。生态产业发展具有长期化和前期投资大的基本特征，然而现实的矛盾却是，一方面贫困地区的贫困户普遍缺乏参与生态产业发展的投资能力；另一方面，扶贫资源更多地投入到见效快的产业发展上。沐川县在生态产业发展上通过实施更加精准化的政策激励，将短期脱贫、长期致富与生态产业发展有机结合起来，使更多的贫困户积极参与并分享生态产业发展的效益。一是精准生产投入政策。重点通过种苗补贴政策解决贫困户因缺乏投资能力初始参与难的问题，2014年以来，补贴发放茶苗6212.7万株、猕猴桃50.3万株、仔猪0.8万头、鸡苗90万只、牛797头、羊4693只，覆盖全县43个省定贫困村，惠及4538户贫困户。二是精准技术培训政策。通过加大技能技术培训力度解决贫困户的深度参与难题，构建"政府组织、购买服务、企业自主培训"等多层次培训体系，不断提高贫困户的技能水平，使更多的贫困户成为发展生态产业的重要参与主体。三是精准金融扶持政策。通过围绕生态产业实施农业产业扶持资金、农村小额信贷等财政金融政策，解决贫困户的持续性参与问题，贫困户不仅要能够参与生态产业，还要能从生态产业中获取持续性的收益，沐川县财政整合各类资金3244万元作为小额信贷风险基金，带动银行贷款3.244亿元，通过财政全额贴息发放扶贫小额信贷3708户16067.2万元，贫困户以小额信贷资金通过入股、委托等模式实现共享生态产业发展收益。

1.5 多元化模式创新

多元化模式创新，是指通过创新多元化的利益共享模式使多元主体共建共享生态产业发展红利。贫困地区生态产业的发展不能仅仅依靠地方政府和贫困户的参与，必须要充分发挥社会主体的积极作用，探索形成社会主体与贫困户共建共享的生态产业扶贫模式。近年来，沐川县以"百企帮百村"为载体构建政府部门、新型经营主体、金融机构、贫困户四方联动帮扶机制，通过体制机制创新初步形成了多元化的生态产业扶贫新模式。一是订单农业模式。采取与农户签订合同订单式发展特色生态农业，全县有7家农业企业、15家合作社以订单方式发展茶叶、猕猴桃、林下养殖、蔬菜、魔芋等特色农业产业，主要采取"企业（合作社）+农户"订单模式。二是股份合作模式。采取入股分红与农户建立股份合作方式。全县有1家农业企业和4家合作社实行了股份合作，采取贫困户以产业项目资金方式入股（将股权量化给贫困户），非贫困户和村集体经济组织以现金方式入股，企业以技术折资方式入股，并建立了"风险共担、利益共享、按股分红"的利益连接机制。三是土地股份合作模式。贫困农户将家庭承包的土地经营权折股参加合作社，土地由合作社统一种植和经营管理，合作社不付土地租金，年终核算，按股分红。四是资产收益扶贫模式。投入到合作社的财政支农资金，形成的资产采取优先股的方式量化给贫困户，贫困户凭借优先股权获得保底收益，并在保底收益的基础上参加二次返利。五是养殖托管模式。贫困户将畜禽养殖过程和销售委托给养殖企业或合作社，建立"到期还本、固定收益"的利益连接机制。

沐川县生态产业扶贫"五化"模式的探索创新不仅取得了显著的产业发展和脱贫增收成效，而且更为重要的是形成了一条立足区域资源特征的具有内生性和可持续性的发展路径，为贫困地区依托生态资源优势助推脱贫攻坚提供了极具借鉴价值的经验启示。

2 措施

沐川县生态产业扶贫的创新实践和成功经验对于贫困地区的脱贫致富具有重要的借鉴推广价值，但就现实而言，贫困地区的生态产业扶贫仍然面临一系列严峻挑战，需要在借鉴沐川县创新经验的基础上，重点在五个方面实施更具针对性的政策措施。

2.1 强化针对性政策支持

生态产业扶贫是对扶贫理念的重大转变，必须要有长期性的准备和针对性的政策支持，重点要对扶贫资源进行优化整合。一是完善扶贫绩效考核制度。继续深化对贫困地区"绿色GDP"的考核机制，减少短期化的扶贫绩效考核，增加生态化、长期化的扶贫绩效考核，激励扶贫资源更多地支持生态产业发展。二是制定出台生态产业转型的支持政策。保护好生态环境是推进生态产业扶贫的基础条件，推进生态污染治理、引导污染产业转型与发展生态产业之间的政策支持要衔接配套，通过污染产业关闭政策与生态产业发展政策的双重叠加效应，在激励贫困地区生态产业发展的同时有效避免产业转型中发生新的贫困问题。

2.2 重视破解瓶颈性障碍

生态资源富集与生态产业基础薄弱是贫困地区生态产业发展面临的重要难题，生态产业扶贫最为关键是要将扶贫资源配置到生态产业发展的瓶颈性障碍破解方面，重点是要从生态产业体系的关键环节入手给予重点支持。一是对共同性生产条件改善的支持，如农田整理、田间道路和灌溉体系完善等。二是对共同性生产服务体系发展的支持，包括机耕机收、疫病防治、产销服务等。三是对更具规模理性的本土化经营主体的支持，包括合作社、集体经济组织、家庭农场、种养大户等。四是对生态产业功能开发和链条延伸关键环节的支持，包括循环经济、农业品牌、营销模式、乡村旅游等。

2.3 推进经营模式创新

贫困地区生态资源分散化是制约生态产业发展的客观现实，要实现生态资源优势向生态产业效益转变就必须要推进经营模式的创新，零碎化和超大规模的发展模式都不是贫困地区生态产业发展的理性选择，"适度规模+产业体系"才是贫困地区生态产业发展的基本路径。一是培育本土化的适度规模经营主体。在积极推进农村产权制度、抵押融资制度、集体资产股份制度等农村改革的基础上，创新土地流转、土地股份合作、资产收益扶贫等多种模式，以多元化的适度规模经营主体构筑生态产业的稳定发展基础。二是构建合作化的生态产业体系。贫困地区的生态产业发展离不开外部资源的大力支持，应积极引导各类市场主体参与贫困地区的生态产业发展，市场主体参与生态产业扶贫应立足其技术优势和市场优势，将更多资源投放到生态产业前端的科技、品种、标准和后端的加工、销售、品牌等方面，通过构建与适度规模经营主体之间的共营机制，实现生态产业体系建设的合作共享。

2.4 构建贫困户参与分享机制

贫困户是贫困地区发展生态产业的重要利益主体，面对生态产业发展的长期化和前期投资较大的特征，投资能力不足是贫困人口的基本特点，构建多元化的贫困户参与分享机制就成为贫困地区生态产业扶贫的基本问题。一是要提高贫困人口的参与意识。通过引入参与式扶贫理念和方法，在产业发展选择的起始阶段就开始培育贫困户的参与意识。二是要提高贫困人口的参与能力。通过财政贴息贷款、创新金融产品和服务、加大技术培训力度等方式，提高贫困参与生态产业发展的投资与生产能力。三是创新贫困人口的分享机制。通过创新订单模式、股份合作模式、托管模式、资产收益模式、返租倒包模式等多元化的利益连接机制，明确贫困户在产业链、利益链中的环节和份额，使贫困户能够有效分享生态产业的发展红利。

2.5 加强生态产业风险防范

贫困地区的生态产业发展本身基础较弱，抵御风险的能力相对较弱，必须要强化生态产业扶贫的风险防范意识和提高风险防范的能力。一是尽量规避产业趋同风险。要尽可能采取差异化的产业发展策略，依据本地资源禀赋优势和农民技术优势，选择市场前景大的生态产业作为主导产业。二是有效避免行政过度干预风险。要注意生态产业扶贫的支持方式与力度，避免过度行政干预的大包大揽，政策支持的重点是要弥补市场配置资源难以关注的生态产业的薄弱环节的地方。三是创新生态产业保险政策。建立土地流转风险和农产品保险的对接机制，将贫困地区的生态产业纳入政策性农业保险覆盖范围，创新生态农产品商业保险品种和保险服务。

青少年在生态文明中扮演的角色

许林（中国出版集团·中版国际传媒有限公司　北京　100010）

21世纪是一个经济高速发展的时代，经济建设和工业发展取得了傲人的成就，但面对资源的紧缺、环境污染日益严重、生态系统退化趋势严峻，人类也对生态造成了前所未有的生态危机。建设生态文明是改善生态环境的迫切需要。全球各国就可持续发展达成共识。可持续发展顾名思义就是既要满足当代人的需求，又不会对后代人满足其需求的能力构成危害的发展。在当今社会，我们实施可持续发展战略既要达到发展经济的目的，又要保护好人类赖以生存的大气、淡水、海洋、土地和森林等自然资源和环境，使子孙后代能够持续发展和安居乐业。首先保护环境是可持续发展的内在要求、先决条件和内容。其次可持续发展必将优化生态环境，提高环境效益。追寻可持续发展，就是使人类的经济发展基本达到"低能耗、低排放、无污染"的水平。塞罕坝林场可谓是中国在保护生态环境道路上的一项壮举。曾经的塞罕坝林木稀疏、风沙肆虐，经过持续种树，森林覆盖率从1962年的12%提高到了如今的80%，单位面积林木积蓄量达到了全国人工林平均水平的2.76倍，世界森林平均水平的1.23倍。以现在的林木蓄积量，塞罕坝每年释放的氧气可供近200万人呼吸一年。过去的55年里，塞罕坝，成为中国北方的生态"奇迹岭"，生态文明建设的范例。

为实现人与自然的和谐共生，党的十八大提出"建设生态文明，是关系人民福祉、关乎民族未来的长远大计。面对资源约束趋紧、环境污染严重、生态系统退化的严峻形势，必须树立尊重自然、顺应自然、保护自然的生态文明理念，把生态文明建设放在突出地位，融入经济建设、政治建设、文化建设、社会建设各方面和全过程，努力建设美丽中国，实现中华民族永续发展。"这一重要论述，反映了中国共产党对人类社会发展规律，对社会主义建设规律认识的再深化，标志着党对经济社会可持续发展规律、自然资源永续利用规律和生态环境规律的认识进入了一个新的境界。高度重视生态文明建设，对于中国全面建成小康社会，实现中国经济社会可持续发展和中华民族伟大复兴具有极其重要的意义和作用。

亚里士多德曾说道"国家的命运，有赖于对青年的教育。"生态文明建设离不开生态文明教育。生态文明教育主要分为生态意识教育和生态行为教育。青少年是全社会生态文明教育的重点，因为他们是国家新一代的主人，未来将成为国家的建设者。恩格斯说，一个民族要想站在科学的最高峰，就一刻也不能没有理论思维。而思维的养成在于教育，对青少年的生态发展教育，就是要培养学生形成生态思维，以生态价值观作为抉择行为的唯一标准。

随着世界各国环境保护运动的兴起和环境教育的普及，生态意识教育很快被世界各国提上了国民教育的议事日程。在生态文明建设过程中青少年需接受来自家庭、学校及社会的生态教育。学校要与家长取得密切联系，可以组织家庭课堂，对家长和孩子同时进行生态环保教育，让家长主动配合学校，共同努力，增强生态意识教育的针对性和实效性，促进整个社会生态文明水平的提高，选择健康的生活方式，养成节能的良好行为习惯，使自己的价值观和思维方式获得全面提升。树立科学发展观，实施可持续发展战略，正确处理人口、资源和环境的关系。同时，作为当代青少年应当高度重视和警惕生态环境恶化所引起的问题，自觉履行保护环境的义务，提高环保意识，增强法制观念，同破坏资源、环境的行为做斗争。青少年生态意识教育要在科学发展观指导下，凸显生态道德和生态法律两个维度，围绕绿色意识、节能意识、可持续发展意识开展主题教育活动，为学生树立科学自然观、健康生活观和可持续发展观打下扎实的基础。倡导科学自然观是指人与自然同存共荣的价值观，坚持预防为主、防治结合、综合治理的方法，从而实现生态发展全面规划，科学布局，保持生态平衡，防治环境污染。此外，青少年始终是所处时代社会发展方向的代表。在当今社会，保护生态环境是我国青少年应尽的责任和义务，应从身边的点滴做起，从而影响更广泛的人群。青少年不仅要成为生态文明的宣传者、实践者、推动者，更要成为生态文明发展的引领者。只有站在时代发展和社会进步的历史高度来推动和引领生态文明建设，才能不断融入生态文明建设，才能带动更多的人投身生态文明建设，生态文明才能在全社会、全民族的共同努力下得到实现和发展。青少年应在生活中落实环保行动，从现在做起，从小事做起，从身边做起，保护环境，珍惜资源，守护好我们共有的家园。

生态文明发展建设，青少年是不可或缺的后备主力军。要引领一代又一代少年加入环保队伍，以创新的视角，以艰巨的使命，投入到利国利民的生态文明保卫战之中，未来中国必将山清水秀，绮丽壮美，温暖和谐。青少年要义不容辞地肩负起生态文明建设的历史使命，这也是时代和国家赋予青年的神圣使命。青少年承担着社会模式转型的历史使命。生态文明不仅是社会整体状态的更迭，也是社会基本模式的转型，这是经济建设和人民生活发展的要求，符合当前国家发展和战略目标的需求。青少年在生态文明建设以及实现中华民族伟大复兴中将扮演极其重要且不可忽略的角色。

内　涵　研　究

Connotation Research

生态文明教育研究

首届生态文明教育国际学术交流会论文集

高校生态文明教育现状分析研究

庞慧萍（四川国际标榜职业学院　四川成都　610103）

我国高校生态文明教育发展到目前为止，共经历了三个阶段：2001—2007年为第一阶段，我国高校生态文明教育的研究内容仅限于生态文明教育的基本意义、生态文明教育的理论界定。2008—2012年为第二阶段，以党的十七大将"建设生态文明"作为全面建设社会主义小康社会的新要求为起点，我国高校生态文明教育开始成为学术研究领域的热门课题，其相关理论和具体实践的研究开始全面深入，逐步形成体系，研究的视角也趋于多元化。2012年至今为第三阶段，以党的十八大上将"生态文明建设"纳入国家战略总布局为界碑，在十三届全国人大一次会议上，人大代表审议通过了"中华人民共和国宪法修正案"，生态文明被写入中国宪法。可以预期，我国生态文明教育和生态文明建设必将迈向新的高度。

通过中国知网检索，篇名与"高校生态文明教育"有关的文献有1270篇。其中2017年158篇、2016年189篇、2015年222篇、2014年219篇、2013年171篇、2012年72篇。总的来说，自从2007年党的十七大报告提出"生态文明建设"的概念后，学术界就高校如何加强生态文明教育进行了广泛的研究，尤其是党的十八大召开后，研究成果呈现出不断增长的趋势（见图1）。

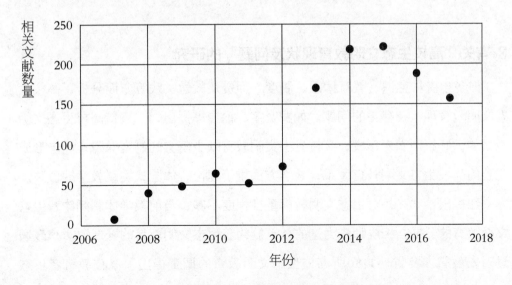

图 1 高校生态文明教育研究趋势

1 有关"生态文明教育"内涵界定研究

"生态文明教育"是本研究所涉及的基本概念，许多学者从不同的角度对其内涵进行了界定。有的学者从对象范围和教育目标角度进行阐述，如吴明红、姜赛飞等人认为，"生态文明教育是指为实现人与自然的和谐双赢，按照生态文明建设的要求，有目的、有计划、有组织地对受教育者的身心施加影响的教育培养活动。生态文明教育可分为专业化教育和大众化教育两类"。在教育对象上，学者界定出了不同的范围。如陈丽鸿、孙大勇认为，生态文明教育是针对全社会展开的向生态文明社会发展的教育活动，是全民的教育、终身的教育。彭秀兰、曹晶等人认为，"广义的生态文明教育是针对社会全体公众而言的普遍性的教育和实践活动；狭义的生态文明教育则是指专门的学校教育"。有些学者从德育的角度进行阐述，如王世民等人认为，"高校生态道德教育作为一种新型的德育活动，它要求教育者从生态道德观出发，引导受教育者自觉养成生态保护意识、思想觉悟与相应的道德文明习惯"。由此可见，作为研究本领域的基本概念，学术界对于"生态文明教育"的内涵并没有形成比较统一的认识，需要对该概念进行更为准确的厘定，以形成学界的共识。

2 有关"高校生态文明教育现状及问题"的研究

许多学者从意识、教育体系、制度、师资及教学实践等方面分析了高校生态文明教育现状及存在的问题。如罗贤宇、俞白桦提出，"宣传高校生态文明教育的良好氛围尚未形成；高校生态文明教育缺少坚实的制度保障；尚未形成完整的高校生态文明教育体系；教学方法重于理论，体验式实践教学缺位"。方季红提出，"高校对生态文明教育重视程度不够；当前教学体制制约着生态文明教育的开展；相应师资力量的缺乏制约着生态文明教育的开展"。李霞通过对安徽省内及省外共30所高校生态文明教育的调查提出，高校教育者生态文明观现状：生态环保基础知识掌握较浅；生态文明意识相对薄弱；生态实践行为有待提高。赵忠、刘彬让、廖允成提出，"农林高校生态文明教育力度不足；生态文明教育方式单一；生态文明教育与专业人才培养相脱节"。由此可见，目前我国高校生态文明教育需进一步加强重视、调整教学方法和教育体系，提高师资水平和重视实践教学。

3 有关"生态文明教育"涉及内容研究

有关高校生态文明教育的研究内容，学者们从不同方面进行了论述。学者们普遍认为高校生态文明教育内容包括理念、知识、行为能力、法制等方面。徐洁认为，"生态文明教育的内容需要涵盖生态认知教育、生态文明观教育、生态伦理教育和生态审美教育"。方季红认为，"高校生态文明教育的内容主要包括了四个方面，分别是生态环境现状教育、生态科学基本知识教育、生态文明观教育、生态环境法制教育"。石军辉提出，"高校生态文明建设的内容包括生态环境的现状教育、生态科学基本知识教育、生态文明观教育"。李霞从经济层面的生态消费教育、政治层面的生态安全教育、文化层面的生态伦理教育、社会层面的生态人际关系教育层面阐述大学生生态文明教育的实施内容。郭岩认为，"在新形势下生态文明教育内容要以生态认知的知识、生态情感的意识、生态响应的行为、专业生态学以及交叉学科生态文化的理论为知识体系"。吴宝明提出，"大学生生态文明教育的内容包含：生态文明认知教育即生态科学基本知识教育和生态环境现状教育；生态文明观教育即生态文明自然观、价值观、伦理观、法制观、审美观、消费观教育等"。虽然相关的研究内容很广泛，有一定的研究基础和成果，但是目前研究出现一定的雷同现象，研究也比较浅，需要深入、详细、创新性研究。

4 "生态文明教育融入课程"实践研究

许多学者探讨将生态文明教育融入思政课和语文课教学实践之中。王康提出四课渗透，即在"马克思主义基本原理概论"课教学中要加强马克思恩格斯生态哲学思想的教育；在"毛泽东思想、邓小平理论和'三个代表'重要思想概论"课教学中要突出体现有关可持续发展的思想，特别是要引导学生深刻认识科学发展观的内涵和要求；在"中国近现代史纲要"课程教学中应恰当合理地补充有关生态的历史材料；在"思想道德修养与法律基础"课程教学中要加强大学生生态文明行为的养成教育和环境法律法规教育。熊玉坤认为高校思政课必须五课联动，以马克思主义生态文明思想为主线，以每门课程的知识体系为依托，分工合作，各有侧重，系统开展生态文明的理论教育和实践教育，并提出："'思想道德修养与法律基础'课侧重进行生态道德法制教育；'毛泽东思想和中国特色社会主义理论体系概论'课侧重进行我国生态文明方针政策教育；'马克思主义基本原理概论'课侧重进行马克思主义生态文明思想理论教育；'中国近现代史纲要'课侧重进行生态文明建设的历史经验教育；'形势与政策'课侧重进行生态文明建设现状与形势教育"。曾艳认为教师应充分利用大学语文课程的优势，全方位、多角度渗透生态文明教育，提出："传统文化中的生态伦理思想与大学生生态道德的培养；以解读经典文学作品中的生态意蕴为契机进行生态文明教育；在生态文学作品专题的讲授和讨论课中让大学生接受生态文明教育"。许多学者都重点阐述了在思政课等教学中加强生态文明教育的迫切性和必需性及在思政课等教学中开展生态文明教育的基本措施，但从措施上看，还有很大的拓展和研究空间。

5 有关"高校生态文明教育"途径的研究

　　学者们认为有效开展高校生态文明教育必须注意通过科学的方法和途径。对于具体的途径学者们提出了许多不同的看法。刘建伟提出："应建立我国高校生态文明教育体系；在思想政治教育课程的教学中加强生态文明教育；在校园文化建设中加强生态文明教育；注重在实践中推动生态文明教育"。廖志平认为："高校应以'习惯养成'为切入口，构建完善的生态文明教育体系：建立和完善生态文明养成教育的领导和保障制度；加强校园生态基础建设，提供生态文明养成教育的硬件支撑；建立'教学—实践—服务'体系，不断打造养成教育升级版"。路琳，屈乾坤等提出，开展高校生态文明教育应着眼于构建生态文明教育机制，涉及生态文明教育理念的确立，生态文明教育的领导机制创新，以及包括生态文明教育动力机制、协调机制、评估机制和保障机制。刘慧则提出，在新媒体环境下有效推进高校生态文明教育的对策："传统媒体和新媒体有机结合，确保正确的生态文明价值观；线上教育和线下教育紧密配合，创造优质的生态教育资源；引导和规范相互结合，营造积极的生态教育环境"。除此之外，还有学者提出"进行分阶段教育""网上生态文明教育"等方法和途径来进行有益的探讨。

6 结语

通过上述分析看出，目前学者们从多个方面研究了高校生态文明教育，并形成比较丰富的研究成果，具有较高的研究价值，但也存在一些不足，需要在广度和深度方面进一步加强研究。

（1）在研究内容方面，学者们更多地探讨如何在思政课中融入生态文明教育，但方法不够具体深入，且极少涉及与其他课程的融合。另外，对于如何评价生态文明教育的实施效果这方面探讨较少，缺少评价也就缺少了创新改进的原动力。

（2）在研究范围方面，学者们主要侧重于对高校生态文明教育进行单独分析，未能将其与家庭教育、社区教育、社会教育联系起来。

参考文献

［1］罗贤宇，俞白桦.价值塑造：协同推进高校生态文明教育［J］.教育理论与实践，2017，37（15）：3-5.

［2］方季红.高校生态文明教育创新机制的研究与实践［J］.黑龙江畜牧兽医，2016（18）：246-248.

［3］李霞.高校生态文明教育现状研究［J］.国家教育行政学院学报，2014（3）：82-86.

［4］赵忠，刘彬让，廖允成.农林高校生态文明教育与专业实践教学相融合的研究与实践［J］.中国大学教学，2015（6）：72-75，31.

［5］徐洁.学校生态文明教育的内容建构与实施策略［J］.广西科技师范学院

学报，2017（3）.

［6］石军辉.生态学视域下的我国高校生态文明教育内容与策略研究［J］.哈尔滨职业技术学院学报，2017（1）.

［7］李霞.大学生生态文明教育实施内容探析［J］.河南科技学院学报，2017（4）.

［8］郭岩.高校生态文明教育探究［J］.教育探索，2015（10）：74-76.

［9］王康.高校思想政治理论课加强生态文明教育的思考［J］.思想理论教育导刊，2008（6）：55-57.

［10］熊玉坤.五课联动：当前高校思政课加强生态文明教育的新探索［J］.黑龙江高教研究，2015（3）：142-144.

［11］曾艳.大学语文实施生态文明教育的途径［J］.语文建设，2017（29）：8-9.

［12］廖志平.以"养成教育"为切入口的高校生态文明教育［J］.教育与职业，2016（18）：57-59.

［13］路琳，屈乾坤.试论高校生态文明教育机制的建构［J］.思想教育研究，2015（6）：65-69.

［14］刘慧.新媒体背景下高校生态文明教育研究［J］.学校党建与思想教育，2017（20）：40-42.

生态文明与构建人类命运共同体的关系研究

药朝诚[1] 王程程[2] （1，2 四川国际标榜职业学院 四川成都 610103）

1 提出人类命运共同体构想和生态文明理念的重要意义

2018年度达沃斯论坛的主题是"在分化的世界中打造共同命运"（To forge a community of human destiny in a divided world）。诺贝尔经济学奖得主安格斯·迪顿说，"人类命运共同体是个伟大的计划，我非常希望能够实现。与此同时，中国为实现这个目标所做的努力令人钦佩"。人类命运共同体的理念，承载着中国对建设美好世界的崇高理想和不懈追求，反映了世界各国人民对和平公正新秩序的美好期待，因此受到国际社会特别是广大发展中国家的普遍欢迎。"构建人类命运共同体"被正式写入联合国决议，充分表明了这一理念的重要意义。

2 地球所面临的生态环境危机

习近平主席之所以提出构建人类命运共同体和生态文明的理念，联合国之所以重视人类命运共同体，是因为地球人类遇到了前所未有的危机。在这些危机中，除了战争、恐怖主义活动和难民危机之外，更多的是人类的无知和贪婪使得地球面临严峻的生态环境危机，例如，全球变暖、臭氧层破坏、酸雨、淡水资源危机、能源短缺、森林资源锐减、土地荒漠化、物种加速灭绝、垃圾成灾、有毒化学品污染等众多方面。本文列举了来自国内和国外的五个方面的调研数据。

2.1 水环境污染

据专家估计，全球有水资源约139万亿立方米，其中的97.3%都是咸水，2.7%的淡水中又有69%以冰雪形式存在，或作为冰帽集中在南北极的高山上难以开发利用，适宜人类享用的仅为0.01%。然而，20世纪50年代以后，全球人口急剧增长，工业发展迅速。一方面，人类对水资源的需求以惊人的速度扩大；另一方面，日益严重的水污染蚕食了大量可供消费的水资源。根据世界水论坛提供的《联合国水资源世界评估报告》显示，全世界每天约有200吨垃圾倒进河流、湖泊和小溪，每升废水会污染8升淡水；几乎所有流经亚洲城市的河流均被污染；欧洲55条河流中仅有5条未被污染，但水质也差强人意。在20世纪中世界人口增加了两倍，而人类用水量增加了5倍。世界上许多国家正面临水资源危机，12亿人用水短缺，30亿人缺乏用水卫生设施，每年有300万到400万人死于和水有关的疾病。据专家预测，到2025年，水危机将蔓延到48个国家，将有35亿人为水所困。水资源危机带来的生态系统恶化和生物多样性破坏，也将严重威胁人类生存。

2.2 地球土壤污染

随着工业化进程的不断加快、矿产资源的不合理开采及其冶炼排放、长期对土壤进行污水灌溉和污泥施用、人为活动引起的大气沉降、化肥和农药的施用等原因，造成了地球土壤污染严重。从世界范围的情况看，中国的土壤环境污染状况尤为严重。根据上海财经大学环境法研究中心主任王树义在2014年11月10日的大会发言中介绍，我国土壤环境污染状况正日趋严重，土壤污染主要是重金属污染，而且主要是人为活动造成的。王树义列举了相关数据：根据2014年4月全国污染状况调查公报显示，全国土壤总超标率16.1%，污染以无机型为主，占超标点位的82.8%，耕地土壤点位超标率为19.4%，部分地区土壤污染比较重，耕地土壤环境质量堪忧，南方土壤污染重于北方地区。土壤污染给人类的健康带来极大的危害。

2.3 地球空气污染

工业时代以后，世界各国工业活动产生的大量废气未经处理直接排入空气中，污染了整个地球大气。根据一份2016年在英国《自然》杂志上发表的报告，室外空气污染导致每年全球330多万人早亡，比疟疾和艾滋病每年导致的死亡人数加起来还要多。一组德国、美国和沙特等国的研究人员利用数据模型评估了室外空气污染给全球不同地区人们带来的影响，结果显示，如果空气污染排放量不变的话，由室外空气污染导致的早亡到了2050年可能还会翻倍，届时每年预计会造成660万人早亡。研究结果还显示，柴油汽车、卡车和公共汽车是污染物的主要来源，在美国等一些国家的多数地区，交通和发电对污染物的影响很大。此外，随着城市人口的增长，住宅区能源排放，如取暖和烹饪的影响不容乐观。

2.4 森林生态系统遭到破坏

由于地球表面的森林大面积地被砍伐，森林吸收二氧化碳和调节气候的能力已经大为减弱。据联合国粮食与农业组织（FAO）《2007年世界森林状况》报告统计，全球约40亿公顷的森林，覆盖了全球约30%的陆地面积，目前以每年730万公顷的速度在减少。热带雨林具有惊人的吸收二氧化碳的能力，亚马孙热带雨林由此被誉为"地球之肺"。但是自20世纪起，由于烧荒耕作、过度采伐、过度放牧和森林火灾等原因，巴西境内的亚马孙热带雨林正以年均230万公顷的速度在消失，地球的热带雨林生态系统遭到严重破坏。

2.5 海洋生态被破坏

海洋覆盖了约地球表面的7/10。海洋的热状况和蒸发情况直接左右着大气的热量和水汽的含量，可以说海洋就是地球气候的"调节器"。如果海水温度发生变化，将导致全球气候异常，最明显的例子就是"厄尔尼诺现象"和"拉尼娜现象"。据美国《纽约时报》2015年1月16日的报道，一个科学家团队在对海洋数据进行分析之后得出结论：人类处在对海洋及海洋动物造成前所未有的大破坏的边缘。科学家们发现，已经有明显的迹象表明，人类对海洋的破坏程度非常巨大。一些海洋物种遭到了过度捕捞，但更大的损害是物种栖息地的大规模丧失，例如，全球的珊瑚礁数量锐减。而这种情况可能会随着技术的进步而继续加速。另据美国《纽约时报》2015年12月10日报道，在全球海洋中估计有5.25万亿个或大或小的塑料碎片，重达26.9万吨，甚至在某些最偏远的海域也能发现这些塑料碎片。加利福尼亚大学戴维斯分校的海洋生态学家切尔西·M.罗赫曼说："塑料制品就像是漂浮在水环境里的污染混合物。这些污染物的影响可能会扩大到食物链。"随着人类开发海洋资源的规模日益扩大，海洋的生态环境已受到人类活动的影响和污染。

3 生态文明是构建人类命运共同体的基础

人类的无知和贪婪破坏了自我生存的环境。习近平主席提出构建"人类命运共同体"的目的，就是在于让人类意识到地球生态危机的存在和持续恶化，倡导世界各国的政府（和人民）团结起来，共同克服危机。因为，生态文明是构建人类命运共同体的基石。

3.1 什么是生态文明

在刘惊铎的《生态体验论》一书中，生态文明被定义为"从自然生态、类生态和内生态之三重生态圆融互摄的意义上反思人类的生存发展过程，系统思考和建构人类的生存方式"。生态文明强调人的自觉与自律，强调人与自然环境的相互依存、相互促进、共处共融，既追求人与生态的和谐，也追求人与人的和谐，而且人与人的和谐是人与自然和谐的前提。可以说，生态文明是人类对传统文明形态特别是工业文明进行深刻反思的成果，是人类文明形态和文明发展理念、道路和模式的重大进步。生态文明是人类在改造客观世界的同时改善和优化人与自然的关系、建设科学有序的生态运行机制；体现了人类尊重自然、利用自然、保护自然、与自然和谐相处的文明理念。

3.2 没有生态文明，就不可能建立人类命运共同体

恩格斯在《自然辩证法》一书中警告说，"不要过分陶醉于我们对自然界的胜利。对于每一次这样的胜利，自然界都报复了我们。"全球性生态危机——这柄达摩克利斯悬剑正在当代人类头顶上回荡，给人类未来投下一抹阴影，由此生态文明应运而生。许多古代文明之所以消亡湮灭，大都因环境恶化所致，如中国古代的楼兰古国、墨西哥的玛雅文明等。也门政府和专家认为，按照当前的速度发展下去，也门首都萨那将在大约10年后成为一个无水可用的城市。如果人口增长速度超过自然资源所能承受的程度，也门便将成为当代世界上第一个水资源耗尽的国家，由此引发的冲突以及大规模人口迁移可能波及整个世界。人类面临的五大危机，核战争危机、能源危机、粮食危机、水资源危机和社会的可持续发展危机，其中四大危机与生态有关。

建设生态文明，不同于传统意义上的污染控制和生态恢复，而是克服工业文明弊端，探索资源节约型、环境友好型发展道路的过程。生态文明建设不仅包括人类在生态问题上所有积极的、进步的思想观念建设，而且包括生态意识在经济社会各个领域的延伸和建设。因此可以说，没有生态文明，就不可能构建人类命运共同体。

4 构建人类命运共同体和建设生态文明的几点建议

构建人类命运共同体和建设生态文明社会是一个长期的追求，是一个需要全体中国人乃至全人类积极参与、几代人长期不懈努力的全球性系统工程，是世界各民族实现永续生存和发展的千年大计，难度之大，前所未有。结合上述思考，特此提出几点建议。

4.1 构建人类命运共同体，需要构建新型大国国际关系

人类命运共同体的理念，承载着中国对建设美好世界的崇高理想和不懈追求，彰显了古老的中华文明的优良传统和新中国和平外交的核心价值。尽管得到了来自广大发展中国家的普遍欢迎，并被正式写入联合国决议，然而，由于"冷战"思维，欧美发达国家对构建人类命运共同体的倡议反应显得平淡。因此，我国必须加大构建新型大国国际关系的力度，继续倡导国家间相互尊重、公平正义、合作共赢，走出一条与发达国家交往的新路径。

4.2 加强政府间合作，实施全球生态文明建设

1972年6月5—16日，联合国在斯德哥尔摩召开了人类环境会议，100多个国家地区的代表在会上通过了《人类环境宣言》即《斯德哥尔摩宣言》，庄严宣布"保护和改善人类环境已经成为人类的一个迫切任务"。1972年12月，联合国环境规划署（UNEP）成立，总部设在内罗毕，联合国大会确定每年6月5日为世界环境日。1977年，在联合国主持下，有94个国家的代表签署了一项《联合国向沙漠化进行战斗的行动计划》，其中包含有几十项有关环境问题的国际协议或地区性协议。1997年2月，149个国家和地区的代表在日本京都召开的《联合国气候变化框架公约》缔约方会议，这次会议通过了旨在限制发达国家温室气体排放量以抑制全球变暖的《京都议定书》。然而，由于国际协议对于签约国没有法律约束力，许多很好的协定未能得到有效实施。

人类为了生存所进行的资源及能源的开发和利用是完全必要的，但各国政府所制订的对资源的所有开发和利用计划都应当从整个自然界，尤其是地球环境的生态系统，即所谓生物圈的平衡状况加以全面和科学的考虑，然后再在保护自然环境、维持生态多样性的基础上实施计划。因此，建议要加强各国的政府间合

作，由各主权国家制订相关法律。

4.3 东西方文化联手，共建人类命运共同体和生态文明社会

"一带一路"建设要以文明交流超越文明隔阂、文明互鉴超越文明冲突、文明共存超越文明优越，推动各国相互理解、相互尊重、相互信任。而构建人类命运共同体和生态文明社会同样需要这样的文化观。生态文明是从人统治自然的文化过渡到人与自然和谐的文化，而文化的力量很大。

当地球人类面临危机之时，文化势必又将发挥作用。我们在彰显中华文化和东方文化的同时，绝不应忽视西方文化的作用。构建人类命运共同体和建设生态文明，需要多元文化，尤其是东西方文化的共同支撑。

4.4 以自下而上原则，共建人类命运共同体和生态文明社会

每个国家应该将建设生态文明落实到每一个行业和企业，城市的每一个社区和街区，农村的每一个乡村，倡导和要求人们节约用水、节约用电、拒绝使用一次性用品；尤其是生活垃圾的分类处理、生活废水处理和排放、环境绿化、爱护动物等。在这一方面，发展中国家要向发达国家学习。

根据霍尔夫斯特的文化理论，是所有人的思维方式、生活方式、生存态度直接影响着地球的生态环境。尽管可能先从少数国家发起，但生态文明社会的兴起和最终实现需要世界上绝大多数国家的积极响应和参与。人类命运共同体和生态文明建设并不只是少数政治家的事情，而是关系到整个国际社会的每一个成员，无论是科学家、文体明星、大学教授，还是一般民众。如果说构建人类命运共同体必须由各国政府和政治家从上层建筑发力推动，建设生态文明社会则是所有地球人的责任，需要广泛采用自下而上的民主原则。

4.5 建设人类命运共同体和生态文明社会，从教育做起

荷兰学者霍尔夫斯特认为，"文化是人类脑子里的程序软件，是这些软件在操控着人的思维方式和行动方式"。关于生态文明的教育，应该从各个国家的幼儿园开始，然后是初中、高中、大学，逐级开展。学校承担着为各个国家发展培养人才的历史重任，教育在推进生态文明社会建设的过程中发挥着举足轻重的作用。各级学校的生态文明教育对青少年的生态文明素质具有直接的影响作用，关

系到世界的未来。

2018年4月6—7日，首届生态文明国际论坛在中国四川成都召开。论坛的主办单位是一所民办高校——四川国际标榜职业学院。与法国巴黎国际生态文明大学（筹办）、中欧社会论坛、国际生态发展联盟和北京益地友爱国际环境技术研究院联手共同成立了一个生态文明教育研究中心。

5 结束语

从建设生态文明入手应该是构建人类命运共同体的最佳路径，毕竟生存环境是全人类共同关注和面临的问题，一旦我们赖以生存的生态环境遭到破坏，全人类的命运都将面临威胁，无论何等人种、无论生活于何种社会体制下、无论信仰何种宗教和坚持何种意识形态。构建人类命运共同体和生态文明社会同样需要新的文化观。我们在彰显中华文化对于构建人类命运共同体的贡献的同时，绝不应忽视西方文化的作用。

参考文献

［1］刘力阳.表层带喀斯特（泉）水资源评价方法与管理对策研究［J］.贵州大学学刊，2018.

［2］王蒙元.全国土壤污染状况调查公报［Z］.中国环境网，2016-06-06.

［3］全球暖化效应［Z］.360百科，2018-03-06.

［4］姜春云.生态文明是一切文明的根基［J］.绿色中国杂志，2018.

［5］罗娟.谈刘惊铎的生态体验道德论［J］.时代教育，2013（24）.

［6］孝文.也门可能成为世界上第一个水资源耗尽的国家［Z］.新浪科技，2009-10-22.

［7］霍夫斯坦德.文化与主题：思想的远见［M］.北京：华夏出版社，2005.

供给侧改革视域下高校生态文明教育发展探析

罗明钊[1] 刘细丰[2]（1，2 四川国际标榜职业学院 四川成都 610103）

供给侧改革旨在推进供给结构调整，促进生产要素实现最优配置，提高供给对需求变化的适应性和灵活性，进一步扩大有效供给，提高全要素生产率，从而促进经济社会持续健康发展。基于当前我国高校生态文明教育工作开展的实际，笔者认为供给侧改革不仅是我国经济建设的重大举措，也是我国高校深化生态文明教育内涵发展、提升生态文明教育质量的重要方向，高校要把握生态文明教育建设发展中供给侧改革的着力点，切实有效提升生态文明教育质量。

1 生态文明与生态文明教育

生态文明主张人与自然、人与人、人与社会和谐发展与共生。党的十八大报告指出，"把生态文明建设放在突出地位，融入经济建设、政治建设、文化建设、社会建设各方面和全过程，努力建设美丽中国，实现中华民族永续发展"。党的十九大报告进一步指出，生态文明建设功在当代、利在千秋。我们要牢固树立社会主义生态文明观，推动形成人与自然和谐发展现代化建设新格局。生态文明具有全局性、紧迫性和持续性，而教育则具有基础性、全局性和先导性，二者结合的产物就是生态文明教育。

杨志华、严耕老师在《高校开展生态文明教育是时代发展的新要求》一文中将生态文明教育界定为"在生态文明建设的背景下，在科学发展观的指导下，高校为培养具有明确的生态文明观念和意识、丰富的生态文明知识、正确对待生态文明的态度、实用的生态文明建设实践技能、高度的生态文明建设热情的新型人才而展开的教育"。高校担负着培养德智体美全面人才的根本任务，培养大学生生态文明理念，将生态文明教育渗透进高校教育理念及大学生"三观"教育过程中，可极大提升高校教育内涵和外延以及大学生思想教育水平。生态文明教育是变革人类文明发展方式的一种教育，是把生态文明作为一种价值观和日常行为的教育；生态文明教育更是一种基本素质教育，其面向全体学生，融入不同学科，培养生态人格，提高人的生态意识，并树立生态价值观，从而促使人们转变生活、生产和治理方式。

2 高校生态文明教育存在的问题

我国高校作为生态文明教育服务的主要供给方，对于开展生态文明教育响应热烈，而且已在理论研究和实践应用两方面取得许多成绩，但生态文明教育服务的供给依然存在规划粗糙、内容单调、方式单一等问题。由人才培养效果而言，可以判断还有不小差距。

2.1 口号虽响亮，但是高校对贯彻实施生态文明教育仍然不够重视

生态文明教育的学科体系尚未完善，相关师资力量薄弱，开设生态文明教育相关课程的高校比例不高；对于与农林、环境科学相关专业而言，开设生态文明相关专业课程或者通识课程较为顺利自然，但这在整个高等教育中所占比重极为有限。即使一些高校开设有跨学科的生态文明选修课，但是并没有提供相应配套教材，往往只是推荐相关参考书或者多媒体资源，总体来说生态文明教育的专业融合性有待加强，将生态文明教育真正融入人才培养体系的高校实属凤毛麟角，加强生态文明教育体系建设迫在眉睫。

2.2 生态文明教育氛围营造尚不够浓厚

生态文明教育转化为大学生的自觉行动是一个潜移默化的长期过程，在这个过程中既需要正确的教育服务活动引导，也需要打造一个良好的氛围以实现环境育人；此外，党的十八大报告指出"要加强生态文明宣传教育，营造爱护生态环境的良好风气"，但是，很多学生仍然对学校开展的生态文明教育活动不知情、不熟悉、不了解，社团组织开展的生态文明活动比较少，生态主题教育活动不够丰富，生态文化宣传不够到位，信息传递不对称的情况比较严重，不少学生是从微信公众号等新媒体获得信息后方才参与生态文明教育活动。

2.3 大学生生态文明意识薄弱，生态文明行为尚不够自觉

据相关调查显示，当前大学生生态文明意识总体呈现"认同度最高，知晓度次之，践行度不足"特点，他们对生态文明的意识仍然停留在"政府责任"状态，普遍认为政府和环保部门是生态文明建设的责任主体，个人几乎没有责任，更谈不上就生态保护有发自内心、潜意识的自觉行为，也还没有能够将保护生态环境、人与自然的协调发展作为约束自身行为的内在标准；此外，目前许多大学

生绿色消费意识低，例如大学生是外卖消费的主要客源，但在消费过程中普遍环保主动性差，他们的生态文明行为习惯应该正在养成过程中。

3 高校生态文明教育的供给侧改革

生态文明是当代人为了消除生态危机、改善生态环境、实现可持续发展而选择的一条文明之路，是一种正处在不断探索、建设和发展中的新的文明维度。生态文明教育是一项系统的教育工程，是渗入所有知识领域、贯穿人才培养过程的教育服务活动，不只是一门课程、一个专业；同时，生态文明教育具有非常强烈的实践性，应该贯穿人的一生，而绝非简单说教。高校作为生态文明教育服务的主要供给者，应该推进实施生态文明教育的供给侧改革，以期形成多层次的生态文明教育途径，并积极供给多元化的生态文明教育内容，以此不断提升生态文明教育的质量。

3.1 加强校园生态环境建设

绿色和谐的校园环境是实施生态文明教育的重要载体，而众多实践早已证明良好的校园生态环境具有"环境育人"功能。建设校园生态环境，不仅要注重外在环境绿化、美化，更要注重内涵的节能减排，要加强引导师生行为，鼓励节水节能，反对浪费，让绿色生活方式率先在高校形成。首先，因为校园往往人口密集，是用水用能重点单位，节能潜力很大，所以要推进雨水等非常规水源的综合利用，建设"海绵校园"。其次，学校要积极推进校园环保措施及节能设备的使用，让学生在潜移默化中受到生态文明的教育，例如，学生浴室可采取在消费刷卡的基础上加装节水装置，宿舍楼安装节水循环系统，收集利用洗漱水冲洗厕所，在教学楼热水器旁边设立清水、茶水回收桶等。再次，还应对水、电、气等进行全过程监控和管理，杜绝跑冒滴漏，最大限度减少浪费；推进垃圾分类回收，促进资源循环利用。此外，在推进信息化校园建设过程中，应大力推广物联网、大数据、人工智能等技术在节能节水领域的应用，以科技"武装"绿色校园。为切实有效保障上述措施实施效果，要加强制度建设，分解和落实责任，建立考核体系，确保绿色校园建设持续化、常态化。

3.2 梳理、规范生态文明教育课程模块体系，丰富生态文明教育方式

学校有必要将生态文明课程纳入素质教育课程体系，就高职院校而言，其思想政治理论课具备丰富的生态文明教学资源，对学生生态文明意识培养和生态价值观的养成具有较大优势，例如，在"思想道德修养与法律基础"课程教学中包含有中华民族传统文化的儒、释、道的生态智慧及生态法治观的教学内容，"毛泽东思想和中国特色社会主义理论体系概论"中的可持续发展战略、科学发展观思想、建设资源节约型与环境友好型社会及"五位一体"的中国特色社会主义事业总布局的内容等。笔者认为，仅就理论讲授而言，在高职院校扎实地将这两门重要通识课程的相关模块进行有效设计、教学资源建设丰富、教学手段设计灵活，其实足以保证从理论层面实现生态文明教育的目的。但是，生态文明教育的课程模块体系还必须包含实践模块部分。基于全国高校已形成的可靠经验，笔者认为，在校内可通过丰富第二课堂和第三课堂课程模块设计，开展生态文明主题讲座、知识竞赛、演讲比赛、辩论赛，组织师生在各类庆典活动中表演有关环境保护的小品或话剧，通过组织校内外竞赛活动鼓励学生拍摄有关美丽校园或者大自然生态环境的视频作品等，还可以通过设置生态文明法治教育课程模块培养学生生态法治思维，广泛实施此类实践活动以提高大学生生态文明教育活动的参与度；不仅如此，在开展"三下乡"等大学生寒暑假社会实践活动时，也可以开展与生态文明教育有关的绿色实践活动，促进大学生走进大自然、感悟生态环境。通过系统梳理、规范并有效实施生态文明教育课程模块体系，促使大学生在理论学习和具体实践中受到启发，帮助他们增强生态文明意识、提高生态文明素养。

3.3 加大生态文明教育师资队伍建设力度

基于前述内容强调高校生态文明教育课程模块应包括理论与实践两大类型，因此高校不仅要培训生态文明教育专门课程模块教师，还要培训通识课程和专业课程教师，促进生态文明的理念渗入专业人才培养的方方面面和全过程。教师生态文明教育专业素质的提升主要包括教师教学能力和科研能力的提高，可以通过定期的生态文明专业知识培训、教师交流研讨及生态环节考察实践活动等不断更新专业知识，增强生态文明教育的专业素养；可聘请校外生态文明研究学者、从

事资源再生循环的企事业单位管理或技术人员担任兼职指导教师，为师资团队开展讲座，以弥补校内生态文明教育师资力量之不足。生态文明教育产生的良好效果并不局限于课堂之内，通过老师的文明行为可以带动学生群体重视对生态文明的学习，在学生日常生活中产生良好的辐射效果；教师的文明行为对学生群体具有显著的示范引领作用，可形成深入推进生态文明教育的倍增效应。因此，对于生态文明教育师资队伍而言，每一个成员都必须认识到教师不仅是生态文明知识的传播者，自身更应该是生态文明教育的践行者，应当加强自我修养，注重对学生言传身教，在授课时不仅要注重生态文明教育人文价值取向与伦理道德关怀，还应该通过自身的积极行为对学生产生潜移默化的有效影响。

4 结语

走进新时代，我国高校已进一步明确了人才培养、科学研究、社会服务和文明传承的重大使命，肩负了生态文明教育的重要职责。不关注生态文明教育的高校一定不是新时代合格的高校，因此，高校要把生态文明教育纳入发展规划，在各方面给予充分保障；要将生态意识、生态素养与能力等纳入人才培养评价体系，作为提高人才培养质量的重要衡定指标；要持续稳步推进生态文明教育服务的供给侧改革，不断提升生态文明教育的质量。

参考文献

［1］杨志华，严耕.高校开展生态文明教育是时代发展的新要求［J］.中国林业教育，2010（5）.

［2］伍进，孙倩茹.生态文明意识与生态文明行为相关性分析——基于对高校大学生现状的调查［J］.江南大学学报（人文社会科学版），2017（6）：112-118.

［3］仲艳维，杨旸，朱平芬，等.高校大学生生态文明教育实践途径的探索［J］.中国林业教育，2011（29）：41-46.

［4］胡锦涛.坚定不移沿着中国特色社会主义道路前进为全面建成小康社会而奋斗——在中国共产党第十八次全国代表大会上的报告［M］.北京：人民出版社，2012.

［5］吴青林，董杜斌.高校生态文明教育的现实诉求与路径选择［J］.学校党建与思想教育，2013（5）：63-65.

［6］吴建铭，加强高校生态文明教育的思考［J］.黑龙江工业学院学报，2018（1）：5-8.

国外生态文明教育对我国高等院校生态文明教育实施路径的启示

宁伟（四川国际标榜职业学院　四川成都　610103）

1 生态文明教育概论

1.1 生态文明的概念

进入21世纪，中国率先提出建设生态文明社会，从人与自然和谐的角度，可将生态文明定义为"是人类为建设、保护美好生态环境而获取的物质、精神及制度成果的总和，是贯穿于经济建设、政治建设、文化建设、社会建设全过程和全方位的系统工程，是社会文明进步程度的重要反映"，其核心内涵是"可持续发展"，"可持续发展是生态文明建设所要实现的目标，而达成目标的途径则是人和环境的和谐相处，即实现人类社会的生态化"。

1.2 生态文明教育的概念

生态文明教育可以理解为：进行生态知识及生态文化传播，从而提升人们的生态意识、生态素养及整个文明素质，创造个人、群体和整个社会行为的新模式，促进其主动遵守自然及社会生态系统的规律，从而改善人与自然、人与社会，以及代内、代际间的各类关系。

生态文明教育包括生态伦理教育、生态安全教育、生态道德教育、生态政治教育、循环经济教育和清洁生产技能教育、绿色消费教育等各个方面的理论与实践教育。

1.3 研究生态文明教育的意义

伴随着我国工业化进程的加速，生态环境恶化日益成为制约我国可持续发展的重大问题。20世纪70年代以来，人们开始重视生态环境保护和经济社会可持续发展问题，党的十七大首次提出"生态文明"的概念，党的十八大将"生态文明建设"列入我国发展"五位一体"的总体布局，提出"建设生态文明，是关系人民福祉、关乎民族未来的长远大计。面对资源约束趋紧、环境污染严重、生态系统退化的严峻形势，必须树立尊重自然、顺应自然、保护自然的生态文明理念，把生态文明建设放在突出地位同时融入经济建设、政治建设、文化建设、社会建设各方面和全过程，努力建设美丽中国，实现中华民族永续发展"。党的十九大提出，"加快生态文明体制改革，建设美丽中国"，"生态文明建设功在当代、利在千秋。我们要牢固树立社会主义生态文明观，推动形成人与自然和谐发展现代化建设新格局，为保护生态环境做出我们这代人的努力"。

生态文明建设已成为我国的重大发展战略，生态文明教育也日益受到重视，高等教育是学生踏入社会前的最后一个阶段，高等院校作为为社会培养实用型人才的高校，应顺应形势、创新观念，吸收先进国家和地区的教育经验，加强生态文明教育的实施，培育学校可持续的生态意识，将生态文明教育纳入教育体系，全面建设理论和实践结合的综合课程体系，提高学生的生态价值观和生态道德、生态修养，发挥高职教育在全民生态文明建设方面的积极作用，推动生态文明教育从校园扩展到家庭、社会，进而在全社会树立"生态文明理念"，为建设生态文明的制度、调整经济增长方式、变革生活方式奠定基础，最终实现人与自然、社会协调共处，资源合理分配，社会可持续发展。

他山之石，可以攻玉。国外自20世纪中叶即开始进行环境教育（即生态文明教育），经过70年的发展，已经形成了各具特色的生态文明教育体系，尤以美国、德国、澳大利亚、日本最为突出，以下将具体分析国际生态文明教育的趋势、做法及主要特征，并在此基础上与我国进行对比分析，进而提出我国高校实施生态文明教育的实践路径。

2 国际生态文明教育趋势、做法及主要特征

2.1 发展趋势

国外学术界并没有明确提出生态文明这一概念，生态文明教育主要体现在环境教育和可持续发展教育方面。

2.1.1 概念的提出

在1948 年召开的国际自然保护联合会成立大会上，托马斯·普瑞查率先提出了"环境教育"（Environmental Education）的概念，这次会议成为环境教育诞生的标志性会议。国际自然与自然保护联合会和国际环境教育委员会随之相继成立，国际性的组织开始承担起环境教育的重任，环境教育逐步步入实践阶段。

2.1.2 深入发展

1960年，苏联颁布了《自然保护法》，明确规定必须在中等学校开展环境保

护教育，把自然保护和资源再生列为学校教育的必修课，在教育史上具有开创性的意义。1968年，联合国教科文组织召开了"生物圈会议"，强调"应该进行区域性调查，将生物学内容编入教育课程体系中，同时在高校的环科系培养专门人才，推动中小学环境学习的建设及设立国家培训和研究中心等"，国际环境教育体系首次形成。1970年，国际环境教育会议第一次界定了环境教育的定义："环境教育是一个过程，通过这个过程来认识价值、澄清概念，从而形成一定的态度，培养一定的技能，提出相应的解决问题的对策，并形成对自身行为的约束能力"。1972年，联合国首届"联合国人类环境会议"提出："环境教育是一门跨学科课程，涉及校内外各级教育，对象为全体大众尤其是普通市民，以便使人们能根据所受的教育，采取简单的步骤来管理和控制自己的环境"，环境教育逐步在全球兴起。

2.1.3 全球化普及

1988年联合国教科文组织提出"为了可持续发展的教育"，环境教育开始进入可持续发展教育阶段。20世纪90年代初，世界各国的大学基本上都普及了环境教育，国际环境教育提出绿色大学的概念，要求绿色理念不仅在大学课堂中有所体现，而且还应当在学校管理上得到贯彻。1990年10月，《塔罗里宣言》提出"大学在教育、研究、政策形成与信息交换各方面均扮演了重要的领导角色，从而促成可持续发展目标的实现"。1994年，联合国教科文组织启动了"环境、人口和教育计划"，欧洲环境教育基金会推出了"生态学校"计划。全世界逐步兴起生态教育热潮。

2.2 具体做法

2.2.1 美国生态文明教育

美国是世界上第一个在高校教育中开设有关生态文明教育课程的国家。各级政府、教育部门、社会团体和学校一直重视环境教育，主要做法有：

（1）法制保障。1970 年通过《环境教育法》，1990年颁布《国家环境教育法》，强化了政府行为，明确环境主管部门责任，设立环境青年奖和环境教育专项资金。

（2）政府、社会和学校共同参与。环境保护局（EPA）（政府机构）、环境教育行动组织（EEA）（民间组织）这两个机构发挥着非常重要的作用。1992年EPA开始实施环境教育和培训计划，加强与高校的合作，培养能够讲授环境课程的专业人员。1995年参与这个计划的芝加哥大学开发了"环境教育工具箱"，包括丰富的教学方法和内容，建立网络资源，使全国教育者能简单快速地获取有效信息。

（3）针对性的教育计划。针对小学生开展健康游戏，针对高中生开展环境探索课程，针对大学生注重培养职业素质，包括综合分析、解决环境问题的能力和方法等。目前实施规模最大的三个教育计划分别是树木学习计划、教师水计划和通过学习计划设计的生物调查计划。

（4）多样化教学模式。采用渗透课程模式（环境教育渗透到各门学科中）和跨学科课程模式（从各个领域中抽取有关环境科学的概念而后发展为一门独立课程），教学方法多采用问题教学法、户外教学法、角色扮演法等。

（5）发挥学生主体作用。2011年，EPA和联邦教育部（CEQ）启动"绿丝带学校计划"（green ribbon schools），美国40多个州（区）的621所学校参加，将对学校的评估分为"环境友好型校园""户外探索""健康发展"和"自然课堂"四大部分，每部分包含多个活动内容，每个活动项目都由学生参加设计、完成，充分发挥学生的主观能动性。

2.2.2 德国生态文明教育

（1）法制保障。1998年通过《德国可持续发展委员会报告》，后又通过《走向可持续发展的德国》。依据这两个文件，德国多个州政府制定了相关环境教育的法规。

（2）政府、民间组织共同合作。政府出台优惠政策，与民间组织联合开展环保教育，通过文艺表演方式宣传环境保护。

（3）注重实效。德国环境教育课程标准各州不同，但都从幼儿抓起，采用渗透式教育和隐形开发式教育两种模式，隐形开发式教育主要表现在师生共同建设生态校园，1994年汉堡市教育部门倡导"半半项目"，教师向学生讲解节约电、水等能源的意义，学生展开讨论并制订生态学校整体实施方案，实施过程中学生是主体同时也是监督者，教育部门将节省费用中的一半作为奖金给学校，由学校自由支配。

2.2.3 澳大利亚生态文明教育

（1）系统化教育课程的开发。澳大利亚将课程作为生态文明教育的主要方式，从幼儿园、小学、中学直至大学，都将生态教育列为必修课程，基本采用了以单一学科为主体的多学科渗透课程模式，将知识、技能和态度与实际应用相结合，培养学生的综合素质，使人人自觉参与生态环境保护活动，这是澳大利亚环境教育的一大特色。

（2）以可持续发展为导向。把学校建设成持有可持续发展生活方式的典范，每所学校都制定学校环境管理计划，把重点放在学校的水、土壤、能源、生物多样性等方面，并向当地社区逐步扩展，共同构建可持续发展的生态文化。

（3）基于学校自身条件的特色环境实践活动。澳大利亚地理环境区别较大，学校依据附近特定的环境资源而发展与之相结合的特色实践活动，尊重各州和地区在资源方面的差异。

2.2.4 日本生态文明教育的做法

（1）整合课程。第一阶段针对小学低年级学生，开展亲近自然教育，形成对生态环境的初步认识；第二阶段针对小学高年级和初中生，开展了解自然教育，让学生直接面对与环境相关的事物和现象；第三阶段针对高中生，开展保护自然教育，通过让学生综合思考和判断生态环境问题，培养他们主动保护和改善生态环境的能力和意识。在课程教学中，将环境教育渗透在学校教育活动之中，根据各学科特点设立生态文明教育专题。

（2）区域性的生态文明教育，即"全球思考，本地行动"（think globally，act locally）。结合当地环境问题的实际情况，从发现、解决环境问题角度出发来组织生态文明教育，培养学生解决环境问题的态度和行动能力。

（3）注重教师培训。日本文部省编辑出版了供教师使用的《环境教育指导资料》，让老师把生态文明教育的内容落实到自己这门学科的教学中。日本文部省每年组织一场"环境教育担当教育讲习会"，文部省专业官员、东京学艺大学等一线教员组成讲习会的讲师团成员，就生态文明教育的内容及方法进行研修，提高教师的指导能力和环保素质。

（4）发挥企业、社区的作用。从企业产品、文化到经营管理理念充分考虑生态文明教育，以社区为载体，通过建立环保中心、分发传单、张贴公告等开展相关教育宣传。

2.3 主要特征

综观发达国家生态文明教育的发展趋势与主要做法，可以发现很多共性，从纵向上看，由当初单纯的生存威胁论的灌输，进展到生态文明意识的培养、生态文明习惯的养成、生态文明教育路径的探究等，教育内容和形式不断创新。从横向上看，欧美各国都将生态文明教育定为高校必修课程，且形成了各自相对完整的生态文明教育机制。

2.3.1 法制化

根据本国实际情况制定了生态环境教育的相关法律和发展计划，明确政府、公民的责任，提供了依据与保障，鼓励社会团体与公民参与其中，实行专业人才认定制度，建立相应惩罚措施等，使生态文明教育处于良性循环。

2.3.2 体系化

形成理论与实践相结合的生态文明教育体系，针对幼儿到大学的各个阶段，分阶段实施有针对性的生态文明教育课程。课程教育多采用渗透式或者跨学科式，由显性课程教育转向隐性课程教育，在潜移默化的过程中完成生态教育。举办讲座、召开演讲会、报告会、展览会等各种体验式教育实践活动，促进"行为养成"。建立生态教育基地，学生通过收集资料、调查研究、知识对比，增加生态环境知识，提高生态环境技能。注重面向日常现实生活，利用文艺表演、宗教仪式、庆祝活动、节假日各种情境来加强生态文明教育，引导人们解决本区域的生态问题。

2.3.3 社会化

从单纯依靠学校，转变为政府、社会、企业、学校、家庭、社区共同参与的综合性生态文明教育网络，建立起制度化的联系，政府与企业开展环境保护及教育方面的合作，充分发挥宗教组织、社会团体、慈善机构等民间组织的力量，发挥社区在教育中的基层性力量。

2.3.4 专业化

培训专业化的师资队伍，由专门的机构负责教师培训，涉及课堂培训、户外活动研究设计与实施培训等全方位内容，定期开展主题环境会议、环境教育调查研究、在职教育等方式，不断提高环境教育教师综合能力。

2.3.5 适应性

学校生态文明教育的目的和核心价值观建立在本国国情基础上，根据社会发展需要而提出，不断总结实践经验，提出新的生态教育理论，完善生态教育政策、策略、课程体系。

3 国内外生态文明教育的对比分析

我国实施生态文明教育时间较晚，与国际相比，呈现以下几个特点：

3.1 生态文明教育停留在浅层次

我国现有生态文明教育在很大程度上呈现"头痛医头、脚痛医脚"的生态危机治理方式，局限性较强，并不能教育人们从根本上、从长远上解决生态危机问题，割裂了环境保护与人类经济社会发展之间的内在联系，可持续性不强。目前为止，教育部还未出台任何鼓励开展生态文明教育的政策。

3.2 生态文明教育倾向于市场取向

高等教育的市场取向削弱了高校生态文明教育导向的价值功能，由于生态文明教育所带来的效益是长期和隐性的，短期收益并不明显，很多高校对生态文明教育不够重视，即便重视了，也多流于形式，多数高等院校未将其纳入教学规划，缺乏可持续性的发展，呈现专业设置市场化、课程安排功利化的特点，忽视了对学生综合素质、道德意识等的培养。

3.3 生态文明教育存在学科壁垒

学科壁垒与专业细化阻碍着高等教育资源有机整合到生态文明建设方向，许多高等院校生态文明教育课程设置随意性强，未形成体系，课程较为单一，课本相对陈旧，专业教师比例较少，已有教师缺乏系统的学习和培训，很难实现渗透式教学，理论灌输多于社会实践，实践教学效果不理想，缺乏专门的生态文明人才培养方案，不利于培养文理交融，懂经济、知识和法规，复合型的生态专业人才。

4 我国高等院校生态文明教育实施路径

4.1 建立系统的课程体系

（1）建立结构化的课程体系。将生态文明教育贯彻到各年级课程中，针对不同就业方向的学生进行专项教学，形成专业课、必修课、公选课相结合，严密合理的课程结构。

（2）进行渗透式教学。将生态文明教育内容渗透在各学科核心课程的具体教学中，使学生获得更系统全面的生态知识结构，潜移默化中培养学生的生态价值观和道德观。

（3）促进"认知式""体验式""参与式"教学，重视学生的主动参与和互动，鼓励学生进行主动自我抉择，增强学生自身的生态认知力、生态意识和责任。

（4）设立多元的评判标准，不仅注重学生理论知识的掌握，同时关注学生的日常生态行为规范及生态实践能力。

4.2 加强实践教学

（1）举办校内主题活动。以学院、年级或专业为单位，发挥学院、团委、学生会的组织作用，开展交流会、绿色校园特色活动、生态文明主题作品竞赛，节能作品发明等主题教育活动，利用世界地球日、植树节、世界环境日、世界气象日、世界水日等环保节日期间开展主题实践活动。

（2）建设校内实训平台。依托并完善当前的教学资源及设施，与企业、机构等进行资源共享，建立行业学院或挂牌成立生态研究基地，摸索师生教学成果向社会产品转化的方法。

（3）开展校外实践。与企业、社区、社会机构等展开广泛的人才培养合作，以生态研究项目为依托，创新生态文明教育产、学、研模式，共同探索减低企业能耗的方法，尝试对环境污染问题提供相应的解决方案。定期组织学生与社会团体共同开展生态调研、保护、研究、宣传等实践。

（4）将生态文明实践与学生职业生涯规划结合起来，帮助学生提升适合其职业发展的生态实践能力，促进其在生态领域成功就业。

4.3 打造高素质的教学团队

（1）加强现有教师的专业化培训，提升教学团队的整体教学水平和业务能力，进行统一的生态道德教育，包括任课教师及其他行政、教学管理人员等，发挥教师的引导示范作用。

（2）完善专业人才引进及管理机制，结合自身学校特点制定专门、完善的生态教师选聘条件、程序及考核制度，引进具备较高生态素养的专业化教师，对做出突出成果和贡献的专业带头人、骨干教师及其他专兼职教师给予相应奖励，加强生态文明研究技术、资金、人员、设备等投入，将教师的相关学习工作经历和生态文明实践能力作为考核标准，鼓励教师接受继续教育。

（3）加强与相关机构的人员合作。聘请具有较高理论水平和丰富实践经验的生态专家、企业人才来校兼职或挂职，鼓励本校骨干教师到企业、研究所、社会团体等地进行兼职，提高其实践工作能力。

4.4 开展生态文明校园建设

（1）建设保护环境、节约资源的生态文明校园，通过校报、广播、宣传橱窗、网站等宣传环保知识，开展学校环保活动等，营造可持续发展的文化氛围，潜移默化提高师生的环保理念。

（2）创建校园生态管理机制。运用环境管理国际标准（ISO14000）规范学校的各项管理，使学校管理系统化、文件化、程序化、环保化。成立生态文明教育指导小组，强化高校管理者在生态文明建设中的主导作用，将生态文明理念有机渗透到管理体系中。

（3）加强学生生态行为管理。加强学生生态行为规章制度的建立及纪律检查；在学生间建立相互监督、相互鼓励的良性运转机制，引导其进行自我管理、自我教育；设置生态文明班级、生态文明之星等奖项，制定学生生态文明行为考评制度，对学生进行月评、年评等，将其表现计入学期评估综合分数。

4.5 开展国际合作

参与联合国教科文组织环境人口与可持续发展教育项目"联合国教科文组织环境人口与可持续发展教育项目"（UNESCO Project on Education for Environment Population and sustainable Development，EPD）主旨是"通过对青少年和全体社会成员进行环境、人口和可持续发展教育，促进生态环境的改善、人口素质的提高和社会的可持续发展"，通过EPD同国外高校建立起多元合作关系，实行交换生制度，推荐部分优秀学生到国外学习，吸收部分国外学生来校交流；组织师生参观国外高校的生态教育基地，邀请国外生态方面的专家教授来校讲学、召开研讨会等；联合开展生态宣传、志愿环保等生态实践活动。

5 结语

学生生态文明行为养成是一个长期积累的过程，需要建立以学校为主体，以家庭、社区和社会为补充的，既有分工又有合作的综合教育网络。政府应加强生态文明教育的立法和扶持力度，将高职生态文明教育纳入生态文明建设体系中；学校应加强与政府、社区、社会团体、企业等的合作，突破知识条块分割，构建起"终身教育"全程化的理念。

随着科技的发展，我国高等院校生态文明教育将逐步从"封闭"走向"开放"，从"零散化"走向"系统化"，生态文明教育将更突显区域性，而教育合作将更加全球化，生态文明教育将不仅涵盖自然环境问题、社会问题，更关注人的自身发展问题，不断适应时代发展的需要。

绿色教育解析与生态文明教育构建研究

赵麒闰（四川国际标榜职业学院　四川成都　610103）

1 绿色教育的起源

"绿色"是象征生命的颜色，更象征着一种文化，一种文明。英国作为工业革命的发源地，在工业化进程中，经历了"先污染后治理"的曲折过程，而英国的绿色教育举世闻名，这既因为英国是世界环境教育的发源地之一，也得益于英国在绿色教育上的积极作为，早在2003年2月时任首相布莱尔发表的白皮书《我们未来的能源——创建低碳经济》中，提出到2050年把英国建成一个绿色化的国家。1962年，美国海洋生物学家卡逊在其《寂静的春天》一书中，发出了农药将危害人类环境的预测，警醒了全世界，该书的出版，标志着西方环保运动的正式开始，敲响了人们只关注经济发展而忽略保护自然生态的警钟，是最为成功的绿色教育案例之一。近年来，欧美一些著名大学开设了一系列绿色教育课程。例如，加拿大多伦多大学开设共同创建大学与社区联合体的活动，这些活动的一般组织形式是将商业和行政及学校绿色组织联合起来。共建联合体的契机和兴趣在于提供共同的需要、机会、利益、技术、知识等方面的协作与互补。澳大利亚格利福士大学提出教学环境管理的几个环节：制定绿色教育课程计划，开设"环境与资源""可持续发展与经济""环境健康"等相关绿色课程；发展大学的绿色指标和相关的环境管理体系，鼓励大学生开展有关绿色方向的社团；建设学生绿色意识生态实习基地，搞好"绿色化"教学方法。诸如此类的还有美国加州大学的"校园环境规划"、美国华盛顿大学的"绿色大学"、加拿大滑铁卢大学的"校园绿色行动"、英国爱丁堡大学的"环境议程"等。总之，西方各国的绿色教育理论和实践，除了注重环境的可持续发展这一共同点之外，更关注绿色教育的可持续发展和学生的可持续发展，即在实现资源、经济、环境和社会可持续发展的同时，实现人的可持续发展。与西方的大学相比，我国大学开展"环境教育""绿色教育"较晚。1998年5月，清华大学在国内率先提出了建设"绿色大学"的理念和目标，由此揭开了普通高校"绿色教育""绿色大学"的序幕。进入21世纪，越来越多的高校开始注重"绿色教育"，同时也把建设"绿色大学"作为自己的发展目标。

那么什么是"绿色"？什么又是"绿色教育"呢？绿色教育，就是使环境保护、可持续发展课程等有关环境的课程，像数、理、化那样成为学生的必修课、基础课。培养学生的环境意识和相关知识，使学生毕业后无论赴何种工作岗位，都能具备环境意识，具有基础的环境知识，像"绿色种子"播撒在中国的大地，为改善中国的环境、继续可持续发展事业打下基础。绿色是可持续发展的替代词，绿色教育是全方位的环境保护和可持续发展意识的教育，即将这种教育渗透到自然科学、技术科学、人文和社会科学等综合性教学和实践环节中，使其成为全校学生的基础知识结构及综合素质培养要求的重要组成部分。它不仅要注重科学文化知识的传播，更要注重受教育者正确处理人与自然、人与人、人与自身关系的教育。养成学生可持续的生活与学习的态度、伦理观、价值观及相应的工作习惯，培养学生的探求精神、生态文明意识、全球意识及对人类和人类可持续发展的责任心，来共同促进人类生存环境的改善与美化，促进人类社会的可持续发展。

2 绿色教育的重点

2.1 强化生态危机意识

高等院校作为以培养科学家、工程师、高级管理人才、国家和地方的领导与决策者的重要场所，必须大力加强绿色教育，增强学生的绿色意识，使学生学会关心全球，关心他人，具有创新精神及能为社会可持续发展努力奋斗的精神，这是世界和中国实施可持续发展战略的必然要求。大学生生态意识的培养具有其特殊意义，因为大学生受过良好的教育，是未来社会主义建设的生力军，大学生生态意识的培养是我国整体生态意识水平提高的关键。就目前来看，绝大多数学生都能够认识到保护生态环境的重要性，具有基本的生态保护意识，但是这还远远不够，比如生活中乱扔垃圾、随地吐痰、毁坏公共设施、践踏草坪等破坏生态环境的行为屡有发生，生态道德并没有成为大学生的普遍行为准则。当代大学生的生态文明意识存在着令人担忧的情况，迫切需要加强高校生态文明教育。因此，大学生生态意识的培养具有十分重要的现实意义。

2.2 形成可持续发展的自然观

当前，在市场经济的全面冲击与政治思想、人文教育薄弱的特殊情况下，部分在职的干部及学生淡化了"全心全意为人民服务"的宗旨和社会责任感，热衷于物质消耗主义、拜金主义、个人享乐主义。因此，新时代的大学生必须建立与可持续发展观相一致的自然观、价值观、道德观：把传统的对自然界单向的征服、索取观转变为人类与自然平衡协调的自然观；将物质消耗主义、个人享乐主义等价值观转变为追求人与自然、社会和谐发展，以人类长远利益为崇高目标的价值观；将传统的人与人、个人与社会关系的道德观扩大到人与自然、人与其他生物的关系，建立尊重自然、与环境友好相处的生态伦理观。过去，环境问题虽然发生在世界各地，但其影响范围、危害对象或产生的后果主要集中在污染源附近或特定的生态环境中，其影响空间有限，关心环境问题的人主要是科技界的学者、环境问题发生地受害者及相关的环境保护机构和组织，如"绿色和平组织"等。而当代环境问题已影响到社会的各个方面，影响到每个人的生存与发展。因此，环境问题已绝不是限于少数人、少数部门关心的问题，而成为全社会共同关心的问题。面对发展与环境、生态之间的冲突，不少学者从宣传绿色发展理念和促进环境保护的具体工作中超越出来，开始从文明的视角来思考人类与自然的和谐发展问题。有学者指出，"在自然界中，人类无论怎样推进自己的文明，都无法摆脱文明对自然的依赖和自然对文明的约束。自然环境的衰落，也必将是人类文明的衰落"。日本学者岸根卓郎指出，"环境问题就是文明问题"，他认为东西方文明不同，东方是自然随顺型、自然共生型的精神文明，西方是自然对抗型、自然支配型物质文明，后者是造成环境破坏的真正原因。这些观点为生态文明概念的出现奠定了基础。树立绿色教育观念、开展绿色教育，应该是高等院校实现教育的可持续性发展的重要内容。

2.3 强化心理健康教育的形成

心理健康教育是教育中的薄弱环节，学生们从小学开始就必须拼命学习，背负着沉重的升学竞争的心理压力，生活色彩单调，合作包容意识缺乏，人际交往能力差。当前高等教育从精英型向大众化的转型，招生数量的高增长率，使高等教育的规模，发生了历史性的变化；高等教育的超常规发展，面临不少新的问题和困难，对正处在发展中的心理健康教育工作产生重大影响。目前的高等教育过分偏重于知识的传授、专业技能的培养，忽视学生人格的养成，也没有充分关注学生做人的品格。许多学生进入大学后，由于生活学习的压力、不善于处理人际关系及青春期的恋爱萌动，导致情绪大起大落，有些大学生虽很有才华，但却不能正确认识自己，缺乏与同学的合作相处、综合协调，引发心理健康问题，这样的毕业生是很难适应21世纪社会发展需要的，因此，我们必须注重人与人、人与自身的和谐发展。有必要构建一个多层次、深层次、具有明确发展取向的心理健康教育模式，树立正确的心理健康观，这种心理健康的教育模式包括：乐观友善的教育环境、多元参与的教育理念、科学规范的教育网络、素质全面的教育队伍、形式多样的教育活动、自我教育的主体意识。有助于大学生追求或回归健全的学习人生，对整个社会的未来，更具潜在的重大发展价值。

3 绿色教育的实施

3.1 教学内容要注入可持续发展的内涵

3.1.1 建立灵活的综合化课程体系

从目前情况看，我国高等教育体系如何落实生态文明教育还缺少顶层设计和制度安排，大多数大学对于生态文明教育还普遍缺乏足够的重视，常常是"想起来重要，忙起来忘掉"，没有真正地将其纳入人才培养目标和教育教学体系，没有落实到教育工作和校园规划建设的具体环节。与国外同行相比、与国家要求相比，尚存在一定差距，大学绿色教育、生态文明教育尚处于起步阶段。我国高校的传统课程体系也具有刻板、僵化的特点，很难随社会变化作出反应并进行灵活的自我调整。这种缺少灵活性的课程体系，就是缺少可持续发展性。为了适应绿色教育的要求，我们一方面要根据重新构建的新的学科"范式"构筑支撑新的学科课程的理论体系，形成高质量的课程群，以利于学生专业素质的培养；另一方面，在构建课程体系时，要有目的地建构一系列有利于学生综合素质培养的具有宽泛性、交叉性和时代性特征的课程，同时，应精心设计与之配套的课程内容。

3.1.2 设置可持续发展方面的课程和讲座

目前欧美许多大学，不论何专业都将环境教育课程作为必修课程。我国清华大学也开始了"环境保护与可持续发展"的公共基础课与选修课，同时开设了相关的如全球气候变化问题、工业污染问题、人口问题和社会发展等方面的专题讲座，将可持续发展教育渗透到整个大学教育之中，使学生获得相应的知识、技能。

3.1.3 将绿色教育贯穿到其他学科的教学活动中

不仅自然科学的学习是如此，人文知识的学习对可持续发展也同等重要。未来社会是一个科学技术高度发展的社会，人与自然和谐，社会可持续发展的实现，必须从科学技术运用的源头开始，始终保持生态平衡，减少环境污染与物质消耗等。这些绿色教育的要求，决定了任何专业教育都不可能是单纯的专业技术知识的传授，它必须放到整个社会系统中结合多方面因素来思考，特别是结合资源、环境、人口等因素来进行。德育课程要将善待自然、保护环境、爱护地球上其他生命列入教育内容，培养学生对于生命与自然的宽容、博爱精神。

3.2 实行开放式教学方法

绿色教育本着可持续发展的原则，它对传统的教学方式产生了重大的冲击。具体要求：一是摒除灌注式教学，贯彻导学原则。目前的教学，过多地注重知识的传输，而对知识的主体发散，对非语言逻辑的训练注重较少。高校教师要运用发展学生创造性思维的教学方法，把创造性思维逐步融入学生的知识结构之中；二是在教学中学生从客体转为主体，教师应尊重学生的主体地位，采取教师启发、引导和学生积极参与的方法，指导学生开动脑筋，独立地思考和探索，养成对问题和新知识的好奇心与求知欲；三是将封闭的课堂教学转为多维的"大课堂"教学。

3.3 创造可持续发展的校园文化

形成绿色教育氛围、人文氛围，对大学生是一种示范，一种教化，一种潜移默化，高校通过开展多种形式的第二课堂活动，建造一批具有特色的人文景点与自然景点，把大学的校园建成一个可持续发展的社区，一个环境无害化技术和清洁技术应用示范区，一个精心规划的生态园林景观区，让健康向上、充满活力、富于创新、富有民族特色的文化风尚占领校园，使学生在这种氛围中受到良好的熏陶和教育，当他们离开学校时，就像是绿色的"种子"，撒向全国各地和各个行业，在国家未来的可持续发展事业中起到骨干和中坚作用。

3.4 提高教师自身素质

绿色教育开展得成功与否，直接取决于教师的素质，教师要不断加强环境知识和社会可持续发展理论的学习，要面向实际，积极参与生产，在实践中不断完善自身的知识结构，提高自己的学术水平，这样才能培养出具有可持续发展意识和能力的学生。

3.5 培养大学生自我保健的意识

人的可持续发展是以自身的健康为条件的，在当今社会，生活和工作节奏越来越快，缺乏自我保健能力和保健意识是现代人突出的问题。要培养大学生获得保健的知识，养成良好的卫生习惯和生活习惯，具备强健的体魄，来适应社会与生活的快节奏。绿色教育是面向21世纪的全新教育，高校承担着提高人类的人文素质与科学素质的重任，必须在教学内容、教学方法及校园文化建设等方面进行改革，注入可持续发展的内涵，进行绿色教育，为人类寻求克服生态危机、社会危机的道路和创造人与自然和谐共处的美好未来作出应有的贡献。

4 生态文明教育内涵

4.1 大学生与生态文明建设

目前，气候变暖、沙尘暴、土地沙化、水土流失、干旱缺水、物种灭绝等生态危机已严重影响人类的生存发展，对人类文明的延续构成了严重威胁。建设生态文明，是实现人类文明永续发展的必然选择。人的伟大之处在于人能够发现问题并解决问题，这是人区别于其他生物的一种标志，这也将是人类能够长久在地球上生存的重要保障。在人类不断的发展过程中，人们解决了许许多多的问题，这也是我们为什么如此文明的原因。但是，正是由于人类文明的飞速发展，一种新的问题出现在人们面前，那就是生态环境问题。在生态问题表现得越来越严重的时候，人们不得不想方设法去解决。在对人与自然的关系进行了不断探索之后，目前，人们越来越认识到生态对人类的重要性，如今生态文明建设已经成为现代文明建设和发展首要任务。何谓生态文明？生态文明，是指人类遵循人、自然、社会和谐发展这一客观规律而取得的物质与精神成果的总和；是指人与自然、人与人、人与社会和谐共生、良性循环、全面发展、持续繁荣为基本宗旨的文化伦理形态。生态文明是在科学发展观指导下提出的，也是根据我国的发展现状作出的重大战略部署。生态文明的核心是人，主要内容是人与自然、人与社会、人与人的和谐相处，让社会健康发展，让自然自由生长。人是生态文明的享受者，也应该是生态文明的建设者。每个人的行为习惯是否文明直接影响着生态文明建设的进程。

4.2 绿色教育助推生态文明建设

2018年4月，四川国际标榜职业学院举行了规模庞大的国际生态文明教育论坛，设立了一个国际生态文明教育研究中心。党的十八大以来，习近平总书记在考察调研、访问交流等场合，多次强调要建设生态文明、维护环境安全、保护绿水青山。在党的十九大报告中，习近平总书记明确提出"坚持绿色发展理念""加快建立绿色生产和消费的法律制度和政策导向""发展绿色金融""牢固树立社会主义生态文明观，推动形成人与自然和谐发展现代化建设新格局"。党和国家的重视意味着绿色文化发展繁荣的时代即将到来。

教育作为点燃人类心灵的火把、唤醒人类意识的重要手段，担负着为国家培养人才、通过人才改造社会的重任。绿色教育对于促进国家的绿色发展、保护社会的环境安全、推动生态文明建设都具有十分重要的意义。

4.3 绿色教育是生态文明教育重要的组成部分

绿色象征着蓬勃生机、旺盛活力与绵延生命，象征着善意、友爱与美好，绿色教育要提高与培养学生的环境意识，增强环境教育，推进生态文明建设，已经成为建设中国特色社会主义伟大事业的重要组成部分，建设生态文明必定离不开生态文明教育的支持。加快开展生态文明教育已经刻不容缓。生态文明教育是全社会的任务，需要从娃娃抓起，并贯穿人的一生；需要发挥各级各类学校和社会教育机构的积极性。为保护生态环境，为实现经济环境可持续发展提供新的不竭动力。我国正处在教育改革历史阶段，正由应试教育向素质教育转变。人们越来越意识到生态平衡的破坏，导致生态系统的结构和功能严重失调，从而威胁到人类的生存和发展。

5 如何将绿色教育纳入生态文明教育体系

综上所述，生态文明是在人类发展过程中逐渐发育形成的，其发展同人与自然关系的演进、人的社会实践与社会进步的演变逻辑及人自身本质力量的发展和完善紧密相连，绿色教育与生态文明教育是衡量社会进步和民族文明程度的重要标志，是人与自然、人与人、人与自身的和谐，也是我国精神文明建设重要的和新的组成部分。生态文明教育是国家生态文明建设的重要组成部分，是以全体公民为对象，以传播绿色教育、生态文明理念、倡导生态文明行动、促进人类社会可持续发展为目的的教育活动。那么，怎样在绿色发展理念下构建生态文明教育体系呢？

5.1 践行绿色发展理念与高校生态文明素质教育的融合

5.1.1 绿色发展需要大学生具有生态文明素质

绿色发展是整体发展模式的深刻变革，是要增强全社会发展的生态底色，它关乎每一个人，成败关键之举在于全社会是否具有生态文明素质，能否厚植发展根基，能否汇集强大的建设合力形成"最大公约数"，扎扎实实走绿色发展之路。全国每年都有数以百万计的高校毕业生，他们活跃在经济发展、生态建设的第一线，这一庞大的群体是否具有较高的生态文明素质，能否践行绿色发展理念，直接影响全社会生态文明建设的推进。对大学生进行生态教育是提升我国公民生态素养的基础工程，英国环境专家帕尔默曾对影响英国公民积极参与保护环境的各种因素进行调研，发现大学生生态文明意识的形成、生态文明知识的增加、生态文明行为的改善是生态文明素养提升的基本内容。当大学生通过接受生态文明教育将绿色发展理念内化于心，融入自身的衣食住行乃至精神生活的各个方面，能更好地用相关法律法规规范、约束自身的日常行为，并付诸实践，未来国民的整体生态文明素质必将有大幅提升。

5.1.2 高校加强生态文明素质教育契合绿色发展的现实诉求

面对绿色发展理念给全社会带来的强大冲击，肩负人才培养重任的高校必须大力转变教育理念，把握社会发展新的阶段性任务及要求，满足社会对高校人才培养目标及质量的期望和需求。将生态文明素质教育纳入高等教育的重要范畴，反映了践行绿色发展理念的内在要求，是推进生态文明建设的必然举措，是服务时代发展的迫切要求，是高校担当社会责任的直观体现。绿色发展作为当下乃至今后较长时间内指导我国社会发展的重要理念，只有被公众普遍接受，才能切实发挥其指引作用。

5.2 将生态文明教育列为大学教育新使命

习近平强调"要加强生态文明宣传教育，增强全民节约意识、环保意识、生态意识，营造爱护生态环境的良好风气，帮助人们形成'山水林田湖是一个生命共同体'的道德认识"。一般来说，生态文明教育由家庭生态文明教育、学校生态文明教育和社会生态文明教育三部分组成。三者中以学校生态文明教育为关键，它贯穿于青年从幼儿园到大学近二十年的时间。建设生态文明，是关系人民福祉、关乎民族未来的长远大计。大学是社会文化高地，有责任、有义务开展好生态文明教育，在生态文明建设中发挥更大作用。把大学体系作为全社会生态文明建设的重要力量，将生态文明教育、生态文明实践、生态文明科学研究融入大学的教育、科研、社会服务及文化传承创新之中，是时代发展赋予大学的新功能和新使命。

高等教育阶段是青年道德观、价值观、自然观及公民意识形成的重要时期，是使大学生牢固树立生态文明意识、形成生态文明自觉行动的关键阶段。在大学开展生态文明教育，培养学生生态环保意识、陶冶学生自然心性、树立人与自然和谐发展观念，是培养新时代大学生的必然要求，也是提高大学生综合素质的有效途径。同时，大学生群体作为文化程度较高的社会成员应当承担更大的生态文明责任，大学的生态文明教育有助于实现他们的责任担当。

5.3 将生态文明要求纳入大学人才培养目标

生态文明成了中国特色社会主义新的科学内涵，与政治、经济、文化、社会建设构成中国特色社会主义事业"五位一体"的总体布局。高等教育人才培养要服务于经济社会发展需求，因此适应"五位一体"总体布局新要求，把大学生培养成为具有生态文明观念、知识、能力和素养的人，是大学人才培养目标的新内容，是生态文明时代高等教育与时俱进的必然要求和具体体现。

国家环保部副部长潘岳认为，"生态文明是以人、社会与自然和谐共生为核心价值观，以建立可持续的生产方式、产业结构、发展方式和消费模式为内容，引导人们走科学、和谐发展道路为目标的文化伦理形态，是人类积极改善和优化人与自然关系，建设相互依存、相互促进、共处共融生态社会而取得的物质成果、精神成果和制度成果的总和"。可见，生态文明教育是一个科学体系，与人文社会科学、自然科学、工程技术等学科密切联系。生态文明教育既可以呈现为一门相对独立的学科，又可以渗透到其他学科专业教育之中，贯穿于大学人才培养的全过程。实施生态文明教育，可以根据具体情况，因地制宜、因时制宜，采取的方式、途径灵活多样、丰富多彩。

5.4 建立生态文明教育"教学—研究—实践—服务"体系

加强大学生生态课程教育，从生态文明课程教学、实践教学、科学研究及面向社会的生态科技服务等方面构建大学的生态文明教育体系。设置有关环境保护的专业或课程，对学生进行系统的生态文明教育。把"环境伦理学""环境保护与可持续发展"等课程列为大学生的基础公共课程，把生态道德考核作为衡量大学生综合测评的手段之一。让更多的学生有机会了解环境的现状，激发保护大自然的情感，让他们从内心深处去提高生态文明素质，摒弃不良生活习惯，养成良好的生态文明行为。结合大学功能定位和学科专业特点，开发生态文明教育的课程体系，以课堂教学为主，结合报告会、研讨会等多种形式，为大学生提供先进的生态科学知识。围绕全球性、地区性或本区域生态问题，在高校合理布局，建设一批与生态科学相关的学科或学科方向，形成科学研究基地，提高研究能力，开展社会服务。在大学生德育、思想政治课实践教学、志愿服务、社会实践中，把生态文明教育列为重要专题。开发生态文明教育载体，设立一批开放性的研究课题或者创新项目，鼓励大学生参加，激发探究兴趣，提升生态文明素养和能力，增强教育实效。

5.5 进一步将高校打造为辐射社会的生态文明教育中心

现代大学应该有与生态文明时代相适应的校园文化追求。重视把生态文明理念和要求落实到大学校园规划和建设之中，使生态文明成为大学校园的重要文化要素，成为现代大学文化的一部分，发挥出环境育人作用。每一个校园都能够成为辐射社会的生态文明教育中心，在区域生态文明建设中发挥重要作用。

进一步推进"国家生态文明教育基地"创建工作，形成国家级、省（区、市）级及地（市）级生态文明教育基地创建体系，发挥先进引领示范作用，将生态文明教育持久、深入下去。可以尝试在大学里建立一批开放的环境学习中心、环境资源中心、生态教育中心，使大学生和社会参与者通过亲身体验来激发其对于环境的关怀，建构生态环境知识，并促成其关心环境、保护生态的行动。

习近平总书记指出："保护生态环境就是保护生产力，改善生态环境就是发展生产力。良好的生态环境是最公平的公共产品，是最普惠的民生福祉。"建设生态文明已经成为我们党和国家的重大战略部署，高校应切实担负起生态文明教育绿色教育的历史责任，在实现人类与自然和谐发展中奋力有为，体现生态文明时代大学文化的新价值。

参考文献

［1］李永峰，李巧燕，程国玲，等.基础环境学［M］.哈尔滨：哈尔滨工业大学出版社，2015.

［2］张纯大.绿色大学创建的理论与实践［D］.长沙：中南林业科技大学，2007.

［3］刘红敏.民族院校大学生绿色教育的现状及对策［J］.贵州民族学院学报（哲社版），2008（3）.

［4］王海坡.绿色教育：21世纪大学教育发展的方向［J］.石油大学学报（社会科学版），2004（3）.

［5］徐俊，黄金华.新时期高校绿色教育探讨［J］.安徽农业大学学报（社会科学版），2005（1）.

［6］孙刚，房岩，张胜.大学绿色教育与可持续发展［J］.吉林省教育学院学报，2007（8）.

［7］潘岳.社会主义与生态文明［N］.中国环境报，2007.

［8］张文雪，梁立军，胡洪营.清华大学绿色教育体系构建与实践［J］.环境教育，2009（5）.

［9］周玉.面向21世纪的哈工大"绿色大学"建设［M］.长春：吉林人民出版社.

方 法 研 究

Method Study

生态文明教育研究

首届生态文明教育国际学术交流会论文集

论生态文明建设的企业途径

——绿色营销

董蓉（四川国际标榜职业学院　四川成都　610103）

当今世界生态环境日益恶化，资源严重短缺，已经越来越威胁到人类的生存和发展，但是任何发展都不得以牺牲环境为代价。党的十七大强调"建设生态文明"，这是党和国家明确提出的一项战略任务。党的十八大更是将生态文明建设上升到"五位一体"总体布局的高度。企业作为社会主体，是生态文明建设的主力军，要努力发掘实现企业可持续发展和生态文明建设的有效途径。开展绿色营销，是环境给市场提出的新要求，也是市场给企业提出的新要求。人是实施生态文明建设的主体和最小单位，探讨绿色营销旨在给学生树立生态文明的理念，建立绿色消费观念，引导绿色就业。

1 生态文明、生态经济和绿色营销的内涵与关系

1.1 生态文明的内涵

对生态文明的理解，从广义上讲，生态文明作为人类文明发展的新形式，是继原始文明、农业文明、工业文明之后的一种新的文明形态。目前，越来越多的学者赞同把生态文明当作自然—人—社会复合生态系统的社会文明形态，既有物质文明建设，也有精神文明建设和政治文明建设，能够获得生态、经济、社会三大效益的相互统一和最大化。

建设生态文明，首先要做到善待自然，认识和尊重自然规律，在此基础上发挥人的主观能动性去改造自然，同时要具备生态文明观念，养成生态文明行为，珍惜和爱护大自然赋予的一切，实现人与自然的协同发展。具体来讲，生态文明建设领域覆盖了经济、政治、文化和社会四个方面，在结构形态上包括了三个层次：生态意识文明、生态制度文明和生态行为文明。即要树立生态文明观念、建立生态文明制度和实践生态文明行为。

1.2 生态经济的内涵

近20年来，生态经济逐渐得到各国政府与公众的认可，国内外学者对其理论研究与实践探索呈现出方兴未艾的趋势，有的学者甚至提出生态经济学是对主流经济学的变革。从国内外的研究可以看出，生态经济的本质，就是把经济发展建立在生态环境可以承受的基础上，运用生态经济学原理和系统工程方法改变生产

和消费方式，挖掘一切可以利用的资源潜力，发展经济发达、生态高效的产业，建设体制合理、社会和谐的文化及生态健康、景观适宜的环境，是实现经济腾飞与环境保护，物质文明与精神文明，自然生态与人类生态高度统一和可持续发展的经济。

1.3 绿色营销的内涵

绿色营销的概念第一次出现在20世纪90年代初的欧洲国家，自产生以来一直备受世界瞩目，得到了快速的丰富和发展。我国学术界对于绿色营销的研究是从20世纪90年代初开始的，以戴巧珠、臧庆华在《外国经济与管理》期刊发表的《发展"绿色"战略增强竞争优势》（1992）为起点，开启了中国绿色营销的启蒙阶段。

对绿色营销内涵的界定中，笔者认为比较全面的定义是魏明侠、司林胜等提出的：绿色营销是在可持续发展观的要求下，企业从承担社会责任、保护环境、充分利用资源、长远发展的角度出发，采取相应措施，达到消费者的可持续消费、企业的可持续生产、全社会的可持续发展三方面的平衡。从中看出，绿色营销与传统营销有着几点不同：在营销观念上，绿色营销更注重企业的社会责任和道德，以可持续发展为导向；在经营目标上，绿色营销强调实现生态经济；在经营手段上，绿色营销更强调营销组合中的"绿色"渗透，在经营全过程中都注入了绿色经营的元素。此外，要顺利开展绿色营销，更要从微观和宏观两方面来推进，微观角度注重企业的绿色营销行为实施，宏观方面关注政府和社会在制度和观念上的促进和约束。

1.4 三者的相互关系

第一，从生态文明和生态经济的关系来看，生态文明是可持续发展的理想社会文明形态，指引着经济发展的方向，而生态经济为生态文明找到了正确的经济发展模式，使得生态文明建设实现了从抽象的文明形态到具体发展路径的探索。第二，从生态经济与绿色营销的关系来看，生态经济的科学规律为绿色营销的实施提供了理论指导，但生态经济学作为一门经济学，不具体研究企业的绿色经营管理和消费者的绿色消费行为。因此，绿色营销为生态经济的实现提供了市场动力和保障，是生态经济发展的市场经营模式，实现了从宏观经济到微观经营模式的推进。第三，从绿色营销与生态文明的关系来看，生态文明为绿色营销的实施提出了文明形态的规范要求，而绿色营销不但是生态文明建设的重要手段，还是对生态文明建设成效的市场检验手段。

由此可见，生态文明要实现从宏观文明形态到微观市场行为的转变，需要首先找到正确的经济发展模式，即生态经济；其次要寻求实现生态经济的市场动力和形式，即绿色营销。绿色营销是实现生态文明建设的重要手段，绿色营销能够得到广泛而有效的实施是对生态文明建设成效的市场检验。因此，生态文明、生态经济和绿色营销三者相辅相成，相互促进，构成了一个互动的系统。建设生态文明，基本形成节约能源资源和保护生态环境的产业结构、增长方式和消费方式，正好是三位一体的共同目标。

2 企业开展绿色营销的必要性

2.1 绿色营销是政策环境变化的要求

党的十八大以来，国家对于生态环境问题给予了前所未有的关注，可持续发展成为当下中国经济更好更快发展的关键问题，在国家产业结构调整的同时，企业转型也势在必行。在新背景下使用新手段，促进企业转型成为攸关生死的必要手段。要发展生态经济，建设资源节约型、环境友好型社会的主要实现手段和途径就是企业全面开展绿色营销。

2.2 绿色营销是企业发展的必然趋势

开展绿色营销，是环境给市场提出的新命题，也是市场给企业提出的新要求，对于指导企业转型，提高营销质量和市场效率有着非常重要的意义。耶鲁大学教授莱维·多尔提出，绿色营销是以企业化危机为商机的战略契机，因为绿色营销是满足消费者绿色消费需求的必然选择，不仅仅可以帮助传统企业实现整体的商业模式转型，更为企业创造了新的商机，实现新的价值。

绿色营销在我国尚处于初级阶段，但是在国外，大多数企业已经把"绿色"

发展的经营理念贯彻到了生产经营的各个环节。在发达国家，消费者对绿色产品的认同率普遍较高，特别是在英国、德国，绿色产品往往供不应求，绿色产品拥有巨大的市场空间。在我国，随着人们生活水平的提高，环保意识的不断增强和绿色消费观的逐渐形成，对于绿色产品的需求量将会逐渐增加，对于企业来说，这将会是前所未有的机遇和挑战。

3 企业开展绿色营销的有效途径

3.1 政府部门加强宏观管理和政策支持

从生态文明建设的三个层次来看，要树立生态文明观念、建立生态文明制度、实践生态文明行为。企业和消费者属于实践生态文明行为的主体，而政府肩负着树立生态文明观念和建立生态文明制度的主要责任。所以，在实施绿色营销中，政府扮演着重要角色。要通过国家的一系列政策和法律来确保绿色营销的健康发展，切实增强政策法规的可操作性，形成有效的执行力强的监管体制，积极引导企业步入经济可持续发展的良性轨道，为企业创造和提供实施绿色营销的公平、公正和健康的环境。

3.2 引导消费者树立绿色消费观

绿色营销以绿色消费为前提。绿色消费也称可持续消费，是指一种以适度节制消费，避免或减少对环境的破坏，崇尚自然和保护生态等为特征的新型消费行为和过程。绿色消费，不仅包括绿色产品，还包括物资的回收利用，能源的有效使用，对生存环境、物种环境的保护等。绿色消费倡导的重点是"绿色生活，环保选购"。具体而言，它有三层含义：一是倡导消费时，选择未被污染或有助于公众健康的绿色产品。二是在消费者转变消费观念，崇尚自然、追求健康，追求生活舒适的同时，注重环保，节约资源和能源，实现可持续消费。三是在消费过程中，注重对垃圾的处置，不造成环境污染。

自20世纪90年代以来，随着人类环境意识的不断增强，绿色消费浪潮在全球各国的社会经济活动中产生了巨大的影响。据有关资料统计，全球绿色消费总量已经突破3000亿美元，在欧洲的一项关于绿色消费者类型的调查表明：绿色消费的人数占总消费人数的60%。而在中国，因为大多数消费者的绿色消费意识淡薄，不懂得绿色营销的意义，加之出现在市场上的绿色产品价格较普通产品较高，政府对于绿色营销的政策推动还处于初级阶段，所以尚未形成全社会性的绿色消费需求。因此，一方面政府要从宏观政策上推动企业着力开展绿色营销，另一方面，对于消费者要实施潜移默化的宣传教育，提高公众的绿色意识。只有消费者认识到消费行为对环境和资源的影响，才能从根本上改变整个社会的绿色消费氛围。从这点来看，对于新一代的年轻人，应该从基础教育阶段就注入生态环境保护和可持续发展的理念，帮助新一代的消费者在学生时代就树立起良好的环保意识和绿色消费观念。

3.3 企业应树立并贯彻"绿色"的企业文化

波士顿咨询公司通过对不同企业内部所具有的绿色优势进行比较分析发现，具有核心竞争力的绿色企业，其管理者通常能敏锐洞察整个行业、全球经济、世界发展中的"绿色"优势，具有长远的发展意识，并能够通过个人的远见卓识影响、塑造企业文化及企业营销中的绿色环保意识，引导全体员工在企业生产经营活动中将环保思想贯穿于每一个细节。

目前，我国企业绿色营销观念相对滞后，大多数企业的营销目标尚停留在刺激消费阶段，并未从企业战略层面对绿色营销做出规划，对绿色消费的大趋势和国外绿色消费市场的潜力分析不足。甚至有不少的企业思想观念仍停留在"先污染后治理"的阶段，缺乏全程管理的措施。所以，企业要开展绿色营销，首先要从管理者的角度制定绿色发展的战略规划，形成企业的"绿色"文化，并将这一理念贯彻实施到企业营销的各个环节，影响到企业的每一位员工，并能对消费者进行绿色知识宣传和绿色消费的引导。

3.4 实施绿色营销组合策略

3.4.1 产品策略

绿色产品的开发是企业实施绿色营销活动的基础和支撑。所谓绿色产品，是指从生产、使用至回收处理的整个过程，对生态环境无害或危害极小，符合特定环境的要求，并有利于节约资源及资源再生的产品。绿色产品较普通产品而言，不仅要考虑产品的制造、使用等方面，还要着重考察产品废弃后是否易于回收、复用及可再生，这就要求企业要从战略高度对绿色产品设计给予高度的重视，采用绿色技术，研发绿色产品。

为了鼓励、保护和监督绿色产品的生产和消费，不少国家制定了"绿色标志"制度。我国农业部于1990年率先命名推出了无公害"绿色食品"。在工业领域，我国从1994年开始全面实施"绿色标志"工作。国际标准化组织先后于1983年颁发了ISO9000系列标准和1996的ISO14000环境认证，作为企业的领导者，应该积极开展ISO14000工作，获取绿色标志，树立绿色品牌。

3.4.2 价格策略

目前，制约我国企业开展绿色营销的一大因素是绿色产品的价格要普遍高于普通产品，而多数消费者因为尚未形成绿色消费的观念，加之消费者的平均购买力水平不高，所以不愿意支付多出的成本或难以形成重复消费。德国霍因海姆大学哈曼博士的研究成果表明，绿色食品与普通食品相比，"前者的价格会比后者高50%~200%"。据对上海市市民调查数据显示，认为绿色营销推广的商品价格太高而无法接受的人数占1/5左右。

另一方面，据中国绿色食品发展中心对北京和上海的调查结果显示：绿色食品在我国所蕴含的市场潜力是巨大的，有79%~84%的消费者希望购买绿色食品，并愿意为绿色产品承担溢价支出。德国霍因海姆大学哈曼博士表明"另一项针对美国消费者的调查显示，相对于年龄在30~44岁的中青年人、45~59岁的中年人和60岁以上的老年人，18~29岁的年轻人更愿意为绿色产品支付较高的价格，其比例竟高达9.2%"。由此可见，绿色产品价格对绿色消费有一定的影响作用，但长期而言，通过对新生代群体积极倡导绿色消费观念，影响他们的消费态度，最终会推动企业实施绿色营销并获得规模经济效益。

3.4.3 促销策略

绿色促销是有利于绿色产品销售而开展的各种活动的总称，借助绿色媒体，向受众群体传递绿色产品及绿色企业的信息，刺激消费者对绿色产品的购买需求。绿色促销的核心应该不仅仅停留在对绿色产品的促销上，还应通过传播企业绿色文化培养消费者的绿色消费意识，引导消费者的绿色消费行为，树立良好的绿色形象。

同时，绿色促销应遵循"绿色"原则，充分节约资源和尽量做到减少费用。

4 构建企业绿色营销控制系统和绩效评价体系

近年来，我国企业在实施绿色营销过程中，投入了大量人力和物力，但绩效却不够理想，其中的重要原因是缺乏系统性的绿色营销策略，并且对绩效缺乏系统的评价与控制。构建企业绿色营销系统，并定期进行绩效评价，一方面可以对总体状况进行客观、全面的判定，另一方面，通过指标权重的计算，明确影响企业绿色营销绩效的敏感因素，找出薄弱环节，为企业采取相应改善措施提供直接依据。科学地导向企业开展绿色营销活动，改善绿色营销绩效，是企业有效实施绿色营销的重要保障。

5 结语

生态文明建设是一个复杂而重要的课题，企业作为生态文明建设的参与者，在其中的作用不言而喻。绿色营销是企业参与生态文明建设的主要途径，也是对生态文明建设成效进行检验的重要指标。然而，绿色营销是一项系统工程，它的开展一方面需要政府发挥作用，树立消费者的环保意识和绿色消费观，另一方面企业要从战略层面制定可持续发展的规划，结合行业标准和环保标准开展企业营销活动，并将绿色营销作为长期发展战略。同时，生态文明建设的成功实施离不开生态文明教育的辅助，它可以帮助新一代消费者树立生态文明观念，鉴别绿色企业，引导绿色就业，并帮助企业建立绿色文化，实践绿色生产、绿色流通和绿色分配，最终实现人人参与生态文明建设。

参考文献

［1］杨立新.论生态文明建设［J］.环渤海经济瞭望，2008（1）：37.

［2］魏明侠，司林胜，孙淑生.绿色营销的基本范畴分析［J］.江西社会科学，2001（6）：89.

［3］沈满洪.生态经济学［M］.北京：中国环境科学出版社.2008.

［4］李永诚.论生态文明、生态经济与绿色营销的互动关系［J］.湖北农业科学，2010，49（3）：755-758.

［5］王志宏，尹文娟.我国企业绿色营销的困境及对策分析［J］.科技管理研究，2011（10）：96-99.

［6］李光斗.让品牌的每个因子绿起来［J］.中国品牌与防伪，2010（7）：2.

［7］仇立.绿色营销——国内企业实现可持续发展的必然选择［J］.山东师范大学学报，2012（2）：94-102.

［8］杨梅.绿色营销的魅力［J］.生态经济，2000（4）.

［9］王文举，张庆亮.我国发展绿色营销的问题及对策［J］.经济理论与经济管理，1997（5）.

［10］何志毅，于勇.绿色营销发展现状及国内绿色营销的发展途径［J］.北京大学学报：哲学社会科学版，2003（7）.

［11］司林胜.企业绿色营销系统的构建与绩效评价［J］.系统工程，2003（4）：33-36.

基于绿色设计理念废旧纺织服装再利用研究与实践

洪波（四川国际标榜职业学院 四川成都 610103）

美国设计理论家维克多·帕帕纳克在《为真实世界而设计》一书中提出自己对设计目的性的新看法，即设计应该为广大人民服务；设计不但应该为健康人服务，同时还必须考虑为残疾人服务；设计应该认真考虑地球的有限资源使用问题，设计应该为包含我们居住的地球的有限资源服务。

1 生态环境下的绿色服装设计定义

1.1 绿色设计

据资料显示，绿色设计（Green Design）是20世纪80年代末出现的一股国际设计潮流。绿色设计反映了人们对于现代科技文化所引起的环境及生态破坏的反思，绿色设计的原则被公认为"3R"的原则，即Reduce，Reuse，Recycle，减少环境污染，减小能源消耗，产品和零部件的回收再生循环或者重新利用。

1.2 绿色服装设计

绿色服装设计是包括设计材料的环保性选择；产品的可拆卸性设计；产品的可回收性设计。绿色服装设计不仅从款式和花色的设计上体现环保意识，设计出有益人体健康的服装。主要体现在材料的应用上采用天然植物为原料，如棉、麻、丝等，拒绝动物毛皮。染料的使用上通过天然植物提取，无毒无害，不会对人体健康造成任何伤害，如自然界之花、草、树木的茎、叶、果实、种子、皮、根提取色素作为染料。服装的款式设计上以环保理念和现代人返璞归真的内心需求相结合，使绿色服装逐渐成为时装领域的新潮流。

2 国内外废旧纺织服装再利用现状分析

2.1 国外废旧纺织服装再利用现状分析

在纺织工业发达国家，如何将废旧纺织品回收再利用是重要的研究方向。1979年，美国一家造纸公司用废旧纺织品生产出优质的造币用纸，开辟了废旧纺织品回收再利用的新领域，美国纺织品的消费趋向系列化、功能化、环保化的方向发展，服装消费则趋向舒适型及实用型。在英国，人们丢弃的服装与纺织品每人每年达30千克，只有八分之一的废纺织服装被送到慈善组织再利用，英国纺织品每年平均消费已达190万吨，但仅有17%被回收利用，绝大部分作为垃圾掩埋。同样，日本每年约有100万吨的服装被作为垃圾扔掉，仅10%被再利用。根据调查显示，每年超过2500万吨服装在美洲实施垃圾掩埋。毫无疑问，纺织服装已成为增长最快的固体垃圾。因此，废旧纺织服装的再使用意味着资源的再利用和能源的节省。

2.2 国内废旧纺织服装回收再利用现状分析

作为一个拥有大量人口的发展中国家，中国正面临着资源匮乏、环境污染和能源缺乏的发展问题。中国是世界上最大的纺织服装生产国、消费国和出口国。从产量端发展现状看，2011—2016年，我国服装产量实现了"五连涨"，从254.20亿件提高到314.52亿件。服装垃圾大量呈现，中国政府早在2000年开始重视废旧物品的回收，而且已成为一个重要的产业。据2002年的数据统计，已有5000多家回收企业。根据《国内外废旧纺织品回收利用现状》统计，每年中国废旧纺织品综合利用量约为300万吨，综合利用率仅为15%左右，且呈递增趋势。服装纺织品再回收利用，不仅能节约能源和资源，还可以减少污染，应该引起行业及研究人员的高度重视。

3 废旧纺织服装回收再利用主要存在的问题

国家虽然在2007年颁布了《再生资源回收管理办法》，但各地方没有根据区域特点制定相关的地方管理规定，缺少再生资源企业生产技术标准和行业规范，造成监管难度大。建议制定政策法规，制定出台适合各城市市情的再生资源回收综合利用管理办法，为再生资源回收利用的发展营造良好的社会环境，形成对再生资源回收利用行业的长效管理机制。

4 废旧纺织服装回收利用途径和分类

4.1 搭建废旧纺织服装回收平台

加强废旧纺织服装回收体系，提高再生资源回收率，大幅提高再生资源利用水平，促进经济社会的可持续发展。

建立线下实体回收站点：在政府支持下，建立公共区域设置回收站或在居民小区设立"五统一"的回收站点，做到统一规划、统一价格、统一衡器、统一车辆、统一管理，设立回收物品的奖励机制，如可以通过回收的废旧纺织品的多少兑换不同的物品、奖券或积分。路径：设立政府公益基金—小区物业管理（或公共社区）—快递公司—再生资源企业。

建立线上共享网络回收平台：鼓励和倡导对废旧纺织服装物品的回收，通过回收企业进行再循环和再利用。路径：设立政府公益基金—网络回收平台—快递公司—再生资源企业。最后形成一条完整的废旧纺织品回收利用一体化产业链。废旧纺织品服装回收利用产业链如图1所示。

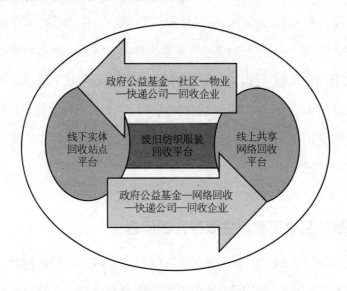

图 1　废旧纺织品服装回收利用产业链

4.2 分析废旧纺织服装的分类

废旧纺织服装的回收可归类分为四大类：服装材料、男女服装、服装款式和服装色彩，如图2所示。另外，不能忽视的居家纺织品类（窗帘、床上用品等）。

废旧纺织服装材料可分为：天然纤维和化纤纤维。天然纤维常规的有棉、麻、丝、毛，随着科学技术的发展，当今新的天然纤维，如菠萝叶纤维和竹纤维，它们都是大自然奉献给我们的优质纺织纤维原料。化纤纤维是以石油为原料，经过化学聚合而成，主要纤维材料有涤纶、锦纶、腈纶、维纶、氨纶等。再

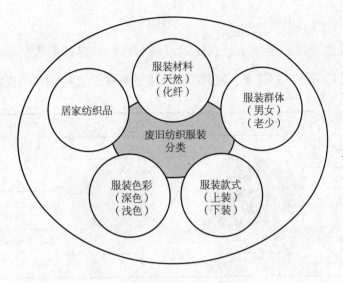

图 2 废旧纺织服装分类

生纤维，也叫作人造纤维，是利用天然材料经制浆喷丝而成，其中最常用的是粘胶纤维，具有棉、麻的主要特性，但强力低于棉麻。

废旧纺织服装按穿着群体的分类：男装、女装、老年装、童装等。

废旧纺织服装按服装款式和服装功能的分类：上装和下装；内衣和外套等。

废旧纺织服装按色彩的分类：深色系列和浅色系列等。

5 开展普及废旧纺织服装分类的全民教育

当今人们对于纺织服装再回收的认识却是相当薄弱，认知教育需全方位开展，分别由学校、当地政府或社区承办。以学校为单位，学生（小学生、中学生、大学生）作为受教育者，由师生团队开展，发挥课堂主渠道作用，提倡学校将环境教育纳入教学计划，在教学中渗透生态环境、再生资源利用教育；同时开展课外实践活动，包括主题班会、知识竞赛，观看资源再生利用公益宣传教育片，组织学生收集废旧物品等形式，教育师生树立节约、环保的思想。以社区、居住小区为单位，市民作为受教育者，由"环保志愿者"团队开展普及环保的重要性和认知废旧服装纺织品等分类教育，形成全社会关心环保、参与环保的良好氛围，让社会更多的人增强环保意识，激励大家关爱社会、关注环保，共同参与废旧纺织品回收再利用的实际行动中，如图3所示。

普及教育的开展，使学生、市民对废旧服装纺织品的回收分类有很好的认知。提高全民对绿色生态环保、资源再生事业的重视、支持和参与程度。

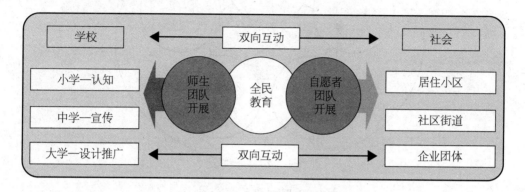

图3 开展全民教育

6 废旧纺织服装创新再设计

废旧纺织品回收再利用是符合生态、绿色、低碳、环境友好要求的必经之路，已经得到了越来越多的关注，如何将废旧纺织品变废为宝，进行绿色化设计应用，是企业、行业、社会的共同责任。废旧纺织服装循环利用和设计生产工艺的手工化，都旨在运用旧有的材料再设计、再生产成为再生产品，并在此工程中减少和避免服装工业流程而产生的对环境的二次破坏和生态资源的过度浪费。废旧服装纺织品回收到企业后，对废旧服装进行分类、拆、洗、消毒、熨烫等后处理工序，再由设计团队进行创新再设计制作出衍生产品，即工艺品和生活家居用品，如布艺娃娃、玩偶、地毯、旅行背包、靠垫、口袋等，进入线下市场销售和线上网络销售，如图4所示。

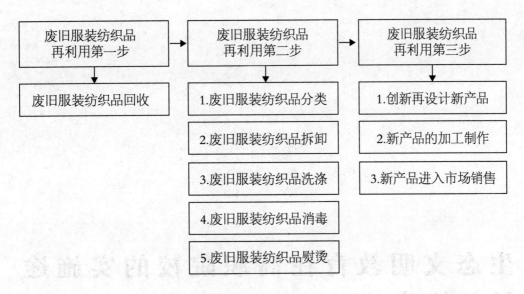

图 4 废旧纺织品服装再利用流程

7 结语

　　紧随时代发展，回收利用可再生资源，促进经济社会可持续发展，成为全民节约资源和保护环境的共识。服装设计师和产品生产者也在日益注重绿色、环保、可回收利用性和可持续发展性，关注产品设计的人性化，对废弃材料和原有旧物品的巧妙利用及创新再设计让人耳目一新。一个充满乐趣、智慧和绿色的设计新时代已经到来，废旧纺织服装再回收利用行业的绿色化发展趋势将会愈加明显。

参考文献

　　［1］维克多·帕帕纳克.为真实世界而设计［M］.北京：中信出版社，2012.

　　［2］田甜.环保服装设计的加减法——创新与再生的博弈秋［J］.艺术与设计理论，2012（5）：107-109.

生态文明教育在高职院校的实施途径与策略

李智琴（四川国际标榜职业学院　四川成都　610103）

党的十九大报告中指出，加快生态文明体制改革，建设美丽中国。这是生态文明建设和生态环境保护的一系列新策略和新举措提升到政治高度的再次强化，为美丽中国的建设和中华民族可持续发展，走向社会主义生态文明新时代，进一步指明了前进方向和实现路径。高职院校作为贯彻落实生态文明建设理论的重要阵地，承载着弘扬和传播生态文明的重要使命。四川国际标榜职业学院以生态文明建设为契机，在全省高职院校中率先实施生态文明教育工作，探索生态教育的有效途径，对培养生态文明素质的人才，实现个人全面发展，建设美丽中国具有重要的理论和现实意义。

1 生态文明教育的基本内涵

"文明"一词最早出现在《易经·乾卦》中"见龙在田，天下文明"，隋唐时期的经学家孔颖达（574—648年）给《尚书》注疏认为："经天纬地曰文，照临四方曰明。"此处的"文明"是指物质和精神上的文明，是一个国家政治、经济、社会、文化等的发展程度。而生态文明是近现代形成的概念，是指在人类发展过程中，遵循人、自然、社会和谐发展的客观规律，通过改造自然和社会进而取得的物质与精神成果的总和，即人与人、人与自然、人与社会的和谐发展。

生态文明教育的基本内涵，国内研究者都表达了自己的观点：陈丽鸿、孙大勇主编的《中国生态文明教育理论与实践》一书认为，生态文明教育是"针对全社会展开的向生态文明社会发展的教育活动，是以人与自然和谐为出发点，以科学发展观为指导思想，培养全体公民生态文明意识，使受教育者能正确认识和处理人—自然—生产力之间的关系，形成健康的生产、生活和消费行为，同时培养一批具有综合决策能力、领导管理能力和掌握各种先进科学技术，促进可持续发展的专业人才的有目的、有计划、有组织、系统性的教育活动"。孙善学等人认为，生态文明教育是一个科学体系，与人文社会科学、自然科学、工程技术等学科密切联系。周苏峨在《试生态危机与生态德育》一文中指出：生态文明教育是指教育者从人与自然相互依存、和睦相处的生态道德观出发，把长期以来形成的道德原则、道德规范从社会领域延伸到自然领域，引导受教育者自觉养成爱护自然环境和生态系统的生态保护意识、思想觉悟和相应的道德文明习惯。李静、路琳在《高校生态文明素养教育路径研究》一文中认为："生态文明主要是指高校生态文明素质教育，强调人与自然，人与社会，人与人之间和谐发展为价值导向，以培养人们的生态文明素养为目标"。从以上观点，我们不难看出，生态文明教育是人们通过教育树立科学的生态观，既而实现人与自然的和谐相处与发展。作为培养应用型人才的高职院校对社会经济可持续发展有着可不推卸的责任，对环境保护、生态文明建设有着不可推卸的责任。

2 生态文明教育在高职院校实施的必要性

2.1 高职院校学生生态自觉意识相对薄弱

推进高职院校生态文明教育，培养学生生态文明意识自觉和提升实践能力势在必行。目前，高职院校学生生态自觉意识相对薄弱，低碳环保的行为习惯尚未养成。高职院校作为生态文明教育的重要阵地，高职学生是实践和传承生态文明观念的生力军，需要在高职院校推进生态文明教育。在高职院校，很多学生有忧患意识，但是对科学的生态观念尚处于被动阶段，对于生态理念缺乏科学的认识，且思想和行为不统一，例如，在随机访谈的学生中，知道垃圾危害的学生多，但仍存在随手扔垃圾、使用快餐盒和塑料袋等不文明行为；例如，学生离开公寓不关电源造成能源浪费，公共区域摆放物品被破坏，食品浪费，"厕所文化"和"课桌文化"等不和谐的现象。因此，在高职院校中开展生态文明教育，让学生能系统地学习生态知识，培养生态文明自觉意识刻不容缓。

2.2 生态文明教育重视程度不够

高职院校重视专业性生态环境教育，但是并未将生态文明素养列入培养目标，相关部门重视程度不够。目前学院生态文明课程在环境艺术系专业课中有所涉及，但是对于商学院、人文与外事、健康学院等专业学生来说，有关环境保护、资源节约和生态环境类的课程普遍没有系统的教材和章节，从教学目标和培养计划方面也未作硬性要求。学生所能掌握的生态文明、环保保护、低碳节能方面的知识比较薄弱，这使高职院校学生难以系统地学习到科学而专业的生态文明基础知识和基本的技能，更难以形成良好的生态文明素养，难以承担起建设生态文明强国应承担起的责任，不利于国家建设生态文明强国的战略和社会主义生态文明的建设。

2.3 生态文明教育是新时代高校德育教育的必然选择

培养大学生正确的道德价值观，形成良好的道德行为是高校德育教育的任务。生态文明教育是新时期赋予高职院校德育工作的历史使命。习近平总书记指出："我们既要绿水青山，也要金山银山。宁要绿水青山，不要金山银山，而且绿水青山就是金山银山。"希望全社会要能按照绿色发展理念，树立大局观、长远观、整体观，坚持保护优先，坚持节约资源和保护环境的基本国策。生态文明是人类进步的重要成果，是实现人与自然和谐发展的必然要求。生态文明是经济文明、社会文明发展到更高的阶段，提倡的生态道德文明。生态道德主张人与人、人与自然的平等，人类可以通过社会实践活动有目的地利用自然、改造自然，但是人类本身也是自然的一部分，不能以牺牲后代的利益为代价来换取当代的发展，人类不能凌驾于自然之上，必须遵守社会发展的规律，否则必将付出沉重代价。当下高职学生肩负生态文明传承的重任，系统地学习生态文明理念十分迫切。因此，作为学院公共必修课程的思想政治课程是大学生思想道德教育的主要阵地，对于生态文明教育具有不可推卸的责任，生态文明教育课程的纳入既是思想道德教育课程的丰富，又是时代发展的必须。

3 生态文明观教育的途径和策略

3.1 建立健全学院生态文明教育体系

从学院层面加强生态文明建设力度，将学院作为推进生态文明建设的重要阵地，只有各级领导充分重视、齐抓共管，同学习共进步，全院全员参与才能发挥其应该的职责和功能，为人与自然和谐发展，建设生态良好的文明社会作出贡献。

3.1.1 立足第一课堂，加强师资队伍建设

近年来，高职院校普遍将生态文明教育有机地融入于思想政治课中，教师通过第一课堂在思政课程嵌入生态环保章节来实现教育培养。因此，学生除了学习

毛泽东思想、邓小平理论及"三个代表"等思想政治理论、法律道德知识，还应对生态价值观、生态环保、节约能源等相关基础知识的培养。高校教师生态文化素养的高低直接影响学生生态素养水平，因此教师自身具备良好的生态素养，才能通过自身的言行对学生产生潜移默化的影响。由此，加强对教师生态文明教育的培养和学习，兼顾建设具有生态教育专业水准的教育师资队伍。

3.1.2 发挥辅导员思政教育工作职能

辅导员通过生态文明、节约能源避免浪费等主题班会和日常管理实现生态教育和引导目的。随着学院辅导员工做课程化的推进，学生发展中心联合辅导员队伍着力开发有关可持续发展、生态文明的课程。此外，辅导员在日常管理中也对学生不利于可持续发展、不利于生态文明的行为进行制止、教育和引导。

3.1.3 践行"三全育人"的育人体系，推动生态文明建设

学院历来践行"三全育人"的育人体系，通过全过程育人、全方位育人和全员育人三个维度培养学生。学院注重全过程育人，从学生进校开始，无论是田园风格的校园，还是课堂教学或是公寓口常的生活中，生态文明观教育可谓融入学生学习和生活的每一个细节中，从而将生态文明的理念和行动达到高度的统一。行政和后勤人员在工作中具有生态文明意识，从而形成并实现全员育人的氛围。

3.2 三种课堂模式相辅相成，共促学生生态文明养成

立足第一课堂在思想政治教育课程的教学中加强大学生的生态文明教育，充分利用第二课堂，合理开发第三课堂的生态文明体验式教学。2012年以来，笔者所在学院开发了"和谐语言""幸福计划""成瘾与性健康""时间管理"等第三课程的开发，学生从课程中深受启发，而生态文明的课程也有这样的土壤进行开发，让学生在体验过程中影响自己的行为。

3.3 充分发挥景区生态功能，营造生态文明校园

通过校园文化的建设，加大生态文明教育的力度。充分发挥学院国家3A级景区的生态功能，营造生态文明教育的校园氛围。四川国际标榜职业学院地处国家3A级景区，拥有得天独厚的校园环境，本身就具有良好生态文明教育的文化氛围。

学院充分利用学院拥有的川西古家具博物馆、中国古今发艺博物馆、中医养生

博物馆等5个博物馆，到处可见的绿色环保设计，如龙子楼、图书馆、第五教学楼等区域，随处可以见的爬山虎和火棘的牵引技术，碳渣的有效利用，图书馆地下通风系统和龙子楼宿舍新风系统。引导学生们从抽象的理论知识中走出来，从身边的一花一草、一桌一椅中，学生们能感受学院践行绿色、低碳、环保的生态样本，在优雅的环境里轻松与愉悦地学习生活，进而自觉地提升环境保护的意识。

学院在学生工作部成立专门的学生发展中心，开展各类学术讲座，加强学生生态文明和环境保护培养；宣传部门充分利用教室、宿舍、绿花区域等区域橱窗，通过投放与生态文明相关的标语，强化学生对于生态文明的认识。另一方面从制度上保障生态文明建设的有效开展。学院团委可以完善和落实制度，开展相应的保护环境，倡导节能、绿色的生活方式，监督不文明行为的发生，如学院每天有专门的学生组织在进行文明劝导，要求学生不乱扔垃圾等，从而确保生态文明建设的有效开展。

3.4 将生态文明教育落入实处，使其在实践中开花结果

3.4.1 充分发挥学院环保类社团和学生组织的作用

学生组织自发组织环保宣传和活动。学院社团和学生组织众多，如义工联、青年志愿者协会，这些组织经常会自发组织丰富多样的活动，培养学生的社会责任感，效果显著。如义工联组织的进社区捡垃圾除"牛皮癣"活动、青年志愿者协会开展的环保宣传。这些活动中不乏生态保护项目，让学生们身处实地从理念到实践强化了生态文明、环境保护的意义。

校内外社团开展生态类活动将生态文明理念深入人心。学院各类社团之间联合组织活动，如环保展览、研讨日、环保征文、环保知识竞赛等活动，以及学校与学校的交流活动，如成都工程职业技术学校开展的"废旧物品二次利用时装秀"，学生通过各类活动的参与内化生态文明的理念，从而使日常生活中的行动更加绿色环保。

3.4.2 以丰富的绿色低碳活动内化生态文明认知

在高职院校开展丰富的绿色生态活动，倡导低碳生活，内化大学生对生态文明的认知，强化绿色环保的理念。学院充分利用特殊时间节点开展活动，例如学

院团委会和二级学院利用世界地球日、植树节、世界水日与世界环境日等和环保有关的节日，组织开展与环保主题相关的各类活动。在每年 4 月 22 日，在校团委的倡导下，各分团委组织全院师生举办"地球一小时活动"，大多数同学自觉熄灯、关掉手机到操场散步。在每年6月5日世界环境日，学院会举办与环保相关的知识竞赛。

3.4.3 软硬皆施加强大学生的养成教育

中华文明积淀了丰富的生态智慧，如孔子曰："子钓而不纲，弋不射宿。"一方面可以通过学院"经典朗读"晨读活动开展传统文化教育，陶冶学生生态文明的道德情操，另一方面可以通过进一步完善校园生态文化的硬件实施，如节能节水、垃圾分类等环保设施，加强对学生浪费资源、乱扔垃圾等日常生活中容易出现的不文明行为的监管和教育，规范制度。通过软硬皆施的教育手段，改变学生有违生态文明理念的不文明行为，加强约束，使之最终走出校园以后有良好的生态文明理念，并能在实际生活中深受启迪，自觉保护生态环境。

4 结语

生态兴则文明兴，生态衰则文明衰。高职类院校有职责、有义务推进生态文明教育。而今生态文明建设一直在路上，高职院校生态文明教育的落实既需要自上而下的指导和管理，也需要自下而上的生态文明自觉，产生良性的联动循环之力作用于自然。在合理利用自然资源的同时，还自然以绿水青山。高职院校生态文明教育一方面需要通过顶层设计的建章立制，培养一批有生态文明素养的讲师，以身示范在日常学习生活中倡导简约节俭生活方式，另一方面需要鼓励学生学习生态文明知识，践行低碳、绿色、环保的理念，紧跟新时代的步伐大力推进生态文明建设。

参考文献

［1］徐岩. 生态文明建设与生态文明教育［J］. 重庆广播电视大学学报，2016，28（1）：60.

［2］孙善学，孙明春，李晓鸥. 生态文明教育： 高等教育的新使命［J］. 北京教育，2014（1）： 26-28.

［3］周苏峨.试论生态危机与生态德育［J］.内蒙古师范大学学报（教育科学版），2005，18（6）：49-51.

［4］李静，路琳.高校生态文明素养教育路径研究［D］.新乡：河南师范大学，2012.

浅谈朴门永续设计及其在四川国际标榜职业学院规划建议

叶茂[1]　庄红[2]（1，2 四川国际标榜职业学院　四川成都　610103）

朴门永续设计（permaculture）这个单词是持续的（permanent）与农业（agriculture）、文化（culture）三个词的合并。最初由生态学家比尔·墨利森（Bill Mollison）与戴维·洪葛兰（David Holmgren）及其伙伴在20世纪70年代的刊物中提出。可以说它既是科学，也是艺术。它不只是运用农艺技术，不单单是有机种植，更是一种应用生态学，是一套集应用与各门学科于一体的设计规划学。朴门永续设计让人们知晓一套生态设计原则，那便是参与设计自己的生态环境，并构建出可自我支持的人居环境，在此基础上减少人类对工业化生产及分配的结构性依赖。朴门永续设计起源于农业生态设计的理论。它通过互联网、出版物、生态社区等不停地在最初的概念上放大，并集合了多样的文化内涵。

朴门永续设计其核心是观察大自然运作模式，在自然条件下探索可仿效的生态关系，再模仿这样的生态关系模式来进行庭园设计，目的是寻求并建构人类与自然和谐统一，所以说朴门永续设计既是农业科学，也是生活哲学，建筑师、规划师、经济学者，甚至学生、园丁、农夫等都可以依从朴门永续设计的精神和设计原则来建设生态文明。

朴门永续设计是一套原则，是设计论，而非技术体系，不能简单地称为园林设计，它的目的在于通过朴门永续设计构建可持续、稳定的生态系统，是以自然美学而非人类美学去设计生态环境。一个好的朴门永续设计能够让生态系统产生最大收获，并让生态系统的各个元素有效连接起来，同时降低风险和外部能源物质输入。

1 历史由来

美国农业经济学家富兰克林·海拉姆·金（Franklin Hiram King）在1911年的著作《四千年的农民：中国韩国日本的永恒农业》中最早使用permanent agriculture。

20世纪70年代，生态学家比尔·墨利森（Bill Mollison）与戴维·洪葛兰（David Holmgren）基于快速扩张并具有高破坏性的工业化农业，逐步思考怎样才能构建出永续的农业生态系统。比尔和戴维认为当时的工业化农业毁坏了土地、水资源，影响了生物多样性。比尔和戴维在1978年发表的著作*Permaculture One*中，首次提出了朴门永续设计。

朴门永续设计这个词汇从最初的意义"永恒的农业"，很快便扩展成了"永恒文化"并应用于全面的永续人类居住环境，因为一个能自恃永续的系统，必然会涵盖各个社会面向。20世纪80年代中期，许多学生成功地将所学的朴门永续设计知识加以实践，并教授相关知识技能。各种与朴门永续设计相关的社群、计划、社团、研究机构，在上百个国家中快速形成。

朴门永续设计有两种主张：其一是原初的朴门永续设计；其二是设计的朴门永续设计。原初的朴门永续设计，试图要精准地仿效自然界的组成与运作，而发展出可供食用的生态系统；设计的朴门永续设计，把自然生态系中各种有用的关系，运用在设计基础上。它所呈现的结果可能不如"森林园圃"那样"自然"，但依然尊重各种生态原理。仔细观察自然界的能量流动模式，而发展出高效率的系统。它也被视为自然系统设计。

2 延伸发展

从初始的构想开创以来，世界上已经有120多个国家的人在实践朴门永续设计。朴门永续设计系统也逐渐被运用在农业园区规划和城乡规划设计，而这也充分证实朴门永续设计的适用性非常强。在众多已开发国家的实践后发现，朴门永续设计能有效地改善，甚至解决许多城市因人口过盛而产生的许多问题。

过去几年，朴门永续设计更开始往意识性结构发展。在美国，"朴门永续设计信用合作社"已经成立，更有绿色经济投资公司开始使用朴门永续设计的理念和原则来建立永续、有弹性的投资系统。处理现今人类问题的环保和社会主义者也开始使用朴门永续设计的思维来处理他们所面对的问题，为他们所采用的手法带来更具有深度的意义。

就药食森林本身的社会价值就是不可估量的，四川国际标榜职业学院（以下简称学院）可利用这种意识性的延伸，更加注重学校与社会的关系，其展现的意识形态与伦理比个体本身更为重要。

2.1 朴门永续并非单一有机农法环节

朴门永续设计认为，应该要有更多人学习如何直接从土地获得食物，也因此，许多朴门永续设计的案例，是透过食物生产系统彰显出来的，让许多人因而误解朴门永续设计是一种有机农法。

朴门永续设计强调的是地景的模式、功能，以及设计中其他元素的组合，是结合技术（如何执行，如有机农法）、策略（如何与何时执行）与设计（模式的应用）的多维系统。

所以，学院在构建持续稳定的药食森林生态系统时，一定要时刻注意两个问题，"元素能够被放在哪些位置？""怎么样安排，才能让元素贡献最大化？"

2.2 朴门永续设计并非既定技术

很多人低估朴门永续设计，认为只是一些常见的设备或技术。例如，有些人误以为生态厕所、香蕉圈、螺旋花园、锁眼花园、面包窑、雨水收集桶，这些就是朴门永续设计。然而，资深的朴门永续设计工作者知道，这些都不能代表朴门永续设计。

应该这么说，如果设计得当，这些设备才会契合朴门永续设计的精神与概念。但很有可能你来到一座彻底能展现出朴门永续设计理念的农庄或区域，却未能见到一个上面所述的技术或设备。罗宾曾与台湾的学生分享一个小故事：她的邻居，在看了一本朴门永续设计的书之后，很兴奋地动手建造了一座也被视为典型朴门永续设计的曼陀罗花园（mandala garden），但之后邻居却相当苦恼，因为他的曼陀罗花园半径超过十公尺，园圃面积太宽，超越他的双手所及，使得他在照顾与采收时都不像书上说的，可以省能、省事。邻居急忙跑来向罗宾求助。罗宾看了现场后，建议他在这座巨大的曼陀罗花园中进一步划分出数个小的曼陀罗园圃，轻松解决邻居的困扰，让他能够进出花园照顾每一棵植物。

所以学院在生态文明建设中践行朴门永续设计时，可以很轻易地将某个设计冠上一个朴门永续设计，但是技术或名称并不是我们想要的核心，重点是设计是否能够有效利用朴门永续设计的方法与设计原则，让设计中所包含的元素联动起来，达到朴门永续设计所追求的生态环境平衡。特别是植物一旦复杂繁多起来，那么它们在系统中的联动，就成了设计中的难点。

2.3 朴门永续设计并非不变的守则

朴门永续设计是以原则为基础，而不是以规则为依归，因此他适用于各种气候条件与文化背景。往往，你向一位朴门永续设计设计师提出一个与基地条件有关的问题时，所得到的第一个答案往往是："看情况！"

笔者认为，学院既要构建一个好的朴门永续设计校园，永远不要未经思考随便提供方案，随时都要看情况，这些情况就是校园条件，风向、坡度、土壤、湿度、阳光等因素皆是考虑对象。如若初期随意进行园林设计，反而可能有害于未来的设计。

3 原则与方法

朴门永续设计是一个以满足生命所有形式的模式，整合了技术、材料和策略等内容的系统。朴门永续设计追求的是，给地球的生命提供一种可以持续的、安全的发展方式。

技术是概念中的一个面向，一门技术就是介绍如何做某事。几乎所有的园艺和农耕的书籍（1950年以前）都是只关注技术，设计基本被忽视了；策略在另一方面给技术带来了时间维度，也因此扩张了概念的维度。任何一张种植的日程表都是一个策略性的指导。策略是使用某种技术达到目标，因此它的价值导向要更直接；材料是玻璃、泥土和木材，等等；整合是把技术、建筑、植物和动物整合成一个自我发展的系统。

小如普通的公寓住户，大到农场公园，再大则诸如群体社区的规划，都可以运用朴门永续设计的思想。它结合了生态、地理、农业、建筑、能源上的一些原则，它以爱地球、爱人类以及与人分享为核心宗旨。它有一套授人以渔的学习课程，它期待人人都是设计师，都能设计创造自我人居环境，由点而面，为未来的永续发展而努力。

朴门永续设计有几项原则，每一项都不是高深的理论，反而读后会感慨"本应如此"，但它却能改善现在复杂的"科技"生活方式。

3.1 将区域内各元件有机结合

在设计居住环境时，考虑各元件的特性，加以联结，相辅相成，建议如下：

首先作为生态下校园，水资源是首要考虑因素，蓄水池的选址成了第一个难题，那么就需要考虑到它们的功能，一边房舍用，一边菜园用，再加之我们需要节省动力能源，那么把它建造在房舍与菜园中间的高处是必要的。接着我们把鸡鸭圈舍建在菜园旁，产生的粪便以供菜园的肥料，反之菜园的庄稼也能作为动物的饲料，这便是环境内元件的联结。

3.2 保证单一元件的多重功能

挑选各元件或决定元件位址时，最好兼具多种功能。

同样蓄水池的功能并不是上述那么简单。除了储水，还可以提供养鱼、养鸭和种植水生食用植物、冷却空气、生态保育等功能。

3.3 核心功能需要多个元件支持

例如，大型农场或社区内种植植物，要多样化。

试想，既然要称为药食森林，那品种多样性一定要满足，试想如果校内植物有树有果有菜、有一年生多年生、有耐旱耐湿不同特性的植物，那么就能满足食用、饲料、建材、肥料等功能，而且四季都有收成。如此就能保障永续稳定的校园生活所需，能自给自足。

3.4 能量利用高效性

各元件的位置与坐向考虑到能源，包括人力的效益。

在校园规划中，可以将需要经常照顾的菜园放在厨房附近，这样照顾与采收都可以很方便，那需要偶尔照顾的鸡鸭圈舍就可以放在离住宅区稍远的区域。

风、雨、太阳、水是大自然的能量，在设计时需要考量随顺大自然力量的措施。

在校园建设中，可以在东北种树挡住冬天吹起的干冷东北季风，西及南边则挖水池，可以冷却夏天吹来的西南季风及南风，以节约能源，并有一个舒适的人居环境。

3.5 合理利用动植物资源

现今能源危机下，要更减少依赖机械与石油，多利用动物和植物的资源。

校园所有的药用植物、食用植物、动物资源都需定义成是可再生、可循环的，这样一来，这些资源就可以用于供给各项生活生产所需，如中药，食材、薪柴、肥料、生物防治、除草除虫、水土保护等。

3.6 紧凑型合理规划

目前农业依赖机械、石油、与化学药品才能大面积的耕作。但能源将耗尽，化学药品则破坏了无数土地，宝贵的森林也被铲除用于耕种。

学院校区本身就属于小而精的园林式3A景区校园，与朴门永续设计着重小型的、密集的规划方式不谋而合，在学院开展朴门永续设计规划校园，是可行并一定会得到很大回报的。事实上，近年来的观察已发现小型农场的总产量是较优于大型农场。

3.7 考虑长期生态稳定性

一块荒废的土地如果没有人为破坏，任其自由发展。野草等低矮植物会先长满，接着固氮的先驱植物开始生长改善土壤，然后后续更多矮小的，紧接着较高大的树种一步步进驻，或许要几年或几十年，但终会逐渐形成一个稳定充满活力的森林。

在校园建设中，我们完全能够运用几项策略来加速生态系统演化，建议在初期种植容易生长的支持性树种及固氮豆科植物等，达到复育土地，稳定生态之目的。

3.8 利用边界得生态多样性

水边、围墙下、森林边都是边界，是不同生态系交接的地方，也是物种最丰富的地方，可以好好利用。一个圆形深度相同的水池，其效益绝比不上一个有深有浅、周围凹凸多边、甚至中央还有小岛的水池。

校园中的水池亦是如此，水池边缘及中央或不同水深的区域各有不同的小生态圈，可以在不同区域种植不同的可食植物，同时水里还可放养鱼虾。这样既能丰富校区水环境生态，同时还能增加可食作物。

除了设计原则与技巧，朴门永续设计还有最重要的两个精神：一是把缺点设计改造成优点。二是朴门永续设计是活泼有弹性的，是虚心学习的，所以生活环境会演变，朴门永续设计也会修改应变。

所以，学院建设初期，土地会自己长出许多新树种，这时候千万别急着砍掉，朴门永续设计会考量新树种的生活习性的，找寻其功能，以便与生态系统内其他元件做最完美的契合。

4 三大生态核心价值

朴门永续设计是一套基础广泛而宏观整体的方法，可被应用在各种生活面向。朴门永续设计以大自然为模仿对象，尊重自然并向大自然学习，所以在它的核心价值中，包含了这样三大生态核心价值：照顾地球、照顾人类、分享多余。

4.1 照顾地球

地球是一切生命的起源，地球上的水、空气、土壤、生物、矿藏……这些都是我们生存的基础，是我们脆弱的家园。我们属于地球的一部分，不是独立于她之外。从事无害的人类活动、主动的环保行动或日常生活中的资源节约，都是在实践这个核心价值。

4.2 照顾人类

相互帮助与扶持，朝向不伤害人类自身与地球的生活方式而转变，并且创造健康的社会。

4.3 公平分享

确保地球上各种有限的资源，都以公平而明智的方式被使用。分享多余以满足他人的需求。不能过度开采不可再造资源，如煤炭、石油等。

学院将建设的药食花园的所有生态设计原则、方法都应遵循这三大核心价值。

参考文献

［1］陈传荣.朴门永续设计——城市农园设计的新思路［J］.中国园艺文摘，2017，33（10）：167-168，206.

［2］刘婧，秦华.基于朴门永续理念下社区农园的生态设计解析——以阳曲农场为例［J］.西南大学学报（自然科学版），2017，39（9）：167-172.

［3］李捷，李奋生.朴门永续中的可持续发展思想研究［J］.中国石油大学学报（社会科学版），2017，33（4）：52-55.

［4］杨丛余.基于朴门永续设计理念的城市农业公园规划设计研究［D］.重庆：西南大学，2016.

［5］满颖.朴门永续理念下的生态农场设计探讨［D］.北京：中国林业科学研究院，2015.

［6］杨丛余，周建华.基于朴门永续设计理念的城市农业公园规划设计策略［J］.西南师范大学学报（自然科学版），2017，42（3）：101-106.

［7］殷玉洁.向大自然学设计［D］.杭州：中国美术学院，2015.

［8］吴瑞宁.永续设计理念下可食地景的应用研究［D］.泰安：山东农业大学，2017.

［9］柳骅，赵秀敏，石坚韧.朴门永续农业在城市生态住区的发展策略与途径研究［J］.中国农业资源与区划，2017，38（7）：188-194.

［10］Symanczik S，Gisler M，Thonar C，et al. Application of mycorrhiza and soil from a permaculture system Improved phosphorus acquisition in Naranjilla ［J］. Frontiers in plant science. 2017，8：1263.

［11］刘骁.湿热地区绿色大学校园整体设计策略研究［D］.广州：华南理工大学，2017.

［12］杨丛余.基于朴门永续设计理念的城市农业公园规划设计研究［D］.重庆：西南大学，2016.

高校生态文明教育的实施途径探析

刘洁（四川国际标榜职业学院　四川成都　610103）

党的十九大三次会议指出，"全面推进社会主义经济建设、政治建设、文化建设、社会建设、生态文明建设和党的建设，在决胜全面建成小康社会、开启全面建设社会主义现代化国家新征程上迈出新的步伐，推动党和国家各项事业取得新的成绩"。其中，将生态文明建设放在重要地位，可见生态文明建设的重要性。搞好生态文明建设离不开教育，高校是教育的重要阵地，因此，高校生态文明教育的开展具有重要的时代意义。

1 生态和生态文明教育的概念

1.1 生态的概念

生态，通常是指生物的生活状态，指生物在一定的自然环境下生存和发展的状态，也指生物的生理特性和生活习性。简单地说，生态就是指一切生物的生存状态，以及它们之间和它与环境之间环环相扣的关系。"生态"一词的产生最早也是从研究生物个体而开始的，随后其涉及的范畴越来越广，人们常常用"生态"来定义许多美好的事物，如健康的、美的、和谐的等事物均可冠以"生态"修饰。

1.2 生态文明教育的概念

目前，学术界关于生态文明教育尚没有统一的概念界定，但归纳起来，生态文明教育是人类为了实现可持续发展和创建生态文明社会的需要，而将生态学思想、理念、原理、原则与方法融入现代全民性教育的生态学过程。徐洁在《生态文明教育的内涵、特征与实施》一文中提出，"生态文明教育是一项以科学发展观为指导，以变革人类文明发展方式为方向，紧紧围绕人的发展这一核心，培养全体社会公民的生态意识、生态伦理、生态审美与生态行为，进而促使其逐步成长为一个有益于促进'人—社会—自然'和谐共生的新型生态人的教育实践活动"。可见，生态文明教育应该是全民教育。而高校作为教育的重要阵地，培养大学生的生态意识、生态伦理、生态审美与生态行为是尤为重要的。

1.3 生态文明教育应与环境教育加以区分

在进行生态文明教育的概念界定时，要注意与环境教育区分开来，环境教育是以人类与环境的关系为核心，以解决环境问题和实现可持续发展为目的，以提高人们的环境意识和有效参与能力、普及环境保护知识与技能、培养环境保护人才为任务，以教育为手段而展开的一种社会实践活动。可见，环境教育的落脚点是"人与环境"，而生态文明教育的落脚点是"人与自然、人与社会、自然与社会"，所以生态文明教育的内涵更大，应该是包括环境教育在内的追求人与自然、社会和谐共生的教育，除了培养人的环保意识与行为之外，还应培养人的生态伦理道德及生态审美。

2 高校生态文明教育的实施途径

2.1 构建生态文明教育的制度体系和管理体系

开展高校生态文明教育，制度和管理保障是基础。构建生态文明教育的制度体系首先要明确培养对象、培养目标、培养的组织保障、培养成果等内容，高校生态文明教育的培养对象是大学生，培养目标是让大学生既具有生态文明的意识，也能科学、有效地开展生态文明实践。让大学生掌握和谐处理人与人、人与自然、人与社会这三者关系的能力；让大学生成为不仅具有专业技能，还具有生态文明意识的高素养的人。大学培养的人，不只是具有一技之长的人，而更应该是具有基本素养的人，意识形态方面的教育和培养尤为重要。大学生是未来国家经济建设的生力军。试想，一个具有生态文明意识的人，在进行一项有着高额经济回报但同时伴随着生态破坏的项目时，他会作何选择？而如果是毫无生态文明意识的人在遇到此类情况时，又会作何选择？两者的结果应有明显的差异。

为保障生态文明教育制度的顺利实施，管理保障必不可少，因此，需要构建生态文明教育的管理体系。管理体系应包含制度的制定、执行、监督和评价四个方面。高校生态文明教育的顺利开展离不开学校管理层的高度重视，通过建立生态文明教育的组织机构，配备相应的专兼职工作人员，以行政指令的方式，层层推进，保证生态文明教育的实施效果。

2.2 打造生态文明教育课堂

课堂教育普及面高，受众大，高校在开展生态文明教育时，可开发生态文明教育课程，固化到每个专业的课程当中，以必修课的形式，加强教育的普及性。另外，可将生态文明教育与思想政治课进行融合，开发融入了生态文明意识的思政课讲义或教材，结合国家的大政方针和时事政治进行讲解。

2.3 搭建生态文明教育平台，提供生态文明教育实践的条件

高校可通过向上级机关申报项目的形式搭建生态文明教育平台，此种方法一般有经费资助，也可通过自建方式来搭建生态文明教育平台。生态文明教育主要培养大学生的生态意识、生态伦理、生态审美与生态行为，为达到教育目的，仅有理论教育是远远不够的，而课堂教育更多的是理论教育，可见生态文明教育的实践是十分重要的。目前，生态文明教育存在着缺乏实践教育的普遍问题，而生态文明教育平台，可为大学生提供较多的实践机会及条件。笔者所在的四川国际标榜职业学院已建立绿色生态环保与健康生活科普教育基地，该平台通过主题活动、科普宣传、学生志愿者活动等形式为生态文明教育提供了丰富的实践条件。

2.4 以科研促生态文明教育

高校生态文明教育，科研工作是抓手也是推手。通过生态文明教育相关的科学研究，可以提炼生态文明教育的共性、内涵特点，充实和完善生态文明教育的理论体系，然后反哺于高校的日常教育工作，为高校生态文明教育的实施和开展提供了强有力的理论保障，是有效的抓手。另外，从学校层面来说，高校科研管理部门可通过科研课题的培植和规划，推动相应的老师开展生态文明教育的学习和研究。教师做科研课题的过程是对现有教学与工作进行梳理的过程，课题成果可以解决许多在教学与工作中的困惑，特别是教学改革课题，对教学的改进作用具有极大的针对性。教师在做教学改革研究的过程中将对教学设计、课堂组织、授课内容等方面进行深入探讨，对于提升教师的综合能力有显著作用。开展生态文明教育相关的科学研究，对于提升教师的生态文明教育能力大有帮助，教师从而可更好地教育学生，促进生态文明教育的效果，是有效的推手。

2.5 加强生态文明教育的宣传及普及，提升大学生的生态文明意识

通过生态文明教育的宣传及普及，营造生态文明教育的校园文化及氛围。环境育人中的环境包含校园的硬件环境和软性环境，如环保分类垃圾桶、节水水龙

头、节能灯等设备装置都属于硬件环境，这些硬件环境的提供可便于师生开展生态文明工作。但开展生态文明教育除了良好的硬件环境之外，软性环境更为重要，师生的精神面貌、基本素养、生态文明意识、生态文明实践行为都会潜移默化地影响和感染到其他人，可以帮助纠正一些不文明的行为，而且这种行为的纠正是从内而外的，而非他人强制的，效果将更好。久而久之，不文明行为将会越来越少，校园生态文明的风气将越来越好。另外，要宣传和引导学生采用绿色消费行为，随手关水、随手关灯、光盘行动，废物二次利用，不铺张浪费等，让其意识到这样做不仅仅可以节省金钱，还有利于人与自然可持续发展，是一举多得的行为，引导和培养大学生的生态文明意识。开展生态文明教育的宣传及普及工作，可通过展板宣传、实物宣传、网站宣传、生态文明专题讲座、拍摄生态文明视频、主题参与式活动、生态文明评比活动、微信推送等方式进行，扩大宣传的影响力。

2.6 开展生态文明教育的教师培训

师者，传道授业解惑也。教师是开展教育的重要力量。要做好生态文明教育，教师自身的业务能力、专业素质、基本素养是非常重要的。为提升教师的生态文明教育综合能力，高校可开展一系列的生态文明教育专题教师培训。培训可通过专题讲座、专家点评、参与式讨论、读书报告、全程实践、网络课程学习与主题阅读、成果展示等方式进行，集中研修和自主学习相结合，培养教师的生态文明意识与教育能力。

参考文献

［1］中国共产党第十九届中央委员会第三次全体会议公报［EB/OL］（2018-02-28）［2018-04-05］.http：//www.xinhuanet.com/2018-02-28/c_1122468000.htm.

［2］徐洁.生态文明教育的内涵、特征与实施［J］.现代教育科学，2017（8）.

［3］姬翠梅，李金凤.高校生态文明教育制度化建设研究［J］.知与行，2017（5）.

［4］吴建铭.加强高校生态文明建设的思考［J］.黑龙江工业学院学报（综合

版），2018（1）.

［5］王康，何京玲.推进高校生态文明教育的机制创新［J］.环境教育，2017（9）.

［6］姚素洁，孟伟.生态文明教育与"绿色大学"建设研究［J］.齐鲁师范学院学报，2017（2）.

大学生生态文明意识形成教育方法研究

于莉（四川国际标榜职业学院　四川成都　610103）

大学生是生态文明建设的重要推动者，作为具有较高知识技能和文化素质的未来社会主义事业建设者和接班人，作为未来社会发展的主体，他们的生态理念直接影响着自身的生活方式、价值取向和价值理念及生态文明社会的建立，他们对生态文明建设的认知与实践，必将直接关系到中华民族的未来发展。然而，当今大学生所表现出来的生态文明意识却令人担忧。因此，加强大学生生态文明教育已成为高校育人工作中十分必要而紧迫的任务。

1 高校大学生生态文明现状

1.1 生态文明基础知识缺乏

大学生对生态环保基础知识的掌握程度将直接影响到其自身的生态意识、生态行为等各个方面，故对大学生进行生态文明基础知识的传授就显得非常重要。而目前大学生的生态文明基础知识的掌握总体上有提升但不够系统，如现在的大学生都能认知到随地吐痰、乱扔垃圾、大声喧哗等都属于不符合生态文明的行为，但仅限于此，对于生态文明基础知识的认知存在碎片化、片面化的问题，没有一个系统和完整的基础知识体系。

1.2 在已有的生态文明基础知识上，重认知文明，轻行为文明

认知和行为的关系：知强行弱、知弱行强、知弱行弱、知强行强。教育者们希望大学生在知与行的关系上是最佳组合的"知强行强"型。但实际中，很多同学属于"明知故犯"的"知强行弱"型。例如，"在公共场所要轻声交谈"这是众人皆知的常识，但在现实生活中只有一半的学生能做到；"不在禁烟场所吸烟"，高校的厕所总是成为大学生偷偷抽烟的聚集地，且屡禁不止；"不乱扔垃圾"尽管有数据显示高达85％的大学生能做到，但还有15％的大学生会将垃圾随意丢弃，尽管这个比例不是很大，但是作为一名大学生，这样一种最为简单的环保行为理应做得很好。

1.3 生态文明意识淡薄，生态责任意识不强

中华民族的传统美德中就有勤俭节约，当代大学生应注意传统文化的学习，在平时的生活中养成良好生态习惯，积极把节约践行到实际生活中去。但现实生

活中大学生的资源浪费还是比较严重的，如经常使用一次性筷子、快餐盒、一次性塑料袋；下课走后不会随手关闭电灯和风扇等。从中可以看出他们的节约意识还比较淡薄，生态行为意识不强，不能从生活中的点滴小事做起，生态责任感缺乏，没有把自己当作环保主人翁。这样的情况既不利于大学生自身全面发展，也对整个生态文明的发展起不到助推作用。

1.4 在生态文明行为方面，重享受生态文明，轻建设生态文明

享受生态文明，是享受自己或他人创造的生态文明状态、生态文明成果。建设生态文明，是通过自己创造性劳动而获得的生态文明状态、生态文明成果。享受是快乐的、是幸福的，当代大学生享受着绿树成荫、鸟语花香、风景如画的校园环境，却很少参与校园生态文明建设。享受生态文明是对生态文明成果或状态的消费，建设生态文明是对生态文明的开拓，没有生态文明建设的成果，也就不存在享受生态文明一说，没有享受生态文明的愿望就不会有动力去建设生态文明。两者的关系是相辅相成、互为条件，相互影响、相互促进的。大学生群体中普遍存在的这种重享受轻建设的思想，不利于我国和谐社会的建设。

2 大学生生态文明教育的现实诉求

2.1 开展生态文明教育是保障社会持续发展的客观要求

党的十八大报告强调要全面建成小康社会，必须"把生态文明建设放在突出地位，融入经济建设、政治建设、文化建设、社会建设各方面和全过程，努力建设美丽中国，实现中华民族永续发展"。在人类社会的发展历程中，人类常常以自然征服者的姿态出现，自然界的生态系统不断遭到破坏，生态环境日益恶化，已成为21世纪人类生存和发展的最大威胁。在中国，资源短缺和环境污染问题日益突出，已严重制约当前中国经济社会的发展，也将成为中华民族未来社会健康、持续发展的重要障碍。作为社会主义事业的主要建设者和接班人，当代大学生是社会发展的主要力量，大学生是国家的未来和民族的希望，学生在大学所受的教育和所具有的生态文明意识及行为的养成，将直接影响、作用于为社会服务的过程中，对于保障社会健康、持续发展具有决定性作用。

2.2 开展生态文明教育是推进高等教育协调发展的时代要求

1992年，联合国环境与发展大会通过"21世纪议程"，明确提出："教育是促进可持续发展和提高人们解决环境与发展问题能力的关键。"从科学发展、和谐社会构建的高度把生态文明教育融入大学教育，是高等教育为社会经济可持续发展提供的支撑与保障，是发挥其社会功能的有效途径，也是高校顺应社会发展所应当担负的责任。2015年，习近平在中共中央政治局审议《关于加快推进生态文明建设的意见》会上强调："必须弘扬生态文明主流价值观，把生态文明纳入社会主义核心价值体系，形成人人、事事、时时崇尚生态文明的社会新风尚，为生态文明建设奠定坚实的社会、群众基础。"然而，长期以来，我国的高等教育以培养专业技术领域的高级专门人才为主要目标，以强化对学生的专业技能培养和为未来社会经济发展能力提供科技人才动力为主，导致人才培养偏重知识的传授和专业技能的培养，而忽视对学生开展尊重自然、善待自然、保护环境、与自然和谐相处的生态文明教育。

2.3 开展生态文明教育是促进大学生全面发展的基本要求

是否具有良好生态文明素养，是衡量当代大学生综合素质的重要尺度，也是大学生全面发展、融入社会的基本要求。让大学生学会正确认识并处理人与自然之间的关系，以开放的、辩证的眼光看待人类社会的发展，完善大学生人格和全面发展是高校人才培养所必须担负的教育责任。然而，当今大学生所表现出来的生态文明意识令人担忧。他们普遍存在生态文明观念淡薄，对生态环境的感知和关注程度低，节俭意识薄弱，浪费和奢侈消费现象严重，生态伦理道德观浮于表面，生态道德行为失范，生态践行行为的自我约束力差。生态文明观念还远没有深入到他们的内心并成为他们主体的道德人格。缺乏生态文明观念和素养的所谓"生态盲、环境盲"的大学生，与以往的"科盲""文盲"一样，在未来社会激烈竞争中必将被无情淘汰。而开展生态文明教育，可以帮助大学生树立起良好的生态道德意识与社会和谐的观念，自觉同危害环境的行为做斗争，从而有效促进综合素质的提高和自身的全面发展。

3 大学生生态文明缺失的原因分析

3.1 社会层面生态文明教育的缺失

社会生态文明教育在整个生态文明教育体系中处在一个薄弱的地位。在大力发展以经济建设为中心和大力发展社会主义市场经济的前提下，人们在追求物质效益的同时也伴随着观念、价值观的畸变，人们只关注个人利益、物质利益和当前利益的得失而不顾生态环境付出的代价。例如，"先污染后治理、先破坏后恢复"被普遍认为是经济发展的规律，以牺牲环境为代价发展经济是许多地方政府采用的发展战略。同时，市场经济的负面效应——追求经济效益最大化，也导致了功利主义、拜金主义等思潮的产生，人们为了经济利益破坏生态的行为随处可见，毁林开荒、排放污水、捕捉稀有动物等，给生态环境带来了难以弥补的巨大破坏。加上社会传媒对消费观念不正确的宣传导向，为生态污染推波助澜。一些地区政府缺乏对生态文明教育的重视和物质支持，种种因素导致了当前社会生态文明教育欠佳的状况。

3.2 高校层面生态文明教育的片面

近年来，部分高校以建设"绿色大学""生态大学""生态校园"等为目标，大力开展生态文明教育，对大学生生态文明意识的培养起到了一定的促进作用，但仍有许多学生对生态文明教育不够重视，甚至不知道自己的学校有没有开展关于生态环保等方面的教育活动，作为教育的实施主体，对本学校有没有生态环保方面的活动不知情、不清楚，说明高校生态文明教育还没有完全被重视和普遍开展起来，大学生的生态文明观念与他们将要担负的社会建设任务和社会责任差距还很大，高校生态文明教育任重而道远。

3.3 家庭生态文明教育缺乏

在社会的大环境影响下，当代大学生家长的生态文明素质堪忧。家庭生态文明教育不论从家长的环保知识掌握上，还是从家长的环保行为上，以及对孩子的环保教育上都呈现出缺乏的态势。

3.4 大学生个人重视不足

现在的大学生绝大多数都属于"00后"了，他们中多数生活在相对优越的环境当中，很少体验到生活的艰辛，对日常生活中随处可见的浪费行为或习以为常或熟视无睹。很多大学生认为，生态文明是生态学专业学生的事，认为生态学是理论性和专业性很强的学科，没有一定的理科知识和文化背景是很难学习好的，对于非生态学专业的学生来讲，没必要学，这就影响了生态文明教育在高校大学生中的普及。

4 大学生生态文明意识形成教育方法研究

4.1 实现育人观念的生态性转向

一所高校的育人观念，往往会决定它将提供什么样的教育，培养出什么样的人才。高校的育人必须完成由培养"聪明的科技人"向"理性的生态人"转变。为此，学校应从以下几方面入手：一是根据学校的实际情况和社会发展的需求，将生态文明教育内容纳入到学校发展规划和人才培养体系当中去，把生态文明教育作为大学生必备素质列入培养目标，使生态文明教育的地位真正得以提升，能真正渗透到学校的办学理念当中去，避免生态文明教育流于形式或只是开展一些即兴式的活动。二是高校生态文明教育要自觉去构建与社会接轨的教育模式，充分利用家庭、社会中的各类有效教育资源，为学生提供参与生态文明实践的机会，提高学生的实践技能，形成学校、家庭、社会的教育合力，高校应避免企图希望在一种"净化"的环境中实施德育，把学生封闭于校园内，最终形成高校生态文明教育的"自弹自唱"。

4.2 发挥课堂教学的主导性教育

第一，认真筛理人才培养的课程体系，把生态文明教育内容纳入到人才培养模式体系建设之中，可将一些原来只作为部分专业修读的课程，如"生态学""环境学""环境伦理学"等生态类课程设置成公共基础课程，扩大高校公共基础生态教育课程的覆盖面。同时，充分挖掘现有专业教材中的生态文明教育要素，组织师资力量，围绕专业特点和生态文明教育重点编写教材。第二，加强师资队伍建设，通过组织教师参加生态文明教育内容的学习与培训，组织教师进行生态文明教育方面的科研，建设一支生态认知理论素养高、生态环保实践能力强的教师队伍，在教师的言传身教过程中，将生态文明意识传递到学生当中去。第三，要不断改进课堂教育教学方法。生态文明教育虽然在内容体系上可以自成一体，但总的来说还是属于思想政治教育的范畴，传统的高校思想政治教育往往以"填鸭式"的说教为主，教学方法单一，学生学习的兴趣普遍不高，甚至会在课堂上产生消极和抵触的情绪，所以需要对此类课程教学方法再进行构思设计和创新。

4.3 丰富生态文化活动的体验式教育

校园文化活动作为高校第二课堂，因其组织形式灵活多样、主题鲜明、受众面广、参与性强等特点，深受广大学子喜爱，是影响学生心理和行为最为明显的校园教育载体。可以充分发挥大学生的主体作用，通过学生自己设计以生态文明教育为主题的系列讲座、读书会、各类环保创意设计竞赛、低碳生活宣传、生态文明寝室评选、生态文化节等校园生态文化活动，让学生在参与的过程中接受生态文明教育，教会学生从身边做起，从生态环保的每一件小事做起。生态文明教育重在实践，要引导大学生养成"绿色"行为习惯，积极参与各类环保公益活动，在实践活动中提升生态道德素质。一是重视校内实践活动，优美的校园环境是对大学生进行生态文明教育的直观教材。通过校内实践活动能培养大学生热爱校园环境、热爱劳动的良好习惯，并形成爱护花草树木、讲卫生、文明消费、吃苦耐劳的良好品质。二是成立类似环保协会的社团组织，通过社团活动来辐射带动。三是积极创造条件开展社会公益活动，让大学生走向社会。学校可以设立生态文明教育实践指导办公室，通过开展社会调查、社会考察、"青年志愿者活动""三下乡活动"等生态文明宣传教育与环保实践活动，提高大学生环境保护的紧迫感和责任感。

4.4 扩大网络平台的宣传性教育

传统的高校宣传渠道一般是通过校报、广播、校内有线电视、宣传横幅及社团刊物等，虽然也能起到一定的效果，但随着多媒体、计算机网络等技术的迅猛发展，又因其所具有的开放性、互动性、趣味性强等特点，深受大学生欢迎，可以说网络已成为大学生迅速获取知识、交流感情、认识社会的主要窗口。高校应高度重视利用这些先进技术，为生态文明教育搭建新的宣传平台与阵地。可以尝试通过网络绿色游戏的开发，如前段时间国内很流行的小游戏"跳一跳"，可模拟开发一个"挑一挑"，把刀片、电池、日常垃圾或可回收垃圾以图文的方式展示，以游戏的方式进行意识形态的生态认知教育，充分利用网络的趣味性来扩大生态文明教育影响力，增强生态文明教育宣传的实效性。高校还可以借助现代自媒体，宣传生态文明基础知识，联合其他高校举行生态文明类型活动，通过自媒体和扩大学校活动影响力来进行社会生态文明的教育渗透。

总之，大学生生态文明意识教育方法研究的目的是通过生态文明教育，让学生了解人与自然、人与人、人与社会之间的关系，自觉养成热爱自然、热爱生活、尊重生命的情感和道德观，并以此提高自己解决生态环境问题的基本技能。要提升大学生生态文明教育的实效性，需要高校在各个层次上推行，并在方法上多鼓励创新，将意识教育、行为教育和人格教育进行有效整合，让在高校教育中的所有人，不仅仅是学生，从管理层到教师及教辅人员，甚至后勤等职能部门的服务人员，所有人都真正从意识上感受到生态文明的迫切和自我责任，再由意识形态指导行为变善，最终体现在健全的生态人格的形成，形成强有力的教育合力，最终达到大学生素质的全面提升，实现人的全面发展。

参考文献

［1］胡锦涛在党的十七大上的报告［EB/OL］（2007-10-15）［2018-10-25］.http：//finance.people.com.cn/GB/8215/105264/105268/6379572.html.

［2］胡锦涛在中国共产党第十八次全国代表大会上的报告［EB/OL］（2012-11-18）［2018-07-19］.http：//cpc.people.com.cn/n/2012/1118/c640941 9612151.html.

［3］习近平在中国共产党第十九次全国代表大会上的报告［EB/OL］（2017-10-28）［2018-11-12］.http：//cpc.people.com.cn/n1/2017/1028/c6409429613660.html.

［4］黄承梁.不断深化生态文明建设的认识与实践［N］.人民日报（理论版），2012-05-22.

［5］吴斌. 学校应加强生态文明教育［N］. 中国教育报，2009-09-28.

［6］刘湘溶，罗常军.生态文明主流价值观与生态化人格［N］.光明日报，2015-07-15.

［7］黄丹. 新时代大学生生态文明教育的内在意涵与致思理路［J］. 北京印刷学院学报，2018（2）：127-130.

［8］王洪平，邵世丽泰. 大学生生态文明教育现状与对策［J］. 文教资料，2018（4）：154-155.

［9］骆清，刘新庚，韦凤. 大学生生态文明教育的思想理路［J］. 广西社会科学，2017（12）：197-201.

［10］黄娟，黄丹.中国特色生态文明教育思想论：十六大以来中国共产党的生态文明教育思想［J］.鄱阳湖学刊，2013（2）：38-45.

［11］刘铁芳.知识学习与生命成长：知识如何走向美德［J］.高等教育研究，2016（10）：10-18.

［12］李定庆.系统论视角下的大学生生态文明教育研究［J］.思想理论教育导刊，2014（11）：105-108.

［13］路琳，屈乾坤.试论高校生态文明教育机制的建构［J］.思想教育研究，2015（6）：65-69.

［14］刘铁芳.走向整合：教育理论研究的精神路向［N］.中国社会科学报，2016-07-07.

［15］廖金香.高校生态文明教育的时代诉求与路径选择［J］.高教探索，2013（4）：137-141.

［16］陈艳.论高校生态文明教育［J］.思想理论教育导刊，2013（4）：112-115.

［17］刘新庚，曹关平.公民生态行为规范论［J］.求索，2014（1）：81-86.

［18］李耀平，刘舒雯.生态文明背景下的科技和工程伦理学视野［J］.昆明理工大学学报（社会科学版），2012（2）：1-6.

当代高校生态文明教育的实施途径分析

蔡翠萍（四川国际标榜职业学院　四川成都　610103）

高校生态文明教育是指按照生态文明发展的基本要求、内涵和目标，结合大学教育的原则和基本规律，以生态文明观——人与自然及生产力的和谐为出发点，以科学发展观为指导思想，以可持续发展为基本诉求，对大学生进行有计划、有目的、有组织的教育行为。

1 高校开展生态文明教育的意义

生态文明是指人类遵循人、自然、社会和谐发展这一客观规律而取得的物质与精神成果的总和，是人与自然、人与人、人与社会的和谐共生。大学生是我国经济建设的主力军，是生态文明建设的先锋力量，其生态素质水平对社会生态文明教育的贯彻实践及人类实现可持续发展的前途命运有着深远的影响。大学生作为未来社会的建设者和接班人，他们的任务非常艰巨，将肩负起建设生态文明建设的重大责任，因此高校生态文明教育必将成为社会科技生态化转向的推动力量。高校生态文明教育的实施，为传统的生态文明教育提供了新的视角，注入了新鲜的血液，使原先过于抽象的生态文明教育具体化、现实化，标志着新时期生态文明教育主体的根本性得到了扩展，为新时期生态文明社会的构建奠定了基础。

1.1 高校开展生态文明教育，体现着高校自身的理想与追求

高校以培养和造就全面发展的人为理想目标，其本来的意义和实质应是"全人教育"。"人的全面发展主要表现为人与社会关系的和谐和人与自然关系的和谐，只有在这种双重的和谐中，人的全面发展才是现实的"，教育的内容必须包含人类的全部文化，因此教育必须是全人教育。所说的全人教育是当代教育发展的一种新的趋势，它注重教育内在价值的阐释和弘扬，旨在培养所谓的"全人"即以人的自由、和谐、整体发展为导向，强调人与自然、人与人、人与社会的和谐发展。生态文明教育，既注重人与自然之间的和谐，又注重人与社会（人）、人与自我之间的和谐，强调人、自然、社会的和谐共生，良性循环，最终实现人的自由和全面发展。因此，大学开展生态文明教育在一定程度上发挥了拾遗补阙的作用，有助于大学不断完善人才培养机制，从而实现自身的理想追求。

1.2 高校开展生态文明教育，体现着社会的期望与要求

唯物史观认为，社会是人的社会，人是社会的主体，人的素质决定着社会文明的高度。引导社会和文化转型的根本力量是人自己的本质力量，是人通过塑造自己的新形象、培养自己的新人性而实现的。因此，高校适应社会、满足社会要求的根本动力不是别的，而是其培养的人，即塑造适应和推动社会发展的、具有健全人格的一代文明新人。目前，由于生态环境问题的日益突出，资源环境保护的压力也不断加大，我们党及时发出了建设社会主义生态文明的号召。高校承担着培养高素质人才的重任，必须及时应对社会的这种变化及其要求。通过开展生态文明教育，用人类最优秀的文化成果培养人、塑造人，使之用社会的整体发展和人的全面发展的要求来规范自己的行为，特别是经济行为，并以其外部影响力优化社会文化环境，进而从思想文化领域引导社会，最终形成一种维系社会和谐发展的力量。

1.3 高校开展生态文明教育，体现着大学生自身完善的内在诉求

马克思主义认为，人的本质在其现实性上是一切社会关系的总和，这一切"社会关系"，实质上就是文化的表现形式，即人与自然、人与社会（人）、人与自我之间的关系。在高校开展生态文明教育，可以提高大学生的生态文明意识，完善大学生的生态文明行为，积极保护生态环境，促进人类生态文明的进步。高校要结合和谐社会建设的要求，全面加强大学生生态文明教育，使大学生树立良好的生态文明观念，这也是高校思想政治教育工作的迫切任务。因此，高校实施生态文明教育，提高大学生的生态文明意识和完善大学生的生态文明行为势在必行，意义重大。

2 高校生态文明教育存在的问题

习近平总书记在党的十九大报告中指出，"生态文明建设功在当代、利在千秋"，但是生态文明理念和生态文明教育并没有引起社会的足够重视。在高校教育改革中，虽把生态文明教育理念融入了大学教育中，但并没有形成常态化教育，也没有形成一种系统的可以引导大学生生态文明行为的教育理念。

2.1 在教育观念上对生态文明教育重视不够

在大学思想政治教育中，生态文明教育的开展没有得到足够的重视。例如，大学的思想政治理论课包括"马克思主义基本原理""毛泽东思想与中国特色社会主义理论概述""中国近代史纲要""思想道德修养与法律基础""形势与政策"等课程，虽然这几门课程涉及了生态文明的知识，但章节很少，仅仅作为大学生了解生态的基础，并没有对生态文明教育有更深刻的认识。

2.2 高校生态文明教育课程体系设置欠佳

在目前的高校教育课程体系设置中，主要通过专业的选修课和全校性的公共选修课来完成教学任务，专业选修课对选课学生的专业会有一定的要求，而全校性的公共选修课则是面向所有专业学生的。所以，全校性的选修课是开展生态文明教育的关键。

2.3 校园文化建设欠佳

校园文化建设发挥着生态文化的育人功能，目前据观察得知大学生在生活中存在很多与生态文明标准不符的现象，这些现象会影响校园文化建设。例如，随意乱扔垃圾、浪费水电、践踏草坪等，在课桌、厕所、墙壁等乱涂乱画，严重影响了校园文化的建设，这些不良现象说明大学生的生态文明意识相对薄弱，没有形成正确的生态文明观和爱护生态的生活方式。大学在对大学生进行生态文明教育的过程中，各项工作都应该贯彻可持续发展的教育理念，不仅要重视绿色校园的建设，还要重视校园的文化建设，营造生态文明教育的氛围，当代大学生应自觉担负传播绿色文化的责任。

3 高校生态文明教育的实施途径

3.1 课堂教学是高校生态文明教育的主要途径

课堂教学是一项目的性极强的活动，教师通过教学使学生掌握知识和技能，培养情感和信念，最终落实行动。因此，课堂教学是高校生态文明教育的主要途径，针对课堂教学我们应该做到以下几点：

3.1.1 完善课程设置体系，使生态文明教育课堂普遍化

由于每个高校的情况不同，课程设置情况也因地制宜。但在目前我国大学各个专业普及生态文明教育专业课的条件还不成熟的情况下，应加紧推进设置公共必修课的进程，普及生态文明课程，把生态文明课程作为基础性必修课，如开设生态伦理学、生态文明、西方生态文明、生态经济学、环境保护与可持续发展、全球环境问题概论、生态文化史和生态法制等，让大学生系统地学习生态文明知识。同时，也要扩大生态文明公共选修课的内容和范围，除了开设现代生态文明知识选修课，还可以开设中国传统文化选修课进行生态文明优良传统教育，使学生有更多的选择空间和余地。而且在现在大学教育中的思想政治理论课中应增加生态文明内容，充分发挥思想政治理论课公共必修课的功能。另外，要把生态文明知识贯穿到各门课程的教学之中，把相关内容的学习渗透到各类专业学生的学习中，最终形成公共必修课、公共选修课、思想政治理论课、各门课程相互渗透、相互促进的课程设置体系，使生态文明教育课堂普遍化。

3.1.2 生态文明课程的实践化

生态文明教育的课程绝不能停留在理论上，必须要落实到大学生的实践上，执行理实一体化教学法，即理论实践一体化教学法。突破以往理论与实践相脱节的现象，通过设定教学任务和教学目标，让师生双方边教、边学、边做，全程构建素质和技能培养框架，丰富课堂教学和实践教学环节，提高教学质量。而且只有在他们的实践中才能凸显教育的价值，否则生态文明教育只是一种理念、一句空话。强调把生态文明教育落实到实践上，目的是培养学生理论联系实际的能力，使学生的生态文明意识在实践中不断提升，真正实现知与行的统一。强化生态文明实践育人环节加强大学生生态文明教育，除了课堂教育外，还需从日常的校园生活中发掘丰富的教育资源，使他们在实践中不断接受教育，提高生态文明意识，养成生态文明的行为习惯。在生态文明教育中，要充分利用各种实践活动，使大学生在潜移默化中得到教育。例如，引导学生购物时注意物品的耐用性、可循环利用性，垃圾分类投放回收等，使大学生树立崇尚自然、热爱生态的道德意识；使大学生养成不折花草、爱护小动物等良好行为习惯，培育善待生命的道德良知；引导大学生从关水龙

头、关灯、不浪费粮食等具体小事做起，养成节俭和适度消费的美德。

3.2 学校宣传是高校生态文明教育的重要途径

学校宣传是一件具有多功能的教育工作，无论在社会主义意识形态中还是平时的校园活动中都发挥着不可替代的作用。它不仅对人们有导向、教育的功能，而且还有着强大的激励功能，是高校生态文明教育的重要途径。因此，要做好学校的宣传工作，形成正确的生态文明教育舆论导向，营造积极健康的生态氛围，帮助大学生树立科学的生态文明发展观。

3.2.1 整合媒介资源，综合运用各种宣传媒介

伴随着媒介技术的不断革新，新兴媒介的快速发展正日益改变着社会，同时也改变着人们的生产生活方式。尤其是大学生作为新兴事物的引领者，更是新兴媒介应用的最广泛群体。在调查中也显示，微信公众平台是学生最喜欢的宣传生态文明知识的宣传媒介，因此，高校在继续发挥宣传栏、校园广播、报刊、书籍等传统校园媒介作用的同时也要充分利用校园网络、手机等新媒介作为宣传的新载体，发挥其技术优势，解决技术整合、制度支持、部门协调等问题，拓展网络、手机等新媒介宣传的新载体，加强新媒介和传统媒介的整合运用，形成大规模的宣传攻势。特别是要实现两类媒介之间的联合互动、各有侧重，实行多种媒介共同发展，建立全方覆盖、功能互补的校园宣传媒介。

3.2.2 加大宣传力度，立体化宣传形式

在宣传策略上，要改变以往只注重表面和普遍号召的宣传形式，要强调挖掘事物的深层内涵和意义，持续、持久地进行宣传。学校宣传既要注重宣传内容，同时，还要注意多种形式的运用，运用多样、立体化的宣传形式，充分地引导学生掌握生态文明知识、产生生态文明情感、坚定生态文明信念、外化为生态文明行为。

3.2.3 力求立意新颖，多样化宣传主题

按照传播学的相关理论，宣传生态文明可以视作一种社会营销的过程，运用信息传播的技巧帮助高校实现生态文明教育的目标。"受众分割的基本思想是要将宣传的对象分成许多小的群体，从而可以针对不同的群体规划不同的传播策

略"。大学生这一庞大的群体是由不同性格、爱好、专业的小群体组成的，针对每个小群体不同的需求采取不同的主题，以全方位、多视角的角度出发，深度挖掘主题的深层内涵，以新颖别致的立意，及时反映现实情况，抓住受众的眼球，真正起到宣传的效果。

3.3 校园文化建设是高校生态文明教育的必要途径

高校生态文明教育是高校校园文化建设的有机组成部分，发挥着生态文化的育人功能，有助于强化生态文明行为养成的文化内涵。生态文明行为养成不仅使大学生的行为表现符合生态文明社会发展的要求，最关键的是要养成能够支配自身行为的生态文化意识，具有生态文化自觉责任感和使命感，以自身良好的生态文明行为去影响和带动更多的人形成生态文明行为，进而推动整个社会生态文明水平的提升。高校作为培养生态文明社会建设所需人才的摇篮，应成为实施生态文明教育的倡导者和先行者，必须加强对大学生的生态文明教育。大学生是我国社会主义的建设者和接班人，是传承人类文明和促进社会发展的中坚力量，是贯彻落实科学发展观的主力军，他们生态文化意识的强弱，将直接影响整个大学的生态文明水平。大学生应当具有面向未来的生态文明理念，并逐步培养良好的生态道德和生态世界观。加强大学生生态文明教育，努力引导学生热爱自然，关爱自然，从自然生态中吸取精神营养，从而培育具有生态文明特征的生命精神，进而最终影响他们的消费和生活方式、精神境界和人性生成。这不仅有助于丰富和完善学生的个体精神世界，也能让他们真正成为社会生态文明建设的推动力量。生态文明教育离不开各种感性的实践与鲜活的案例，大学生只有积极参与实践，才能深刻领悟生态现象，反思生态问题，增强生态保护意识和情感，形成生态道德责任感，提高生态文明价值观念。

参考文献

［1］王世民，丰平.高校生态道德教育刍议［J］.人大复印资料：思想政治教育，2003（12）.

［2］刘经纬，黄超，生态文化学［M］.北京：中国社会科学出版社，2000.

［3］赵蓉，蒋建平.全人教育理念下的高校生态道德观教育研究［J］.文教

资料，2013（18）.

[4]李志强.生态文明视域下高校生态道德教育困境与改进路径［J］.高教论坛，2018（3）.

[5]吴建铭.加强高校生态文明教育的思考［J］.黑龙江工业学院学报，2018（1）.

[6]秦武峰，谢辉.高校开展生态文明教育的成效、经验及展望［J］.科教论坛，2018（29）.

[7]吴宝明.大学生生态文明教育的主要内容与实施途径［J］.机械职业教育，2012（12）.

[8]周研.大学生生态文明教育问题研究［D］.长春：吉林财经大学，2017（6）.

生态文明教育与高校德育结合措施研究

李闻娇（四川国际标榜职业学院 四川成都 610103）

1 生态文明教育与高校德育结合的必要性

1.1 千年大计——党和国家建设的客观要求

党的十九大报告明确指出，生态文明建设功在当代、利在千秋，建设生态文明是中华民族永续发展的千年大计。

大学生是未来社会的建设者，也是生态文明建设的生力军。作为培养他们成才的基地，各高校有必要对传统教育功能进行扩展，增加生态教育功能，使它与教育的政治功能、经济功能、文化功能一起构成高校教育功能的最基本方面。在生态文明视域下，高校德育也需作出相应调整，除了为物质文明、政治文明、精神文明建设服务外，还应该为生态文明建设服务。要承担起这一光荣使命，高校德育课教师及辅导员必须自觉地开发利用生态文明教育资源，将生态文明教育渗透到德育教育的体系中，从而逐步提高大学生生态思想、生态道德、生态法律、生态政治、生态理论等方面的水平。

1.2 发展更替——顺应时代发展的必然要求

观念变革，是人类文明发展更替的主要动力。生态文明建设，是马克思主义理论哲学的有机组成部分，也是工业文明之后兴起的一种必不可少的现代文明观念。教育内容是否充分反映时代的变化、特点和要求，直接关系到德育工作的实效性。德育工作的吸引力和生命力在于按照时代需要不断充实完善，对德育内容和形式作出必要调整。生态文明及其建设是当今国际社会的时代课题，更是我国经济社会发展的重大现实问题。这使得生态文明成为德育的重要资源，同时生态文明教育也成为德育的重要组成部分。各类德育工作应该开发利用生态文明教育资源，把生态文明融入德育体系中，满足大学生对生态文明这一重大时代课题与现实问题的了解和认识，从而增强德育内容的吸引力，激发大学生学习兴趣，提高德育课教师及辅导员工作的实效性。

1.3 教育呼唤——实现人全面发展的基本要求

马克思主义的最高教育目标就是实现人的自由而全面的发展。而衡量一个民族、一个国家的文明程度，最重要的标志之一就是良好的生态文明素养。

生态文明教育是提升人类生态文明进步的重要力量，是传播生态文明的有效途径，而对大学生来说，更是一种诉求更多、视野更宽的教育形式。生态文明教育从知、情、意、行等全方位要求大学生提高综合素质，促进大学生德、智、体、美等各方面全面发展，从而不断给高校德育教育领域渗入新的内涵。一方面，生态文明教育有助于培养大学生热爱自然和保护自然的意识，树立人与自然的平等观，自觉地把握生态规律，维护人类活动与自然发展的动态平衡，合理开发利用自然资源，践行环保低碳生活消费。另一方面，生态文明教育有助于培养大学生的生态文明观念，培养对环境保护的责任感，使其意识到自然界和人类应享有同等的生存权和发展权，人类在谋求自身发展的同时，不应以对自然环境的破坏作为代价，两者之间的动态平衡才是可持续发展的保证。

2 生态文明教育和高校德育结合的难点

2.1 源头的不足——高校德育课教师及辅导员自身生态理念和知识匮乏

高校德育课教师及辅导员因为工作的特殊性和针对性，其思想、言论、理念对大学生起着至关重要的引导作用。德育的目的，只有通过教育者和受教育者的双边活动才能实现。因此，在工作中，高校德育课教师和辅导员应当具备扎实的生态理论知识，并在实际教育工作中传播生态文明理念。但实际情况并非如此，由于自身并没有生态文明教育的理念，或没有受过相关方面的专业培训，大部分高校德育课教师及辅导员对大学生的德育教育主要只集中于他们的人生观和实践教育上，更不用说运用生态文明知识理念教育和影响学生了。据来自四川某高校对当前青少年生态文明教育现状的调查数据显示，高校德育工作者在教育过程中只注重教学，从未提及生态教育内容的占22.8%，偶尔提及的占63.6%，在举办相关活动时才重视的为13.6%。这也进一步证实了高校德育工作者在传播生态文明知识方面的缺失。

此外，要在高校有序、有效地开展生态文明教育，就必须要有一套科学系统的知识作为基础。当前，在高校德育体系中有很多课程，这些课程涉及第一第二甚至第三课堂。例如，四川国际标榜职业学院第三课堂的"体验时空魔法"，就是以时空为主题，以环保为延展。然而，还有很大一部分生态文明教育因为知识的零散，无法整理成完整的课程。这就需要德育课教师及辅导员关心生活中的细节、梳理生活中的细节、提炼生活中的细节，并且在生活中教育学生。生态文明教育和德育不应该局限在第一第二第三课堂中，而应该无处不在。

2.2 传播的不足——教学形式过于单一，缺乏社会实践教育

当代，大学生具有较为强烈的自主意识与创新精神。在德育的过程中，如果教师始终采取"满堂灌"的教学方式，极易出现学生不想听、教师疏于讲的尴尬局面。俗话说"教学相长"，教学活动应该是双向互动的，那种注入式、填鸭式的教学方式早已不适应新时代的教学要求。我国高校在生态文明教育的重要性与必要性，还存在认识上的不足。例如，很多高校都知道要落实生态文明教育，但实际操作起来却犹如蜻蜓点水，只是纸上谈兵而已。同时，有些高校盲目地为了提高本校的知名度，将人力、物力及财力大量地集中在热门专业与科研中，导致生态文明教学过于边缘化。还有些高校的德育课老师及辅导员并没有充分重视生态文明教育，所以在教育学生时，也没有将生态文明融入知识中。

表1　四川某高校师生生态意识调查表

问题	是	否
购物时常用新的塑料袋吗？	63%	37%
是否会将废旧电池放入特定的电池回收箱？	21%	79%
是否会关注垃圾分类？	28%	72%
打印资料时是否首选双面打印？	59%	41%
是否对生态文明理念有一定的了解？	56%	44%
是否认为当前的生活环境污染比较严重？	52%	48%
是否认为生态文明建设与普通民众也是息息相关的？	69%	31%
生态文明教育是否应该走进课堂？	76%	24%
当看到有人做出破坏生态文明行为时是否会上前制止？	48%	52%
是否愿意更深入地学习如何传播生态文明、保护生态？	56%	44%

在进行生态文明教育时，应该让学生通过直接体验的形式，对德育知识进行消化，并将其内化为一个自我认知的过程，实现教育的体验性、渗透性、实践性。笔者在2017年10月16—19日，对四川某高校500名师生做了一项关于生态文明意识方面的调查（发放问卷500份，回收500份，有效问卷484份，有效率96%），调查结果在一定程度上表明，在高校中，师生能体现生态文明的实际行为还远远不够（见表1）。这也侧面反映了高校生态文明教学缺失，且相应的社会实践活动不足。

2.3 运作的不足——大学生生态文明教育机制不完善

最近几年，生态文明教育引起高校工作者的广泛关注和探讨，也提出了很多建设性的意见和建议。但是在实际操作层面上，高校的生态文明教育却没有落到实处，没有建立长效发展的生态文明教育机制。这种机制的不完善主要表现在两个方面。首先，缺乏相应的制度，无法保证大学生生态文明教育的开展。其次，缺乏系统的生态文明教育内容，无法使大学生生态文明教育行之有效。

随着高校各学科体系内部不断地专业化，教师教育分工不断地精细化，以及各个专业在教学、科研及社会服务上自成一体的纵深发展，学科间形成了一定的学科壁垒，这在某种程度上阻碍了跨学科的生态文明建设。因此，高校应该具有生态保护共识：在时代背景基础上，结合本校实际情况，设计有针对性的生态文明建设教育制度，形成既有基础性，又有专业性的优质生态文明教育知识集群，将生态科学基础知识和研究成果深入地渗透到各个学科和各类课堂。

3 生态文明教育和高校德育结合的措施

3.1 归本溯源——高校德育课教师及辅导员树立理念并扩充知识

3.1.1 树立生态文明教育理念

首先，要增强大学生的生态文明意识，必须归本溯源，即高校德育课教师及辅导员必须通过理论学习和实践体会来树立生态文明的理想信念：要心中时刻牢记尊重自然、顺应自然、保护自然。只有树立了牢固的生态文明理念，才能做到自觉地将生态文明知识与公共课知识结合起来，也才能真正地帮助大学生树立生态文明价值观。

3.1.2 扩充生态文明教育知识

此外，高校德育课教师及辅导员必须扩充自己的生态文明教育相关知识，通过新闻、报纸、网络、讲座、培训等方式，完善自己。以辅导员为例，在日常工作之余，应该进行全方位、多层次的学习。在学习的基础上，加强德育教学知识的组织和管理，把德育工作中的生态文明知识开展同社会调查、志愿服务、公益活动、实习等结合起来，努力使自身的教育工作艺术水平和教育工作的效果不断提升。

学校要积极支持鼓励有关专家、教师、辅导员，进行围绕大学生生态文明教育的科研，支持他们针对这一教育主题进行专门的科研立项、申报课题，在不断研究探索的基础上出品更多的科研成果，更好地探索总结大学生生态文明教育的规律、途径、内容、方法、形式，并结合教育对象的特点，将这些科研成果运用到教育实践中。

3.2 双向互动——改进教育内容和形式，增强社会实践教育

3.2.1 增设相关的教育内容

目前绝大多数高等院校几乎没有关于生态环境保护与生态国情方面的专门课程。各高校应该增设一些此类教学内容，且这部分知识应通俗易懂，与在校各专业学生的平均认知水平相符合。德育课教师可在课堂上适当地引入一些案例分析，让学生自主观察与分析生态文明问题，并运用所学知识解决实际环境问题。辅导员应该将生态文明建设的教育工作添加到日常教育工作中，在潜移默化中强化大学生生态文明意识和价值观。

同时，各高校也可以根据本校学生的实际情况，制定各个阶段生态教育方面的原则与目标，让生态文明教育相关知识能够同高校德育实现有效的衔接。最终，以知识和趣味、理论和实践、普遍和特殊相结合的形式，让生态文明教育真正走进高校德育中，并转化为学生的行动。

3.2.2 采取多种教育形式

生态文明教育与德育结合时，可采取多种教育形式。形式的丰富可以保证生

态文明教育的趣味性、及时性、有效性。具体可采用形式如下：

（1）德育课教师通过必修课、选修课和专业课这三类课程，科学系统地教授生态文明理论知识，在大学生内心搭建生态文明理论知识架构。

（2）辅导员通过班会、第三课堂、日常交流谈话等教育形式将生态文明教育渗透到大学生日常学习生活中。辅导员可以对部分生态文明意识缺失、行为不规范的同学开展一对一、一对多的专题教育工作，以弥补德育课程教育的不足之处。

（3）辅导员可开展以生态文明建设为主题的各类活动，让大学生体会生态文明建设的必要性，明白修复生态环境时付出的代价远远高于当初破坏生态环境时收获的价值。这类活动的主要形式有：

①参观城市周边生态湿地公园，了解湿地公园历史变迁过程（自然形成原始基础—人工梳理形成原始湿地景观—商业诉求环境破坏—湿地破坏后带来的各种灾害—湿地科学保护与开发），了解湿地公园的生态价值（蓄水、绿化、净化自然环境、保证生物多样性），了解湿地公园科学治理过程中各专业间的相互协作内容。

②通过演讲比赛、辩论赛、主题晚会等形式使学生充分认识生态环境的自然发展规律，增强对生态文明建设的认识。

③组织建设绿色寝室，从生活中入手，形成良好的生态教育和德育养成环境。

3.2.3 增强社会实践教学

只有系统地学习过生态文明方面的史料与理论知识，大学生才会对当代的环境问题进行思考，从而树立正确的人生观、价值观和世界观。要想达到预期的教学效果，就必须运用适当的教学方式，保证学生持续学习的兴趣与动力。而要培养学生树立正确的人生观、价值观和世界观，社会实践教学起着非常重要的作用。因此，各高校相关负责人有必要在传统教学方式的基础上，对社会实践的教学作用予以重视。例如，德育课教师及辅导员可以组织大学生去走访当地的工矿企业，实地考察这些企业所产生的生态环境问题；组织大学生参加河道生态治理修复工程，了解生态修复过程的艰难与漫长，了解修复过程涉及多部门、多专业间的相互交流与协作；也可以通过鼓励的形式，让学生主动参与到学校或社会组织的环保志愿者活动，帮助他们树立正确的生态价值取向，增强其生态责任感等。

3.3 动态发展——完善大学生生态文明教育机制

在完善大学生生态文明教育机制的时候，必须做好必要的前提工作，即高校德育工作者必须把生态文明通识教育作为大学生素质教育的重要组成部分，要将生态文明教育渗透至德育的教学过程中，以"五位一体"的生态文明教育体系为基础，通过教育内容的整合和教育方法的选择来提升生态文明教育的质量，进而提升大学生整体的素质。具体完善步骤如下：

（1）增加针对高校德育中的生态文明教育部分的相关投入，从物质基础方面为高校德育中的生态文明教育活动提供基础性的支持，当前，我国高校教育在资源配置和基本职能发挥等方面，都不同程度地缺乏生态保护内涵，忽视生态保护规范。

（2）设立专门性的生态教育课程，如生态常识、生态伦理、生态文化史等，不断完善相关的必修课、选修课和专业课，形成既有普适性，又有专业性的优质生态文明课程体系。

（3）加强德育教学中的生态文明教育科研，培养具有完备生态文明教育知识的德育课教师及辅导员，组织跨学科研讨生态文明建设议题，开设跨专业协作生态保护课程。以文理兼通的生态文明师资力量和教育内容，为大学生奠定坚实的生态文明思想理论基础和丰富的生态保护知识储备，使在提升自我生态文明境界的同时，能自觉运用生态保护的基本技能，参与力所能及的生态保护活动。

（4）建立相应的多层次的奖励制度，激发德育课教师及辅导员的教育热情。奖励可分为物质奖励和精神奖励两类，具体内容可包括荣誉称号、奖金、进修培训。通过奖励的刺激，德育课教师及辅导员会在相关工作中投入更多的精力，倾注更多的心血。

（5）建设良好的德育环境。例如，德育课教师和辅导员可在教室外上课与开班会，把教育融入自然，环境的改变会促使老师和学生更容易接受德育中的生态文明教育。

（6）必须及时掌握生态文明教育和德育结合的教学效果，并且对教育的方式进行有利调整和改进。

日益严峻的生态问题给人们的生存和发展带来了严重困扰。"美丽中国"人人期盼，"天蓝、地绿、水净"人人期待，但这份美丽和期待需要全社会的共同努力。作为具有灵魂塑造师作用的高校思想政治工作者而言，理应自觉承担教育和引导大学生保护环境、爱护自然的重任。大学生德育要与时俱进，和生态文明教育有机结合，从而帮助大学生全面提升生态素养，并稳步成长为新时代的复合型人才。

参考文献

［1］陈丽鸿，孙大勇.中国生态文明教育理论与实践［M］.北京：中央编译出版社，2011.

［2］刘建伟.当代大学生生态文明素养调查与分析——以陕西省部分高校为例［J］.西安电子科技大学学报（社会科学版），2012（3）：95-101.

［3］吴明红，严耕.高校生态文明教育的路径探析［J］.黑龙江高教研究，2016，30（12）：64-65.

［4］胡榕树，陈翔.生态文明视域下高校教育理念及人才培养模式变革的研究［J］.黑龙江教育学院学报，2015（3）：27-29.

［5］李刚.高校大学生生态文明教育的现状及对策［J］.东方教育，2015（12）：39-41.

［6］魏晓莉，戚国强，赵俊影，陈等伟.高校生态文明教育的意义及实施路径措施［J］.教育教学论坛，2018（39）：59-61.

［7］宫宇强，王正.生态文明教育在高校中的实践策略研究［J］.民族高等教育研究，2018（4）：21-25.

［8］张云萍.关于加强大学生生态文明教育的思考［J］.时代报告，2018（8）：67-68.

［9］薛建明.生态文明教育进高校的必要性及其实现路径［J］.教育与职

业，2010（23）：89-91.

［10］张月.高校生态文明教育中辅导员的德育职能探析［J］.现代教育，2011（24）：176-177.

［11］陆娟.浅论生态文明教育背景下的辅导员队伍建设［J］.师资队伍建设，2016（6）：93-95.

［12］刘庭辉.关于做好高校辅导员工作的几点思考［J］.高教论坛，2017（5）：18-20.

［13］孙正林.高校生态文明教育的困境与路径［J］.高等教育，2014（1）：92-98.

［14］刘振亚.试论高校辅导员生态素质的培养［J］.辅导员新论，2011（22）：94-96.

［15］刘妍君.高校开展生态文明教育之实践途径探析［J］.现代企业教育，2014（12）：252-254.

高职院校生态文明教育途径研究

——以四川国际标榜职业学院生态文明教育实践为例

周妤琪[1] 唐荣军[2]（1，2 四川国际标榜职业学院 四川成都 610103）

从党的十七大提出建设生态文明，到党的十八大报告把生态文明建设列入中国特色社会主义事业"五位一体"的总体布局，再到党的十九大报告中指出加快生态文明体制改革，建设美丽中国，生态文明建设已上升到国家战略布局的高度。生态文明建设需要发挥教育的引领和推动作用，在全社会营造生态文明价值取向和正确的生产、生活、消费行为。目前，高职院校部分学生主体生态知识欠缺、生态意志薄弱、生态情感失衡、生态行为滞后，迫切需要加强高职学生生态文明教育。因此，对高职院校生态文明教育途径进行研究具有重要意义。

1 生态文明与生态文明教育

生态文明是人类社会发展到一定阶段的必然产物，在工业文明中，科学技术迅猛发展，人类改造自然取得空前胜利，但随之而来的人口膨胀、环境污染、粮食危机、能源短缺、生态失衡等问题，迫使人类为了生存与发展急切呼唤生态文明时代的到来，因此，生态文明是继农业文明、工业文明之后的一种更为高级的文明形态。从另一方面讲，生态文明是整个社会文明体系的一个具体方面，是相对于物质文明、精神文明和政治文明而言的一种新的文明形态，共同构成了社会主义文明体系。生态文明是以人与自然和谐共生为核心价值观，以建立可持续的生产方式、产业结构、发展方式和消费模式为主要内容，以引导人们走人、自然、社会和谐发展道路为基本目标的文化伦理和意识形态。

生态文明教育作为我国生态文明建设的重要任务，是教育者通过各种教育方式，使受教育者建立可持续的生产方式和消费方式，自觉做到尊重自然、敬畏生命、保护环境等生态文明实践行为，最终实现人、自然、社会的和谐共处、协同发展。高职院校大学生生态文明教育主要包含以下内容：生态现状教育、可持续发展教育、生态价值教育、生态情感教育、生态信念教育、生态道德教育、生态行为教育及生态法制教育等。

2 高职院校生态文明教育途径

2.1 培养目标定位

高职院校生态文明教育以培养高职学生生态文明综合素养为目标，提高学生对生态环境的整体认识水平，了解生态问题和生态危机的产生过程及其解决方法，认识合理开发自然资源及与自然和谐相处的重要性，激发高职学生积极、主动参与生态文明建设的热情，最终养成生态文明的行为。在实现高职学生生态文明教育由知到行的转化过程中，应分别就不同年级、不同专业、个体差异等受教育对象特点构建生态文明教育目标分层体系，提高生态文明教育的针对性和实效性。

以四川国际标榜职业学院为例，该学院秉承"以美与健康提升人的生命品质"的办学理念制定人才培养目标，创建绿色校园。把低碳、环保、节能的生态教育理念从课堂渗透扩展到全校教育和管理工作的方方面面，鼓励师生民主公平地参与学校生态教育活动，在实践参与的过程中发展面向可持续发展的基本知识、技能、情感态度价值观和道德行为，提高全体教职员工和学生的生态素养，收到了全方位育人的良好效果。

2.2 改革教育教学模式

高职院校应创新生态文明教育形式，拓宽生态文明教育途径。在课堂教学中，除采用传统的讲授法以外，可以从不同学科特点出发，采用生态伦理典型示范法、生态伦理"两难选择"教育法、生态环境熏陶法、生态伦理互动式教学法、生态伦理多媒体教学法等多种教学手段，激发学生兴趣，提高教学效果。在课堂外可开展与生态文明相关的征文比赛、演讲比赛、绿色宿舍评比等一系列活动以此培养学生生态文明观；依托学校的办学特色，加强生态文明教育设施建设，创建生态文明教育实践基地，开展生态文明实践教学活动，培养高职学生形成生态文明自觉行为。

四川国际标榜职业学院通过课堂教学、主题班会、社会实践、志愿服务、学术交流、桃花生活研学等多种形式对学生进行生态文明教育。例如，举行"变废为宝、助学帮贫——绿爱童年"活动，百余名师生参与募捐，将"城市之废"转化成"乡村之宝"，不仅普及环保理念，更倡导环保行为；成立环保教育中心，该中心作为垃圾处理模式教育功能可视化展示区，以垃圾资源分类、资源二次循环利用、环境保护宣传为主题，集中展示垃圾产生来源、垃圾分类的具体方法，倡导日常生活节约减排；学院后勤服务中心推出的校园绿色餐桌工程，培养学生文明的就餐习惯和节约的美德；成立生态文明研究中心，该中心将系统研究开发生态文明教育机制及实施路径与方法。

2.3 构建生态文明课程体系

高职院校应丰富课程结构体系，将生态文明教育内容融入高职课程体系中，逐步建立一个目标明确、针对性强、覆盖范围广的高职大学生生态文明教育课程体系。将一些原来只作为部分专业修读的课程设置成公共基础课程，扩大高职院校公共基础生态教育课程的覆盖面。在专业课程教育过程中，将生态文明的观点融入日常课堂教育教学中，通过这种生态观念的日常培养和熏陶，提升学生的生态文明素养和生态文明观念。充分挖掘现有专业教材中的生态文明教育要素，组织师资力量，围绕专业特点和生态文明教育重点编写校本教材，提高生态文明教育的针对性和有效性。

四川国际标榜职业学院在"毛泽东思想和中国特色社会主义理论体系概论""形势与政策""思想道德修养与法律基础""职业发展与就业指导"等公共课程中融入绿色理念及环保节能相关内容；在部分专业开设的专业核心课程中，把生态文明教育成效纳入课程培养目标，如在工程造价专业开设的"建筑安装工程概预算"课程，要求培养学生具备合理确定工程造价，减少消耗、降低工程成本，提高经济效益的能力，使学生具有提升居住环境质量的绿色节能意识。

2.4 建设生态文明校园

建设生态文明校园，对于优化育人环境，培育优良校风、学风、教风，培养全面可持续发展的生态型人才，提升办学品位和核心竞争力，扩大社会影响力都将起到重要作用。四川国际标榜职业学院围绕"绿色、低碳、节能"宗旨建设生态文明校园，根据不同建筑使用特点，采用多种绿色节能技术，将新技术的使用功能与教学功能紧密结合。例如，在学生公寓进行生活热水系统节能改造，使改造后的空气源热泵更安全、高效、节能；完善雨水回收利用系统。在新建的建筑中建立雨水收集区域，收集处理后的雨水用于校园内车库冲洗和绿化、道路浇洒及中水回用等。通过屋顶种蔬菜，大力实施立体绿化；传承川西建筑精髓，校园变身"古典园林"；追求因地"植宜"，打造"花香果实"育人环境；把"课堂"搬出教室，随时随地开展环保教学。通过生态文明校园建设，成功创建国家"3A"级旅游景区以绿色校园，潜移默化熏陶师生绿色发展理念。

2.5 培养生态文明教育师资队伍

培养优秀的师资队伍是生态文明教育顺利开展，生态校园建设取得成功的保障。培养生态文明教育师资队伍，需要提高高职院校领导的生态文明意识，有利于将生态理念融入顶层的规划设计中，使生态文明教育工作落到实处；根据不同专业背景教师的具体情况，制定完善的高职院校教师培训规划与方案，为教师开设灵活的、有层次性的生态文明课程，不断提升生态文明教育师资队伍水平；教师不仅是生态文明知识的传授者，更是生态文明教育的践行者，教师本人应当言传身教、以身作则，通过自身的积极行为对学生产生潜移默化的影响；学校应吸收教学管理部门、后勤部门、团委等各部门人员加入生态文明教育师资队伍，使师资队伍多元化。

四川国际标榜职业学院通过构建一支包含后勤园林绿化队、信息技术中心、教学管理部门等人员在内的兼职生态文明教育队伍，学生随时将未关电、未关水等问题直接反馈至学院，学院联动相关部门进行及时处理提高了工作效率；召开首届生态文明教育国际学术交流会，来自国内外的生态文明教育专家、学者共叙生态文明建设与发展，给学院教师带来一场生态文明视听盛宴，让教师进一步理解"生态文明教育内涵""生态文明教育如何开展"；开展寒暑假教师培训，邀请知名专家、学者为教师做"绿色转型与绿色领导力""元典精神：美与健康教育"等专题讲座，提高了广大教职员工的生态文明素养。

参考文献

[1] 张忠兰.生态文明教育 贵州先行 [J].当代贵州，2014（13）：34-35.

[2] 姜树萍，赵宇燕，苗建峰，等.高校生态文明教育路径探索 [J].教育与教学研究，2011（4）.

［3］黄承梁.不断深化生态文明建设的认识与实践［N］.人民日报（理论版），2012-05-22.

［4］虞强.论高校生态文明教育体系的构建［J］.中国青年政治学院学报，2013（5）.

［5］陈晓东.我国高校生态伦理教育的路径研究［D］.长春：东北师范大学，2010.

［6］郭起华.浅谈高职院校生态文明校园建设——以江西环境工程职业学院为例［J］.经贸实践，2017（24）.

课程体系研究

Curriculum System Research

生态文明教育研究

首届生态文明教育国际学术交流会论文集

构建与生态文明适应的高职工商管理专业课程体系

马娅（四川国际标榜职业学院 四川成都 610103）

21世纪初，我国就开始通过加强规划引导，完善扶持政策，将绿色经济、低碳经济发展理念和相关发展目标纳入各个五年规划和相关产业发展规划中。以企业为主体的制造业创新体系不完善，对绿色制造的关注度不言而喻。而中国版的"工业4.0"规划中也提出两个重要问题，一是构建绿色制造体系，走生态文明的发展道路；二是到2025年，制造业整体素质大幅提升，创新能力显著增强，全员劳动生产率明显提高，两化（工业化和信息化）融合迈上新台阶，形成一批具有较强国际竞争力的跨国公司和产业集群。

换而言之，企业需要一批具有强烈环保意识的专业人才，所以作为高职工商管理专业，培养符合企业要求、适应未来发展的人才刻不容缓。从这个意义上说，无论是经济发展模式的生态化转变，还是经济发展过程中生态理念的树立和执行，工商管理学科均与生态文明建设关系密切。高校的工商管理课程教学可以成为宣传生态文明理念的重要阵地，教育未来的企业工作者实现绿色生产、绿色营销，具备强烈的环保意识，这对于建设可持续发展经营具有重要意义。因此，构建与生态文明需求相适应的高职工商管理专业课程设计，使之在传播工商管理基础知识的同时，更好地服务生态文明建设，成为高职工商管理学科课程设计改革不容回避的任务。本文的主旨在于通过调查研究提出目前高职工商管理学科课程设计所存在的问题，并通过分析提出可行性的解决方案。

1 生态文明环境下高职工商管理课程设计存在的问题

现在的高职院校全面贯彻以人为本、全面协调可持续发展的科学发展观，积极推进校园生态文明建设，促进了校园内生态环境的改善。目前，各校学生对于生态文明的意识逐渐提升。但是，对于工商管理专业的同学，如何将生态文明建设的思想融入企业的管理实践中，尚没有全面的认识和了解。针对以上情况，我们对成都地区的部分高职院校工商管理专业的大学生理解绿色经营、绿色管理建设的现状进行了调研和分析，以探究生态文明建设与工商管理专业课程体系建设的相互融合，为学生学习提供一个更好的生态环境。

通过为期三个月的无记名随机抽样调查，对成都地区的部分高职工商管理专业学生进行现场问卷调查。发放问卷共300份，回收290份，其中有效问卷278份，回收率为95.67%，有效率为92.66%。通过调查数据反映出以下问题：

（1）在日常生活中，大学生普遍有"要环保"的意愿，但大部分没有做出相应的环保举动。

（2）绿色消费模式是面向未来的消费模式，是消费模式升级的具体表现。曾有人对我国消费者绿色消费观和行为进行实证研究，结果表明，消费者对绿色产品的需求仍然受产品价格的影响。这一结果对现在的大学生也是适用的。

（3）环保产品往往会因为价高迫使消费者望而止步。在此次问卷调查中，只有21.53%的大学生消费者表示不会因价格昂贵而放弃购买绿色产品；40.86%的大学生消费者会为省钱而放弃；75.38%的大学生消费者会受到其价格的影响。

（4）大学生对参加生态文明建设活动的热情很高，但是学校在专业实践课程的环保类活动的开展数量、宣传力度和规模方面还做得不够，学生无法对企业的绿色生产进行直观了解。

2 与生态文明相适应的专业课程体系改革方案

面向生态文明建设中的工商管理专业是通过工商管理专业系统化、科学化的管理技术创新、制度创新等方法，减少企业能源消耗，实现企业管理成本降低和生产率的最大化，寻求经济与环境最大综合效益。工商管理专业课程体系的新模式必须以生态环境为理念，建立培养适应可持续发展要求的新型管理人才的体系。

2.1 构建生态文明需求的新型管理人才培养目标

以"宽广的基础知识、多维的技术技能、现代化的生态文明理念、有针对性的实践"为人才培养理念，以"基础技能+专业技能+特色技能"为人才培养目标，从跨学科、多元化角度推动工商管理专业教育发展。"基础技能"要求学生有宽广的经营管理知识，具有良好的外语和计算机能力；"专业技能"要求学生掌握企事业单位运作的基本管理理念，能够对企业管理系统和服务系统进行规划、分析、评价、改善和控制；"特色技能"要求学生掌握企业投入产出分析、生命周期评价、绿色管理系统运作分析、生态效率评价等方法和改善优化工具，使之应用于生态经济领域，促进企业绿色生产目标的实现。

2.2 以生态文明为导向的工商管理课程体系建设

响应"基础技能+专业技能+特色技能"的人才培养目标，将课程体系分解为"公共基础、专业技能、跨专业选课、实践训练"四个模块，其中实践模块贯穿整个体系，其他三个模块依据教学规律循序渐进，形成严密的体系结构。

2.2.1 公共基础课程模块

增加综合性课程，注重人文素养教育，强化对作为工具类的信息科学技术和语言的学习。提高基础课和专业基础课的课程起点，设置若干关于环保生活常识、节能减排等生态基础课程，选用优秀教材、更新教学内容，开展"生态文明主题日"等文化活动，营造生态文明教育良好氛围，并以创建"文明校园"为总抓手，推进生态文明教育进校园。丰富教学形式，结合节能宣传周、全国低碳日、中国水周、世界粮食日和全国爱粮节粮宣传周等主题活动，倡导绿色低碳生活方式，积极建设绿色学习环境，确保教学质量。

2.2.2 专业技能模块

学习管理相关的基本知识和技能，基本知识在于拓宽知识的广度，从全新的视角去发现管理效果和生态平衡的和谐促进，使学生具备多维的工商管理知识。基本技能在于熟练利用现代化办公工具，快速高效地解决企业面临的实际问题。课程着眼于生产过程，以提高劳动生产率、保证质量和降低成本为目标，注重研究人的因素，充分发挥投入资源的作用。

2.2.3 跨专业选课

配合生态文明国家战略，建设在线开放课程。依托网络平台和校内外专家共建混合式慕课等网络在线课程。旨在通过课程学习，培养大学生们对社会、国家、世界生态环境趋势的关心，将一些大学生忽视的东西找回来，使他们增强保护生态环境的自觉。同时，还将不定期组织教学研讨，鼓励老师们使用新的教学方法，通过"互联网+教育"的载体共享课程资源，促进教育资源的均衡性。

2.2.4 实践模块

以面向绿色经营管理的仿真实验室为载体的教学实践，主要围绕并服务于专业建设，强化学生应用所学工具和方法的能力，提高学生从事该领域工作所需的系统规划、设计、运作的创新能力和素养。旨在培养适应生态经济发展，具备管理科学的基本知识，掌握可持续发展理念下绿色经济的专业知识和相关技能，能够把握生态文明建设的行业发展方向，运用国内外先进技术和管理理念从事面向绿色经营管理的跨学科复合人才。

环保产业"零距离"对接的教学实践。不应局限于课内，应该延展到学生的课外活动中。可以在生态产业园建立校企合作的"人才孵化器"，将"产学研"与"人才孵化器"有机结合，实现教学与企业及产业"零距离"对接。

3 结语

面向生态文明的工商管理专业人才的培养，应依据生态文明对工商管理专业学生的新技能、新知识的需求来确定专业建设定位，构建正确的、适合社会发展的人才培养模式。要注重保证扎实的工商管理专业基础知识，同时又要特别注重培养人才的管理与绿色生态经济相结合的理念。宽视角、多形式的设计教学内容，建设日益完善的教学资源库。生态环境下的管理内容涉及面广，非单一学科能包罗全部，故课程体系要有宽泛的视角又有相对完善的知识呈现，充分挖掘教师的课程研发能力，逐步完善教学资源库的建设，汇集生态文明教育资源，实现资源共享，为生态文明下的工商管理专业教育搭建一条可行性平台。

参考文献

［1］郭建.中国特色社会主义生态文明的科学内涵及其构建［J］.河南师范大学学报（哲学社会科学版），2008（3）：16-18.

［2］仲丽娟.课程生态观视野中的高校课程体系构建CTS［J］.黑龙江高教研究，2004（11）：87-89.

［3］王牧华，靳玉乐.生态主义课程研究范式刍议［J］.山东教育科研，2002（4）：18-21.

［4］王民.绿色大学与可持续发展教育［M］.北京：地质出版社，2006.

［5］李旭，朱道立.绿色运营的理念、实施及其管理对策［J］.管理评论，2004，16（8）：53-56.

生态文明视阈下高职"心理健康教育"课程建设探究

杨小莉（四川国际标榜职业学院　四川成都　610103）

习近平同志在党的十九大报告中指出，人与自然是生命共同体，人类必须尊重自然、顺应自然、保护自然。加快生态文明体制改革，建设美丽中国，推进生态文明建设必须加强生态文明教育。《中共中央国务院关于加快推进生态文明建设的意见》中明确提出，把生态文明教育作为素质教育的重要内容，纳入国民教育体系和干部教育培训体系。教育部党组印发《高等学校学生心理健康教育指导纲要》明确规定心理健康教育课程对提高学生心理素质的主渠道作用。作为素质教育重要组成部分的心理健康教育课程，应在生态文明教育视阈下培养和提升学生心理素质，及时转变教学理念，改革教学内容，改进教学方法，促进人与自我、人与人、人与社会、人与自然和谐共生。

1 生态环境与心理健康的关系

1.1 生态环境影响心理健康

20世纪80年代以来，我国经济飞速发展依赖于高能耗、高污染产业，生态环境逐渐恶化。气候异常、水土流失、雾霾、食品安全、甲醛污染等众多与生活息息相关的焦虑源逐渐吞噬着物质丰富带来的幸福感。加拿大多伦多大学精神病学和药理学教授罗杰·麦金泰尔团队研究证实，空气污染和自杀之间呈正相关。近年来出现的新名词"雾霾抑郁症"也突显了恶劣环境带来的负面情绪会增加人际矛盾，降低主观幸福感，产生焦虑、抑郁等心理问题。

良好的生态环境有助于心理健康，越来越受青睐的园艺疗法在治愈心理问题方面发挥了积极作用。植物于人有天然疗愈功能，在自然环境中借由接触和运用园艺材料，维护和美化植物，起到了稳定心率、改善情绪、减轻疼痛等作用。

1.2 心理健康影响生态环境

生态心理学从心理学视角审视生态环境问题，致力于揭示生态危机的心理根源。工业文明的人类中心主义价值取向和情感淡漠导致对人、社会和自然缺乏同理心，为一己私欲对自然万物肆意伤害。当内心幸福感来源于对物质的无穷占有，贪婪心理滋生过度消费；当内在满足感来源于他人评价，攀比心理产生炫耀消费。生态道德缺位导致人们对生态环境破坏与恶化丧失道德情绪体验，继而无法在内心深处对自然万物产生情感链接。

生态文明首先要心态文明，培养健康心理，提高生态素养，深化其对人、社会与自然的关系认知，进而深刻理解与内化绿色可持续发展的生产、生活与消费方式。实施生态文明教育，培养学生对大自然的欣赏和热爱，有助于培养学生的心理健康。在生态文明视阈下建设心理健康教育课程，帮助学生培养健康、积极的心态，促进学生可持续发展。

2 生态文明教育视阈下的课程建设

2.1 生态文明整体论理念

儒家思想"天人合一"，天地合德，众生共荣。道家思想"道法自然"，万事万物是一个循环的整体。生态文明教育在整体论视角下认为生态系统中的一切事物都是互相联系、互相作用的，人类只是其中的一个组成部分。人作为有机整体，不仅各心理要素之间互相作用，人与周围的社会和自然环境也无时无刻不在产生着复杂的交互式影响。当前心理健康教育课程以还原论为指导思想，将影响心理健康的要素层层分解后作为课程内容，旨在利用心理学理论和技术解决学生当下的心理问题，而未将学生放在一个天地万物的大环境下促进学生的身心合一。在生态文明视阈下，心理健康教育课程致力于提升学生生活幸福感，应以整体论为指导思想，将人的知、情、意作为一个整体进行课程设计，促进人与自我、人与他人、人与社会、人与自然四个层面的和谐共生。

2.2 课程内容建设

根据生态文明整体论指导思想，结合教育部文件和学校人才培养方案，当前心理健康教育课程内容应强调四层关系：人与自我、人与他人、人与社会、人与自然的关系。心理健康教育课程内容据此分为五个模块共计32课时。

第一模块心理健康概论（4课时），该模块旨在帮助学生明确心理健康标准，提升心理健康自我保健意识。通过案例分析、角色扮演等方式，使学生掌握心理健康的标准，区分心理正常与异常，如何促进心理健康等。

第二模块幸福计划（8课时），通过课堂小组活动、课后实践练习等方式，培养学生自我认知能力、自我调节能力，提升主观内在幸福感受力，旨在实现自我和谐。根据相关调研结果，高职学生在过往生活经历中低自尊体验较多，自我认知能力和自我管理能力欠缺。该模块以积极心理学为背景，通过"搭建金字塔""共同作画""photo-report遇见美好"等活动，融入自我意识、人格、意志品质等相关知识，提升正向感知能力、正向思维能力。重点增强个体内在自我，建构积极心理品质，塑造健康人格，实现自我和谐，提升内在幸福感。

第三模块和谐语言（10课时），以语言为媒介培养学生对他人的同理心，提升人际沟通能力，旨在实现自我与他人和谐。要实现个体与他人的和谐共处，须打开心门读懂对方和自己的感受，并找到感受背后的内心需要，再提出合理请求达成共识。该模块以马歇尔·卢森堡（Marshall B.Rosenberg）撰写的《非暴力沟通》一书中观察、感受、需要、请求四个要素为活动主线，探索个体与他人友好交流的桥梁。在训练过程中融入同理心、情绪、人际沟通、恋爱心理等相关知识，帮助学生更好地感知自己和他人，实现自我与他人和谐。

第四模块团队协作（6课时），通过创设团队任务情景，让学生体会在社会组织中的分工、协作、冲突管理和决策等，并在任务完成过程中学会如何管理团队冲突。在"高山夺宝""太空舱""玩转飞毯"等团队活动中，融入人格、人际关系、压力与挫折应对等知识，培养学生的人际协作能力和社会适应能力，实现自我与社会和谐。

第五模块生如夏花（4课时），打开"五感"——视觉、听觉、嗅觉、触觉、味觉，通过自然生态实践体验活动"和你一起的98天"，任选一棵植物记录它98天的变化及自己的感受，记录建立内心与自然的链接，唤醒生态潜意识，激发对生命的尊重和热爱，培养积极的生态情感，实现自我与自然和谐。

五个模块由浅入深、由内而外、层层递进、相辅相成，既符合生态文明教育核心理念，也符合高职学生认知规律。

2.3 课程建设要求

由于当前高职心理健康教育课程大多参考本科院校教学内容和教学方法进行

设置，但高职学生不同于本科学生，存在诸如自主学习能力较差、自我管理能力弱、自信心不足等特点。为提高课程的针对性和有效性，应开发生态教学资源，采用生态体验教学，搭建生态教育平台等多种方式培养学生健全人格和健康心理，实现可持续发展。

2.3.1 开发生态教学资源

全方位多角度为大学生创设与生活实践中人与自然的场景，将心理训练应用到学生生活场域中。第一，开发自然生态环境资源，通过优美的校园环境育人，培养对大自然的欣赏之情。将课程内容与校园环境结合，或将课堂搬到大自然中进行实践课程。第二，开发社会支持系统，培养和谐人际关系。第一模块"恩典美好"课节中，通过在课堂上回忆身边人为自己做的点点滴滴，感知他人带给我们的美好，从心欣赏并将内心感受表达给对方。课后作业"给父母的一封信"，将课堂练习延伸到自己的生活中，从而构建积极的类生态行为。第三，开发内在生态资源，促进自我和谐。据相关调查研究发现，高职学生自尊感较低，自我管理能力较弱。第一模块"正向心理资源"课节中，通过活动感知自己的内在正向心理资源，积极悦纳自我，唤醒并增强内在"自我"，培养个体积极心理品质。

2.3.2 采用生态体验教学

当前心理健康教育主要采用讲授法、活动法、角色扮演等，较好地实现了心理健康课程教学目标，却忽略了学生作为社会人在实际生活中提高心理素质、解决心理问题的能力。心理健康课程应采用生态体验教学法，将课程场域扩大到教室外，增加教学实践环节。让学生真正走进社会、融入自然，增强对自己生活的感恩，对和谐人际关系、自然生命之美的觉察和感知。

心理健康教育课程中第二模块课节"photo-report遇见美好"，训练学生以积极视角发现身边习以为常的美好，增加积极心理体验和积累积极情绪记忆。学生用照片记录并汇报在生活中发现的与人相关的、与社会相关的、与自然相关的美好情景和感受，培养生态审美。第五模块感受自然生命之美"和你一起的98天"，充分利用五感建立内心与大自然的链接，感受大自然的生命之美，培养生态道德和生态情感。

2.3.3 搭建生态实践教学平台

心理健康教育课程从"教师讲、学生听"逐渐过渡为"以学生为主体"的活动课堂。活动课堂在解决学生实际问题中起到了一定作用，但仍将视角局限在课堂内的模拟情景中，并不能将课程与学生的实际生活场相联系。因此，应该增加生态实践教学环节，让学生走出课堂，在自然环境中进行生态实践教学，培养学生生态审美和生态情感。例如，"遇见美好"让学生将课堂中的积极视角延伸到生活中，发现生活中的美，并在课堂分享中强化生态审美。打开五感感受生命之美则是学生需要去到田野乡间与大自然为伴，感受生命成长，培养其对众生的尊重和敬畏。

2.3.4 优化课程效果评估

基于生态文明的理念，万事万物都是在紧密联系中共同向前发展。心理健康教育课程效果评估应采用全方位、系统化的评估方式，对学生在课程学习全过程中所表现出来的情感、态度、策略等的发展作出客观评价。该课程使用"心理健康教育手册"记录学生在该门课程中学习过程、学习表现、习得结果等，并结合教师评价、学生互评、学生自评等对学生做发展性综合评估。

3 结语

在生态文明视阈下进行心理健康课堂教学改革探索，将心理健康的课堂教学定位于培养学生与自我、他人、社会和自然四个层面的和谐共生，有利于探索一条真正服务于高职学生可持续化发展的心理健康教育新途径。在课程建设中充分开发生态资源，采用生态体验教学，搭建生态实践教学平台，有利于扩展心理健康教育研究范畴，促进心理健康课堂教育更全面、系统地发展。

参考文献

[1] 崔诣晨.主观幸福视阈下的生态文明建设进路 [J].广西师范大学学报（哲学社会科学版），2015.10.

[2] 张大均，王鑫强.心理健康与心理素质的关系：内涵结构分析 [J].西南师范大学学报（人文社会科学版），2012，38（3）：69-74.

［3］易方.俞宏辉.生态心理学——心理学研究模式的转向［J］.心理学探新，2008（28）：16-20.

［4］徐增杰.高职"心理健康教育"课程现状及改革实践［J］.金华职业技术学院学报，2014：9.

［5］吴建斌.高职心理健康课程改革与探索［J］.中国职业技术教育，2013（8）：90-93.

［6］杨鑫.心理健康教育课程学业成就评价的探析［J］.中国职业教育，2013（8）：90-93.

［7］蔡红英.大学生的消费特点与正确的消费观教育［J］.贵州师范大学学报（社会科学版），2006（1）：135-137.

［8］黄勤，曾远，江琴.中国推进生态文明建设的研究进展［J］.中国人口·资源与环境.2015，25（2）：111-120.

［9］中共中央宣传部.习近平总书记系列重要讲话读本.北京：人民出版社，2014：120.

［10］朱琼，吴建平.生态心理学视角下的心理健康标准［J］.中国健康心理学杂志，2010，18（5）：630-633.

［11］徐增杰.高职"心理健康教育"课程现状及改革实践［J］.金华职业技术学院学报，2014：9.

［12］方双虎.威廉·詹姆斯与生态心理学［J］.学理研究，2011，4（3）：37-41.

［13］孙一进.大学生生态文明教育研究［D］.沈阳：辽宁大学，2014.16.

［14］葛鲁嘉.心理学研究的生态学方法论［J］.社会科学研究，2009（2）：161-165.

［15］郑世英.加强大学生生态文明教育探索［J］.教育探索，2009（7）：115-116.

基于三维目标的生态文明生活课程建构研究

杜冰南（四川国际标榜职业学院　四川成都　610103）

1 大学生生态文明教育的内涵

1.1 大学生生态文明教育的概念

生态文明是指人们在改造客观物质世界的同时，不断克服改造过程中的负面效应，积极改善和优化人与自然、人与人的关系，建设有序的生态运行机制和良好的生态环境所取得的物质、精神、制度方面成果的总和。而大学生的生态文明教育则是有整体规划地培养大学生成为具有生态文明意识的高素质人才。

1.2 大学生生态文明教育的内容

在内容上，高校中的生态文明教育课程主要从生态危机观教育、生态科学基本知识教育、生态文明观教育、生态文明法制教育等几个方面实施。也有高校将生态文明教育的内容外延，涵盖了生态文明消费观的塑造、生态伦理教育、生态审美教育、生态安全教育等。

2 基于学生发展三维目标的生活教育课程研究背景

目前，很多高校已经将生态文明教育纳入人才培养方案，生态文明教育的实施途径通常采取通识教育和专业教育相结合的教学方式，通过开展第二课堂教育，有组织、有计划、有针对性地开展生态教育教学活动，使学生掌握基本生态文明常识，树立生态文明价值观。还有部分高校在思想政治教育的理论课上有涉及生态文明教育的内容，也开设了关于生态文明教育的选修课。

不过生态文明教育除了让学生改变对传统价值的理解，还应该使学生建立一种新的生态价值观，所以我院基于学生发展的视角，通过生态文明生活课程建设，聚焦人对生命的基本认识，将生态文明教育的着重点放在培养大学生自身生存发展，懂得如何理解自然美，感受安全、健康、舒适、愉快的生态需求上。

3 生态文明生活课程建设

以生活教育课程为主线，探讨生态文明教育，针对学生主体，培养学生在生态文明教育中的自我认知能力、自我管理能力、整体品德与素养，建设生态文明生活课程。

3.1 开发生态文明教育生活课程

3.1.1 课程创新点

我院前期完成了"沙龙公寓生活教育课程方案设计与教材开发研究"课题，在充分调研的基础上，围绕高职院校"高素质高技能"的人才培养目标，通过教育学、心理学、社会学、自然科学及管理学等相关教育理论，以高职学生基础素养提升为目标构建了一套促进高职院校学生可持续发展能力为核心的生活课程体系，进入各专业人才培养方案。

该生态文明生活课程从校园生活养成教育切入，将学生生态文明的教育需求显性化，将学生自我发展的需求课程化，最终完成对大学生生态人际关系教育、生态安全教育和生态审美教育，探索生态文明教育的一种新途径。

3.1.2 课程内容

生态文明生活课程内容主要围绕促进学生发展实现"个人责任、知识与技能、实践与体验"三维目标。其中"个人责任"指的是学生应了解个人与他人、个人与社区、个人与社会、个人与环境的关系，明确自己的社会责任，形成社会公德意识；"知识与技能"指的是学生应理解生活常识，获得必要的生活技能，形成欣赏生活美、享受生活美、创造生活美，进而提高尚美能力与情趣；"实践与体验"指的是学生通过参与全程实践，形成生活的智慧、高雅的生活品味。

3.2 融入环境中的教学实施

我院一直秉承"以美与健康提升人的生命品质"办学宗旨，同时校园环境优美，被评为国家"3A"级景区。融入环境，开展生态文明教育实践是一条行之有效的教育途径。

3.2.1 与生态环境结合

生态文明生活课程实施主要坚持现代文明与生态环境相结合，将绿色发展理念、环保意识和行动贯穿于教育、教学整个课程体系中，最终实现全校的生态文明教育。例如，创设真实的生活情境，围绕"环境、行为、习惯、发展"的课程，打破传统以"教室"为空间的课堂模式，将课堂搬到了寝室、社区，全程关注学生智力、情感、艺术性、创造性与潜力，注重学生人文精神的培养、学生健全人格的塑造及可持续发展能力的提高。

3.2.2 与生活结合

将生态文明生活课程与生活场景和生活习惯结合，注重在实际生活中去体验、学习，从而改变学生对生活的基本认识和态度。该课程不只是传授知识，更加注重课堂之外，如贴近学生的采摘节、绿植领养、校园农夫计划、垃圾资源教育中心开放日等系列品牌活动，让学生身临其境。

3.3 融入情景中的实践

通过生态文明生活课程，以学生真实的生活情境为基础进行课程设计，把课堂延伸到学生校园生活之中。以学生生活时间轴为基础，整体时间分布从新生入学开始，按需求时间轴，分布在不同学期实施教学。局部时间分布在早、中、晚或行课时间不等。将学生寝室、校园、社团、社区作为课程实施空间载体，驱动生态文明观及行为的养成。

最终，生态文明生活课程结束后，推动可持续发展，与各类学生社团类活动课程对接，不但带动和促进学生社团活动质量的优化与提升，还更好地在情景中完成生态文明教育实践，有利于提高学生感知、领悟生态文明教育的重要性，使实践成为行为的指导。

3.4 结合学生发展的评估

发挥第三课堂中选修课和必修课的扩展与渗透作用。形成与学分挂钩的选修课学习成果评价机制，评价即对课程内容、授课方式开展评价，也对课程学习效果、实践活动等项目进行评价。评价方式多元化，灵活多样，除调查问卷式的评价方式，也有自我评价与他人评价相结合。

3.5 编写生态文明生活课程教材

组建团队研发并编写符合我院特色和人才培养方案的生态文明生活课程教材。教材基于学生发展，以生态文明教育价值观引领，以学生自我管理、自我教育、自我服务"三自"能力的培养为落脚点，最终形成"学生可持续发展生活课程"校本教材，包括"家·成员""家·和谐语言""Happiness计划"等课程。通过"一专、二博、三雅"三课堂与生态教育内容有机融合，做到处处有教育，处处在育人。

基于"以学生发展为本"理念，建构课程体系，组织课程实施并进行效果评价，通过生态文明生活课程建设的研究，无疑丰富了生态文明教育的外延和内涵，在推进社会生态文明的过程中发挥着举足轻重的作用。

参考文献

［1］宋菲，赵玲玲，雷云.绿色发展理念下高校生态文明教育探析［J］.教育教学论坛，2017（39）：1-4.

［2］李高峰.国际视野下的生态教育实施与展望［J］.中国校外教育旬刊，2008（S1）：13-14.

［3］邬移生.高校生态文明教育课程建设研究［J］.企业家天地，2013（12）.

［4］吴明红.高校生态文明教育的路径探析［J］.黑龙江高教教育，2012（12）：64-65.

基于跨学科视角的高校生态文明教育课程体系构建

秦佳梅（四川国际标榜职业学院 四川成都 610103）

"生态文明"已成为我国的重要发展目标和战略。高校承担着为国家发展培养人才的重任，在推进我国生态文明建设过程中发挥着举足轻重的作用。高校的生态文明教育对大学生的生态文明素质具有直接的影响作用，关系到国家未来发展。当前，生态文明教育的重要性已经得到高校的普遍共识，但课程体系的不完善和师资力量的匮乏却使我国高校生态文明教育的现状不容乐观。如何利用已有资源对当代大学生进行有效的生态文明教育，使他们成为具有生态伦理道德、生态保护意识、参与生态保护的生态文明人才，是高校生态文明教育的目的和意义所在。

1 高校生态文明教育的内涵与内容解析

1.1 高校生态文明教育的内涵

生态文明，是指人类遵循人、自然、社会和谐发展这一客观规律而取得的物质与精神成果的总和；是指人与自然、人与人、人与社会和谐共生、良性循环、全面发展、持续繁荣为基本宗旨的文化伦理形态。高校生态文明教育即是遵循高等教育的原则和基本规律，有计划、有目的、有组织地将这一文化伦理形态作为教学内容的教育行为。相比较初等教育和中等教育模块化的生态教育形式而言，高校生态文明教育更应注重文化形态认知的系统性，应以建构大学生的生态文明观为出发点，以科学发展观为指导思想，以提升大学生可持续发展能力为基本诉求，使大学生能够正确理解生态文明的内涵，形成生态文明道德观，自觉遵守自然规律和生态系统原理，并指导自己的生产、生活和消费行为。

1.2 高校生态文明教育的内容

1.2.1 高校生态文明教育最基本的内容是生态认知教育

生态认知教育包括生态科学基本知识教育和生态环境现状教育。生态科学基本知识是大学生正确认识生态危机产生的原因、危害及对人类社会各领域的连锁反应的基础前提。只有具备了正确的理论知识，才能有效地进行生态环境的保护和治理。生态科学基本知识的普及有助于学生了解生态文明的本质内涵与核心理念，理解人类活动与生态环境之间的相互关系，正视生态环境的现状，从而成长为具有生态危机意识的生态文明的传承者。

1.2.2 高校生态文明教育最核心的内容是生态文明观教育

生态文明观是指人类认识人、自然和社会三者之间相互联系的基本态度和观点，是关于生态文明的一系列思想和观点的总和。生态文明观教育主要包括生态自然观教育、生态价值观教育和生态伦理观教育等内容。

生态自然观教育是大学生建立生态文明观的基础和前提。明确人在整个生态系统中的位置，正确认识人与自然是相互联系、相互依存、相互渗透的关系，从而善待自然环境及其他生物，与自然和谐相处，促进人类生态系统的和谐稳定与发展，这就是生态自然观教育的主要内容，也是大学生形成正确生态文明观的哲学基础。

在构筑正确的哲学自然观后，要让学生树立正确的生态价值观。对待自然生态环境，人类不能一味索取，只看到自然带给人类的经济价值，却忽略了精神价值和人类可持续发展的生态价值。要教育学生乐于享受自然的美好，感受自然对生命的伟大意义，实现物质追求和精神追求的统一。在传统价值观念里，"人定胜天""与天斗，其乐无穷"都曾经是人类追求成功的精神鼓励，但事实证明人与自然的关系不是你死我活的生死较量，而是遵循共生共荣的生存法则。生态价值观教育就是要让大学生改变对传统价值的理解，建立一种新的生态价值观，理解大自然价值的双重属性，正所谓"绿水青山就是金山银山"。

生态伦理观教育的内容在中小学生态文明教育已有体现，但主要集中在生命安全教育方面。高校生态伦理观教育的内容则更加具体深入，包括敬畏生命教育、生态正义教育和共生道德教育。敬畏生命教育的内容与初等教育中的生命安全教育的内容有承袭关系，是要教会大学生在自己的生命意志中体验到其他生命，以同理心推己及人，从而做到像敬畏自己的生命意志一样敬畏所有的生命意志。生态正义教育凸显了人类在生态系统中的伦理底线和伦理责任，要教会学生以可持续发展的眼光对待自然资源的开发和使用。人类生息繁衍，代代相传，古人尚且知道"数罟不入洿池，鱼鳖不可胜食也；斧斤以时入山林，材木不可胜用也"的道理，新时代的大学生关注全人类的可持续发展，维护代内公正与代际公正更是责无旁贷。在敬畏生命教育和生态正义教育内容的基础之上，共生道德教育更注重的是学生能否做到知行合一，真正践行人与人、人与社会、人与自然之间的"和谐共生"。

1.2.3 高校生态文明教育最重要的内容是生态法制教育

大学生的法制教育中，民法、刑法、劳动法等因贴近日常生活，普及很广，在教育、教学中也比较受到重视。而有关生态环境保护方面的法律法规却并没有被广泛普及。所以，高校生态文明教育中应把生态法制教育作为重要内容进行普及，让学生了解国际上有关生态环境的条约、协议及国内有关生态环境保护的法律法规，使学生熟知生态环境法律制度、增强环境保护法律意识、丰富环境保护知识、规范环境保护行为。

1.2.4 高校生态文明教育的本质内容是生态审美教育

"诗意的栖居"是人与自然最极致的相处方式。但如何理解"诗意的栖居"？正如"一千个读者就有一千个哈姆雷特"一样，对于生态的审美，不同的人也会有不同的标准。新时代的大学生更加关注自身的内心需求，注重经营美丽、经营梦想，重视人文理念、人文关怀。如何才能建立一种人与自然亲近和谐的生态审美关系？如何才能建立人与自然、社会、他人、自身的生态审美关系？什么才是符合生态规律的当代存在论？高校生态文明教育最本质的内容应该是生态审美教育。这是对当代大学生精神情致的塑造和陶冶，是对他们思想心灵的净化和启迪。

2 我国高校生态文明教育的现状

我国高校开展生态文明教育的经验不足

高校生态文明教育是顺应时代要求而产生的新生事物。随着国家生态文明建设的不断发展，高校也在不断深化教育教学改革。生态文明教育已逐步纳入高校教育教学体制中。但由于我国开展生态文明建设的历史不长，自觉建设生态文明的社会氛围还没有形成，这在客观上影响了高校生态文明教育的发展。目前我国高校虽然已经启动了生态文明教育，但还处在初步探索阶段，实践经验严重不足。我国一些重点高校虽然较早设置了生态环境科学的专业和课程，但最长也只有20多年的历史，且其教材大多是从国外引进的。至于非生态环境专业的大学生的生态文明教育，则是从新世纪以后才启动的，教育经验更是缺乏。目前，各高校的生态文明教育还没有形成全国统一的规划和课程体系，各自为战，没有形成发展合力，这必然制约我国大学生生态文明教育的健康发展。

3 高校生态文明教育的课程体系构建

综合以上全部内容不难看出，高校生态文明教育的内容具有跨学科性。其所跨学科几乎涵盖了哲学、法学、教育学、文学、理学等方方面面。要想全面落实生态文明教育的各项内容，需要构建一套完整的课程体系。而就目前我国高校生态文明教育的现状而言，各高校很难组建专门的师资队伍来完成这项教学内容。因此，整合高校现有学科资源，利用学科专有师资，将生态文明教育内容向各学科具体课程辐射将为我国普通高校生态文明教育的一条可行之路，也是解决目前我国高校生态文明教育经验与师资双重匮乏的最有效途径。

我国高校普遍开设的公共必修课有思想政治类、文学类、心理学等，这些公共必修课所在学科与生态文明教育内容所跨学科大致相同，因此从学科角度讲，高校普遍开设的公共必修课与生态文明教育的内容有很好的结合点。以此为依据，将生态文明教育的内容向现有公共必修课程辐射，使各门课程结合自身特点，从不同角度、不同侧面，相互渗透，对大学生进行生态文明教育。如此一来，高校可依托自身已有的学科和师资，使生态文明教育最大限度地落于实处，最终形成集生态认知教育、生态文明观教育、生态法制教育、生态审美教育四大板块于一体的高校生态文明教育课程体系。

高校生态文明教育要以其他文化素质课为辅助

除了结合思政课外，高校普遍开设的其他公共课程可以辅助进行生态文明教育。生态审美教育可以依托"大学语文"或"文学鉴赏"类课程进行教学内容的设计。依据生态审美观的定义，在生态文明教育与大学语文课程相互渗透的过程中可将中国传统文化中涉及生态审美的内容作为教学媒介。中国传统文化中的天人合一、和为贵、人法地、地法天、天法道等思想，强调的不仅是一种道德观、宇宙观，还是一种生态观。教学过程中教师可围绕课程内容对学生进行生态文明教育，培养学生尊重和关心"自然"这个生命共同体，对自然要怀有敬畏之心，对待人和物要有宽广的胸怀。

自然秩序和社会秩序相协调，人类的社会行为与自然行为相统一，是中国传统文化遵循的基本原则。中国传统生态伦理思想为当前我国生态文明建设提供了思想资源。配合实践教育课程，组织相关活动使生态文明观不只"内化于心"，还要"外化于行"，真正做到知行合一。

高等教育是国家培养人才的重要阵地。新时代的大学生不仅要有渊博的科学文化知识和较强的创新能力，还应具有较高的思想道德素质和觉悟，不仅要处理好人与人的关系，还要构建人与自然的和谐关系。因此，高校生态文明教育关系到国家的发展和人类的未来。在教学经验不足和师资力量薄弱的双重困境下，基于跨学科的视角，将生态文明教育内容化整为零。把具有生态文明内在联系的不同学科、不同领域的内容或问题，分散在高校已有的公共必修课程中，并不断挖掘教学内容中的生态文明教育因素与各学科内容的最佳结合点与切入点，从不同角度和层面对学生进行生态文明教育，最终形成一套普遍适用于各高校的生态文明教育课程体系，这将是未来高校生态文明教育有效实施的重要途径。

参考文献

［1］刘妍君.浅论高校生态文明教育课程建设［J］.教育观察，2015（23）.

［2］曹晶.我国大学生生态文明教育存在的问题及成因分析［J］.决策与信息，2015（2）.

［3］徐洁.学校生态文明教育的内容建构与实施策略［J］.广西科技师范学院学报，2017（3）.

［4］王丽霞.高职思政课教学中加强生态文明教育的思考［J］.社科纵横，2014（6）.

［5］田修胜，胡树祥.建设"美丽中国"诉求下的思想政治教育的生态价值

［J］.思想政治教育研究，2014（2）.

　　［6］吴宝明.大学生生态文明教育的主要内容与实施途径［J］.机械职业教育，2012（12）.

生态存在论视角下"大学语文"课程的审美教育研究

——以中国古典诗歌为例

黄怡（四川国际标榜职业学院　四川成都　610103）

1 "生态存在论"与生态审美意识、生态审美教育之间的关系

1.1 中西方哲学语境下"生态存在论"美学理念的相似性

目前，在全球范围内，生态破坏、环境污染、城市压力等问题是人类面临的共同的生态难题。党的十九大报告中也提出："'坚持人与自然和谐共生'作为新时代坚持和发展中国特色社会主义的基本方略之一。"因此，重建人与自然的和谐共生关系是现代社会刻不容缓的重要任务。有学者就认识到："生态和环保问题也直接关乎人类的生存和发展这样一个存在论问题，进而想到，生态美学观同样不能不在存在论的根基上，加以研究和思考"。对于存在论的认识，德国哲学家马丁·海德格尔提出了"在世的存在"与"天地神人"四方游戏说，这些哲学观追求人与自然的亲和与交流，显现出一种存在、生存的状态与关系，区别了自笛卡尔到康德所建立的主体性形而上学的哲学理念（如"人为自然立法"）。

提到"生态存在论"，也不得不提到西方"生态批评"理论，它的哲学根基同样来源于从胡塞尔到海德格尔以来的存在主义，它的提出也是在后现代主义语境下关乎人类与自然之间关系的文学文化批评。但是，"生态批评"的提出是西方社会在工业革命之后，因为生态危机的影响而"被迫"建构的。可是，中国的生态文化语境却与西方显然不同，如受农耕文明滋养的古代文学就具有得天独厚的生态思想和生态美学观。这种"先天"的生态文化意识是浸润着"天人合一""道法自然"等儒家与道家学说的人与自然、个人与集体之间共生共荣的审美关系，这种关系与西方存在论的观点有着不谋而合的相似性，显示出中西方文化思想跨越时空的"对话"与"交流"。

所以，西方"生态批评"理论并不适用于中国文化语境，尤其是对中国古代文学及传统文化的研究。较之"生态批评"理论，"生态存在论"既体现了西方存在主义哲学理念又显示出与中国古代生态思想之间有着特殊的联系性。这样一来，运用"生态存在论"这一哲学美学观为视角去分析中国古代文学就成为一种可能性。

1.2 "生态存在论"与生态审美意识、生态审美教育的关系

"生态存在论"作为一种带有哲学性的美学观念，它是产生生态审美意识的

哲学源泉。同时，生态审美意识的提升能够创新和丰富生态审美教育。

"在传统的认识论美学中，从主客二分的视角来看，审美主体面对的确实是单个的审美客体；但从生态存在论美学的视角看，审美的境域则是'此在'与世界的关系，审美主体作为此在，所面对的是在世界之中的对象。"这里，传统的认识论美学，是以主客二分的观念强调出审美主体具有一定的优越性。然而，在生态存在论美学观的视角中，审美主体作为"此在"和与其面对的对象都存在于"世界"之中，这样的审美范式恰好符合中国古代文学与部分诗学讲究的审美关系。

"大学语文"是当代中国大学生的一门公共基础课程，具有人文性和基础性的特点，课程内容设置上学校根据生源层次制定相适应的学习内容，但是对文学作品的学习，特别是"中国文学"部分肯定是必学内容之一。在这其中，对文学作品欣赏时要求提升学生的审美能力及有意识地培养学生的审美意识，是应该树立的教学目标。

结合上述分析，传统的认识论美学并不能从根本上把握或分析中国古代文学作品。因此，本文以生态存在论为视角去发掘中国古典诗歌蕴涵的生态美学思想。通过生态存在论视角去关照"大学语文"课程的审美教育，是为了让学生能更加深入地欣赏文学作品，去感受中国古典诗歌不同的意境之美，并提升学生的生态审美意识，从而逐渐转变教师与学生都曾基于原有的传统认识论美学之上建立起来的审美关系认知，以此发展和创新顺应于中国文化语境之下的生态审美教育理念。

2 中国古典诗歌蕴涵的生态美学观

在我国专门从事研究"生态美学"的曾繁仁教授认为，生态美学有广义和狭义之分，"狭义的生态美学着眼于人与自然环境的生态审美关系，提出特殊的生态美范畴，而广义的生态美学则包括人与自然、社会及自身的生态审美关系，是一种符合生态规律的存在论美学观"。广义的生态美学强调生态学的三个概念：人、自然、社会。这三者在生态美学的范畴中体现为一种共在的生存关系及审美的存在状态。中国古代哲学思想包含着人与自然、人与社会之间的关系，并深刻地影响着中国古代文论的观念生成和文学创作的生态观。

2.1 中国古典诗歌的生态美学源泉："天人合一"与"道法自然"

"天人合一"与"道法自然"的哲学观不仅影响着中国人几千年的思维方式及生存方式，还深刻影响着中国古代文学的创作，是中国古典诗歌蕴涵着生态美学思想的哲学基础。

"天人合一"是中国传统文化及哲学思想的核心命题，但学界对其解释不一，原因在于对"天"字的理解。冯友兰先生认为，"天人合一"中的"天"字有五种含义，即物质之天、主宰之天、运命之天、自然之天及义理之天。这五种解释本质上是人对世界本源的探究及原始祭祀时对上天的祈愿。此外，无论是汉代董仲舒"天人之际，合而为一"，还是宋代张载"儒者则因明致诚，因诚致明，故天人合一"，"天人合一"都表现出农耕文明时期中国人的一种理想与追求，体现出人与自然、个人与社会和谐统一的生态美学思想。

例如，儒家"天人合一"的生态观就有"知者乐水，仁者乐山"。叶郎先生认为："知者为什么乐水，仁者又为什么乐山呢？孔子并没有明确的解释。但从他的话来看，他似乎有这样的意思，就是知者从水的形象中看到了和自己道德品质相通的特点'动'，而仁者则从山的形象中看到了和自己道德品质相通的特点'静'。"孔子并非认为"水"与"山"就有道德属性，但他意识到自然之物的某些特征与人的道德品质可以互通。因此，后来就有学者对"知者乐水，仁者乐山"这一命题进行阐释和理解，提出了"比德"理论。对于"比德"理论的认识，叶郎先生认为："人们习惯于这种'比德'的审美观来欣赏自然物，也习惯于按照这种'比德'的审美观来塑造自然物的艺术形象。"从"知者乐水，仁者乐山"到"比德"理论，造就了中国人喜欢用自然之物来比喻人的道德品质（如梅、兰、竹、菊），体现出来的"自然之美"是一种人与自然之间天人合一的关系性之美。

"人法地，地法天，天法道，道法自然"。老子《道德经》中提出"道法自然"的生态哲学观。这里的"自然"是"自然而然"的意思，暗含着人与自然万物的一种存在状态（或规律），而这种存在状态本质上又源于"道生一，一生二，二生三，三生万物"。"道"作为万事万物存在的本源，人只是存在于自然的一部分，而不是自然的主宰者。如此，"道法自然"的观念就强调出人与自然是和谐的有机共同体，人要遵循自然的法则，不应该去破坏生态环境。

"道法自然"的生态整体理念，反映在庄子的文艺美学原则是崇尚自然，反对人为的审美标准和艺术创作。庄子在音乐方面追求"天籁"，在绘画方面追求"解衣般礴"，整个艺术创作观要求先在"虚静"的状态后达到"物化"，使主体与客体完美契合。由"道法自然"影响下的庄子文艺美学创作观，深刻地影响了中国古代文学以"意象"为主的言说方式，特别在古典诗歌创作上运用情景交融的写作手法，达到"无我之境"的与自然混成一体的艺术境界。

2.2 灵动的生命之美：中国古典诗歌的生态美学解读

土反其宅，水归其壑，昆虫毋作，草木归其泽！

——《蜡辞》

上古歌谣《蜡辞》选自《礼记·郊特牲》，是自文献记载以来人类创作的第一首与"生态"有关的诗歌。尽管这首歌谣的封建迷信色彩较为浓厚，但是从歌谣中能够感受到原始先民对于土地、自然的崇拜与敬畏，萌生出"生态"的观念。

随着生产力的提高，先秦时期人民对于自然的认识能力有所提升。在我国第一部诗歌总集《诗经》中，人们对自然界中的草本、植物、鸟、兽、鱼类等的定名已经达到几百种，并且在具体的创作中运用"六义"手法，表现出与自然生态的密切联系。例如，"兴"的含义是"兴者，托事于物"（《周礼·大师注》），反映在具体创作中是"关关雎鸠，在河之洲""蒹葭苍苍，白露为霜"等脍炙人口的佳句。并且，《诗经》中的农事诗，如《豳风·七月》运用"赋"的写作手法描绘了"六月食郁及薁，七月亨葵及菽，八月剥枣，十月获稻……"的农事生产活动。而《小雅·采薇》中"昔我往矣，杨柳依依。今我来思，雨雪霏霏"，表现出来的"家园"意识，成为千古传唱的"怀归"诗句代表。

从先秦到汉代降至魏晋南北朝，这个被称之为"文学自觉的时代"是以"青荷盖绿水，芙蓉葩鲜红"为代表的清新秀丽的民歌风格，表现出文学艺术的审美特征。这一时期，深受"玄学"思想影响下的文人诗歌创作具有天人合一的"感物"特点，谢灵运与谢朓均寄情于山水，以描写自然山水景物著称于世，表现出丰富的自然生态意趣。谢灵运的"池塘生春草，园柳变鸣禽"表现初春时节景物细微而不易察觉的变化；谢朓的"余霞散成绮，澄江静如练"是对美好景物的敏感捕捉与美妙联想的结合。至于陶渊明诗歌创作更是回应了庄子"得意妄言"的言意创作观，体现了"道"家生态思想对诗歌创作的影响。例如，他的《饮酒二十首》其四"采菊东篱下"一篇，就是对自然的静观与感悟中获得了"妄言"的境界，可以说此境界是在意象描绘中寓于了"真意"的不可言说性及人处于自然之中的本真的生态体验感。

随着魏晋南北朝文学观念的日益明晰，在意象的基础之上唐代文论思想生发了"意境说"，司空图提出"思与境偕"强调作者的主观情思与客体镜像要合二为一，表现了唐代诗歌创作追求物我合一的生态和谐观念，蕴涵了丰富的生态美学观。唐代山水田园派诗人代表王维受"禅宗"思想影响，其诗歌创作充满禅宗意味，如"明月松间照，清泉石上流""返景入深林，复照青苔上"等诗句表现了寂静无为、虚幻空灵的佛学艺术境界，同时在诗境中能感受到大自然内在生命力的灵动。诗仙李白的诗歌创作更是发挥天马行空的想象力，将意象与情思完美融合，表现出人与自然和谐共生的生态美学观，如"举杯邀明月，对影成三人"就有学者解读为："明月、孤影不再是人类思想役使下的被动之物，而是成为诗人眼中能够一起赏景、饮酒的友人，诗人、明月、孤影共同构成一幅静谧、淡雅的月夜图"。此外，相传杜甫在成都"草堂"居住期间，因为一棵楠木被连根拔起而痛哭流涕，诗人感知自己的身世遭遇与楠木有着相似之处，从而创作了《楠树为风雨所拔叹》。全诗沉吟悲慨，抒发了杜甫对于楠木的深切哀悼之情，表现出人与自然之间天人合一的关系性之美。

3 "大学语文"课程渗透生态审美意识的教育理念

由于篇幅所限，上述对于中国古典诗歌生态美学思想的梳理与解读未涉及宋代以后。但是，在解读过程中，不难认识到从生态存在论的角度对中国古典诗歌进行赏析，使中国古典诗歌获得了全新的生态美学的解读意义，并且这种解读同时为中国古代文论的现代转型提供了一个崭新的方向。

笔者认识到在以往的解读中，总是会运用"人类中心主义"与"生态中心主义"二元对立的思想去取义诗歌"主义"的归属，如杜甫的"感时花溅泪，恨别鸟惊心"就认定为是"人类中心主义"的诗句代表。然而，我们仅能看到以物来抒发"人"的情感吗？却没有体悟到《春望》中"国破山河"的沉重悲慨吗？更重要的是，此诗中对家乡亲人的感情和对祖国的热爱之情，表现出了中国古典诗歌固守的传统"家园"意识。笔者认为，诗歌是最能表现"家园之美"的存在，是人与自然的一种和谐共在的理想状态。所以，运用二元对立的生态美学解读模式会忽略对文学艺术作品整体意境之美的审美价值把握。但是，如果从生态存在论的角度去阐释人与自然的关系，就可以获得对作品生态审美的认识和整体意境美的感知。

这样一来，"大学语文"课程中对中国古代文学作品的鉴赏和传统文化的学习，就可以从生态存在论为视角去关照"大学语文"课程的审美教育，让学生更加深入地欣赏文学作品，去感受中国古典诗歌不同的意境之美，提升学生的生态审美意识。例如，在具体的教学设计中，运用项目教学法和翻转课堂的教学理念，可以让学生在上课前自行预习《诗经》中的部分作品，分类诗歌主题及总结诗歌中的意象，上课后教师引导学生解读不同主题的诗歌所蕴含的生态思想。另外，或以小组为单位，以"人与自然和谐共生"为命题，让学生在上课前运用废旧物品和枯枝树叶进行手工制作，在上课时配以诗文朗诵并展示分享创作的感悟。如此，不仅提升了学生的环保意识，还让学生更加深入地了解作品的主题思想和获得文学意境之美的形象感悟。

4 结语：培养学生的生态审美观念，落实传承优秀文化，实现生态美育理想

重建人与自然的和谐共生关系是现代社会刻不容缓的重要任务，生态文明教育的重要性也是不言而喻的。为适应当前新形势，我国生态文明教育体系正在建设当中，作为人文学科的教学工作者，我们无法像自然科学那样去落实保护物质自然环境，然而我们可以从生态审美教育的角度去提升学生的生态审美意识，让

学生有意识地运用生态审美的眼光去看待"自然"的美。同时，生态审美意识的提升能够帮助学生以生态理念思维去重新认识优秀文化的魅力，进而为传承中国传统文化注入创新动力。

当然，诚如曾繁仁教授所说："也许，生态批评家们将文学艺术的作用估价得过高了，但通过审美教育转变人们的文化态度，使之逐步做到以审美的态度对待自然，这种可能性还是有的。但愿我们都朝这个方向努力，以图有所收获。""大学语文"是人文学科的公共基础课程，培养学生在阅读体验中具备生态审美思维及审美鉴赏能力。如此，生态美育的理想才可能贯彻于人文学科的教学中，从而为当下的生态文明教育贡献一分力量。

参考文献

［1］朱立元.寻找生态美学观的存在论根基［J］.湘潭大学学报（哲学社会科学版），2006，30（1）：80-83.

［2］曾繁仁.生态存在论美学视野中的自然之美［J］.文艺研究，2011（6）：43.

［3］叶郎.中国美学史大纲［M］.上海：上海人民出版社，1985.

［4］汤军.以《自遣》为例解读唐诗的生态美学［J］.语文建设，2015（11x）：77-78.

［5］曾繁仁.当代生态美学观的基本范畴［J］.文艺研究，2007（4）：15-22.

高校礼仪修养课程与生态友好型素质养成关系的探讨

段玲（四川国际标榜职业学院　四川成都　610103）

在中国未来社会的建设中，生态文明建设被提到了一个前所未有的高度。一方面，在党的十八大报告中，将社会主义建设在总格局明确为："全面落实经济建设、政治建设、文化建设、社会建设、生态文明建设五位一体总体布局"。另一方面，生态文明是人类社会发展到一定阶段的必然产物。文明，经过了农业文明、工业文明，逐步过渡到了一个更高级的文明形态，这是一个可持续发展的文明，是人与自然、社会和谐统一的文明形式。强调生态文明建设，此举也是实现中华民族永续发展的重要举措之一。

大学生作为未来社会主义社会的建设者和接班人，对未来社会的发展走势起着决定性作用。因此，高校作为生态文明教育的重要载体和有效渠道的角色显得尤为重要。习近平总书记提出了："高校立身之本在于立德树人"，而早在2014年5月4日，习总书记和北京师范大学师生座谈时就曾说过："道德之于个人、之于社会，都具有基础性意义，做人做事第一位的是崇德修身。"德者礼也！"礼仪与修养"课程自2016年在四川国际标榜职业学院开设，其实就是学院在人才培养教学过程中践行全面、全程育人的理念，将生态文明教育、生态伦理道德教育融入高校的基础教育课程中。目的是帮助学生树立起"尊重自然、顺应自然、保护自然"的生态文明理念。其目标是让学生从价值观开始改变，内化生态友好型意识，培养大学生的生态友好型素质。从而进一步影响学生的行为举止，促进社会的可持续发展。

1 生态文明教育的落脚点是生态友好型素质养成

生态文明教育的目的不仅是意识的改变，更是生态友好型行为的内化，最终体现在生活的一点一滴中——行为举止的改变才是友好型素养养成的外现。高校生态教育的目标是在科学发展观的指导下，培养全面发展的并且具有理性生态观念意识的大学生，为促进生态文明建设及美丽中国和和谐社会的建设储备得力的人才资源。主要解决两个问题：一是树立高校学生正确的生态文明观；二是提升学生综合素养，促进社会的全面可持续发展。

因此，生态文明教育，特别是高校的生态文明教育应当是落实在生态友好型素质的养成上。

2 礼仪课程是高校生态教育理念得以实现的主要支撑

高校是生态文明教育的主要阵地之一，在生态文明教育中，让受教者懂得敬畏自然，尊重自然，并真正做到这两点才是教育理念中最为核心和根本。然而，从我国现阶段的生态文明教育来看，成果并不理想。尽管大部分的高校学生认同保护环境非常重要这一观点，然而在实际操作中却缺乏行动力。以管窥豹，目前外卖在高校中十分流行，其外卖所用的餐具大多为不环保的塑料制品，若我们的生态文明教育真正的到位，学生们就会意识到此举会对环境造成巨大的破坏，从而约束自己的行为，能够少点外卖，少用甚至不用塑料制品。

而礼仪课程的核心理念就是要让学生转变意识，树立健康的道德观，懂得"尊重"，在生活工作中变得知礼、懂礼且有礼。在这一过程中，学生对礼仪形成"自律—自愿—自主—自然"的认知与感知的质变，并落实到行动中。学生通过对不同空间的判断，能主动展示出相对应的形象及行为，利用对应的礼仪知识，达到人与人，人与空间，人与自然三者的和谐交流。课程在实施的过程中，都是强调"由小见大"，从生活、工作和学习的细微处入手，不仅要懂得尊重自然、尊重自己和尊重他人的重要性，更重要的是要将行动落实到生活学习中的方方面面。一个人从改变自己的行为开始，逐步影响周围的人。

因此，可以看出，高校的礼仪课程在生态文明教育中发挥了重要的作用。礼仪课程的教学目标最重要的方面也是强调学生礼仪意识的转变，把握礼仪"尊重"这个核心，这个核心一旦确定，人们的形象和行为才会发生相应的转变。无论是尊重人，还是尊重自然，只有心中先有了这个种子，才有可能变成行动上的巨人。其次课程采取了项目制教学，让学生在实际操作中，以校园礼仪、日常交往礼仪、职场交往礼仪、商务交往礼仪四大项目为载体，掌握到实用的礼仪知识，并逐步拥有可持续发展能力。

3 礼仪课程直接作用于生态友好型素质养成

若要生态文明教育卓有成效，那么其课程体系的构建十分重要，其建构者必须有生态观的宏观视野，因为生态文明教学体系正如生态系统的组成一样："它是由各种相互联系、相互依赖的要素组成的结构复杂的自组织有机系统，任何一个要素环节的变化都会引发一系列的生态连锁反应。"目前高校特别是高职院校，其课程体系的设定根植于市场的需求，人才培养目标要求与岗位、职业对接，因此在课程体系的设定上强调专业性。多数的高职院校，由于专业壁垒和学生在校时间的原因，在课程体系的架构中，专业性强的课程会占据绝对优势，通识类课程大多集中在语文、数学和外语上，偶尔开设国学、职业综合能力和公共关系等课程。我们可以清晰明显地看出在课程体系的设置中自然学科和人文学科发展的分离和不平衡。也能看到目前高校的生态文明教育内容非常零散，内容也多停留在环保法律宣传和分类回收等方面，并没有科学完整的规划到课程体系中。这都导致了生态文明理念无法深入到专业课程的教学中，引起生态意识不足到生态保护意识缺失等一系列的连锁反应。

而四川国际标榜职业学院一直秉承"以美与健康提升人的生命品质"的办学宗旨，注重专业技能培养的同时，更注重人的素质教育，从生态校园的打造到人文素养课程的开发和开设，将人文与科学有机地结合起来。礼仪与修养课程开设更是完善生态文明教育重要的一环，其课程目标、理念与生态文明价值观、道德伦理观有机统一，课程内容也是将生态文明和校园文明相结合，帮助高职学生建立起良好的生态伦理道德观。并且，在课程的教学中打破了传统的生态保护专业技术层面的壁垒，强调精神意识的转变，而且在授课过程中不是一味地教授礼仪知识，实操课程中也占了一半的比重。其目的就是要将理论与实践有机地结合起来，将理论落实到实践上。使得学生不仅有保护自然的意识，更身体力行的践行这一观点。

可以说，礼仪课程是生态文明教育课程体系的重要组成部分，它直接作用于当代大学生生态友好型素质的养成。

4 礼仪课程有利于将生态友好型素质转化成为学生的可持续发展能力

礼仪是律己敬人的一种行为规范。文明礼仪不仅是个人素质教养的体现，也是个人道德和社会公德的体现。礼仪不仅决定一个人在职场未来的上升空间，更被人们视为一种文化、一种价值观、一种高尚的人格力量。以大学生礼仪行为养成为核心，培养大学生健康高尚的道德情操，提高大学生的生态自觉意识和自我管理能力，培养大学生的气质和得体的仪容仪表、完善独立的人格，提升对"美"的鉴赏能力，这些都是礼仪与修养课程的重要内容。笔者相信，这些教学内容和活动不仅能够提升高职学生的职业素养和生态友好型素质，同时也有利于"具有生态文明意识、生态审美情趣、生态文明行为习惯"的生态文明人格的养成。一旦生态文明人格形成，就证明：礼仪课程确实有利于生态友好型素质转化成为学生的可持续发展能力，只要当代大学生树立起"尊重自然、顺应自然、保护自然"的生态文明理念，那么未来社会人与人、人与自然的和谐则指日可待。

参考文献

[1] 吕忆宁. 创新高校生态文明教育研究——以中国生态关心量表（CNEP）为基础 [D]. 太原：山西财经大学，2017.

[2] 孙正林. 高校生态文明教育的困境与路径 [J]. 教育研究，2014（1）.

[3] 汪馨兰. 生态人格：生态文明建设的主体人格培育 [J]. 广西社会科学，2016（4）.

[4] 郑义澈. 生态友好型可持续性设计方法研究 [J]. 设计艺术研究，2017.

基于跨学科融合的生态文明教育课程设计

马芬（四川国际标榜职业学院　四川成都　610103）

当前，生态文明建设与发展已经成为事关人类生存与发展的全球性问题。党的十九大开启了建设"美丽中国"新的征程，努力走向社会主义生态文明新时代成了中国特色社会主义现代化建设的时代定位和战略规划。"生态文明是一种新型的独立的文明形态，将生态文明的理念和理性标准贯穿于人类社会整体结构中的各个层面，成为整个人类社会发展不可或缺的文明向度或文明主线，不仅要解决如何改造客观世界的问题，也包括如何改造人类自身的问题"。教育是"美丽中国"创造性转化的关键。教育的过程既是对新时代文明的传播与创新过程，也是人类审视自身的过程。因此，生态文明建设时代需要重塑教育的使命，推动深层次的教育体制机制改革，探索实践层面有效方略。课程设计与开发是生态文明教育的重要内容，本文基于生态文明教育特性的分析，思考生态文明教育课程设计之路，以提升生态文明教育教学质量。

1 生态文明时代诉求与教育

目前学术界对生态文明的定位和内涵还存在争论，但总的共识是生态文明不仅是面临生态危机提出的新理念，也是一种文化传承，其核心在于完善人与自然、人与社会、人与人的关系。"生态文明是以生态为特征、以人的生命为根本、以人与自然和人与人之间的和谐相处为目标的社会文明形态。这种文明既热爱和尊重人的生命及其活动，也热爱和尊重生命的支持系统，感恩和理解资源系统与环境系统对生命系统的奉献与支持"。人类逐渐走向生态文明新时代，而生态文明时代带来了理念的创新、技术的进步、方式的改变和文化的革新，倒逼人类反思自身观念、提升自身素质和改变自身行为。生态文明建设过程的主客体都是人，建设的目的也是为了人，而"教育是人的生命过程，人类生命的存在方式，贯穿于人的生命过程始终，旨在发展人获取、选择、处理和运用知识的智慧的过程"。因此，生态文明建设需要教育的创新和引领，一方面对不断发展的文明形态进行时代解读，另一方面也对已经形成的文明进行传播和传承。在生态文明时代背景下，教育对于推动整个文明方式的改变和人民基本生活方式的提高方面将发挥重要作用。

目前，国内外进行了一系列关于环境教育、绿色教育、可持续发展教育和绿色校园建设等理论的思考和实践活动，但是无论从研究对象的明确性、内涵的准确性、内容的系统性、还是定位的确切性，都无法满足生态文明时代对教育的需求。"生态文明是建立在原始文明、农耕文明、工业文明基础上的一种新型文明。"作为新型的文明观，将自然的保护、社会的进步、人类的进步有机融合起来，已成为世界发展的大趋势和人类文明的新选择。教育如何回应生态文明时代经济、社会和可持续发展的挑战？教育如何回应生态文明时代人的发展需求？如何通过人性化教育整合多元化的世界观？如何推进教育的深层次创新，借此推进教育系统的改革满足生态文明时代的要求？

生态文明时代，教育的正确定位直接决定了教育开展的目的、主客体、形式、内容、手段和结果。作为一种新的教育范式，生态文明教育将影响整个教育系统自身的更新。从教育系统自身来说，"生态文明教育是指在提高人们生态意识及文明素质的基础上，使其自觉遵循自然生态系统与社会生态系统的原理，积极地改善人与自然、人与社会（人）、人与自我之关系而进行的有目的、有计划的、系统性的培养活动"。生态文明教育的开展，学生生态文明素养提升的落脚点在课程。教育最直接有效的方式则是通过课堂使学生觉察人类和环境所发生的恶劣变化，并能认识这种变化对人类、自然、社会所造成的恶果和可能性结果。通过课堂教学培养学生的批判性思维和创造性思维，并给予学生参与、经历和承担责任的机会。

2 生态文明教育课程实施及反思

已有的生态文明教育研究取得了一定的成效，但是"有鉴于当前大学生群体的生态文明意识亟待提高、生态文明认知普遍不足的现状，通过实证调研和科学研究，精心设计并大力加强生态文明课程体系建设，进而展开教学相长、师生互动的教学环节和教育过程，是构建高校生态文明教育长效机制的必要之举和大势所趋"。

当前，生态文明教育课程实施模式主要有以下三种：

（1）融入式。学校不单独设立课程，由各个学科教师们根据学科特点将生态文明教育的相关内容和活动融入课堂教学中，如思想政治理论课、大学语文、历史、科学、物理等。

（2）单列式。将生态文明教育内容单列出来，以选修课、通识教育课程、校本课程等形式进行课程教学。

（3）微课堂。借助现代网络手段，将生态文明知识点碎片化分解以视频、音频为主的经过信息化教学设计，满足个性化的学习需求。但是，"现有的生态文明教育没有进行更深入、更系统、更专业的教育难以达到理想的结果"。究其缘由，没有生态文明教育属性的探寻，也就没有生态文明教育建设和开展的科学依据，缺乏教育实践的正确指导，自然就无法推动实践层面的深层次发展。

回答生态文明教育属性问题，首先需要回答属性是什么。所谓属性是指事物本身固有的特征、特性。属性只有在事物相互联系、相互作用中方能表现出来，属性是多方面的。"每一种这样的物都是许多属性的总和，因此可以在不同的方面有用。"事物的属性决定了事物的用途，有什么样的功能决定了事物有什么样的属性。从教育外部来说，生态文明教育具有政治、经济、文化、社会等方面的属性。这些属性如何体现？通过最终人才培养目标，培养具有生态文明素养的政治人、经济人、文化人和社会人。从教育的内部来说，生态文明教育具有提升人的生命质量和跨学科的属性。生态文明教育实质是培养人的教育活动，教育的实质是"贯穿于人的生命过程始终，旨在发展人获取、选择、处理和运用知识的智慧的过程，学校教育事业便是将此过程外显为提升人的生命质量的社会实践活动"。因此，生态文明教育具有提升人的生命质量的属性。

在教育实践过程中，生态文明教育涉及教育系统内部的各结构和要素，但是教育系统内部的结构和要素又是由谁决定的呢？从知识本体论来说，知识本身的结构和要素决定了教育系统的内部结构和要素。生态文明教育从要素上说可以分解为"生态文明+教育"，显然"生态文明"是知识的本体，"教育"是过程和目的。因此"生态文明"的属性决定了生态文明教育的属性。生态文明不是一个简单的概念，它是所有研究领域中最复杂、综合性最强的实体与精神的结合体，直接指向人与自然、人与社会（人）、人与自我之间复杂关系的各个领域，关涉知识的三大部类——自然科学、社会科学和人文学科。因此，生态文明具有交叉性和跨学科性的基本属性。在教育系统内部实践过程中，把握生态文明教育的跨学科属性则是有效开展教育实践的正确指导方向，即在生态文明教育过程中，教育作为一个研究对象和实体，将生态文明相关的理念、知识和方法等改造并融入教育过程中。

3 基于跨学科融合的生态文明教育课程设计

美国学者舒梅克（Shoemaker）在1989年提出了跨学科教学："教学将跨越学科界限，把课程的各个方面组合在一起，建立有意义的联系，从而使学生在广阔的领域中学习"。跨学科教学逐渐成为我国教育界研究和实践的热点。在实践过程中，"跨学科教学以某一学科为核心在学科中选择一个中心题目进行加工和设计教学"。因此，教学需要设计，需要不同学科元素的参与和认知，其实质就是对课程的设计。

根据实践探索，本研究认为跨学科课程设计是以学生为学习活动的中心和主角，融合知识设计、课堂设计、教学设计、学习设计、评价设计五位一体综合系统的学习安排与实施。跨学科课程设计从实质上来说就是把跨学科引入课堂教育活动的各个方面而形成的新型教育模式。因此，要进行跨学科课程设计，首先需要明确跨学科教育的模式。"从长期的跨学科教育实践看，可以把跨学科教育概括为三种模式。即：单交叉性教育模式、多交叉性教育模式和研究性教育模式"。

基于跨学科课程设计的课程教学模式一般分为以下几种：

（1）学科融合式。

生态文明教育与不同学科类别之间的交叉，形成生态文明教育理念的学科课程内容和理论纲领，指导生态文明跨学科教育实践。在实践过程中主导学科（主要学习的学科）是学习和认知的对象和目的，关涉生态文明的理念、知识、方法是学习的资源供给和智力支持，通过生态文明理念丰富和拓展学生的学习资源和认知视野。

（2）通识教育式。

生态文明教育与多门学科类别之间的交叉，形成多学科参与、大跨度交叉，甚至形成学科繁衍性的二次交叉、三次交叉、多次交叉，具有立体化的跨学科结构形态。各种知识的交汇与碰撞，使生态文明跨学科教育具有通识教育基础上的创新、非功利教育色彩。

（3）研究项目式。

以生态文明建设过程中的重大问题、综合性项目为中心组织多样化的教育活动，通过教学与研究、教学与实践等形式，走出唯书本的课堂教育，开展生态文明实践教育。

生态文明教育如何在课堂生发，知识、教学、学习是最基本和核心的要素，课堂是真实发生的环境，评价贯穿其中。从常态课堂实践层面来说，无论是学科融合式、通识教育式还是研究项目式教育模式，生态文明教育的跨学科课程设计都必须关注知识、课堂、教学、学习、评价五个基本要素。如何科学地对五要素进行设计，将直接关系到生态文明教育效果和教学质量。

3.1 学科融合式课程设计

学科融合式生态文明教育课程设计的核心是如何将关涉生态文明的理念、知识、方法融合到学生的知识建构过程中，经过学生的刻意练习改变单一的某学科认知，获得关涉生态文明的学科知识结构。生态文明既是学习资源的供给，又是学习的目的之一。实践教学过程中，教师从生态文明问题现象，启迪学生的感知观察，以生态文明为教学资源，通过学科知识的测量分析，探寻学科知识机理机制，最终建构学科知识，形成知识结构，同时用学科知识实践应用于生态文明建设中。学生通过知识现象，反馈内省，将生态文明内化于学科知识中，形成新的概念，在实践应用中检测学习的效果。

从课程目标的确立来说，在学科目标中融合了生态文明建设的知识目标、技能目标和素质目标。从内容建构来说，教师从知识现象，激发学生的反馈内省，通过合理的教学方法促进学生对生态文明的内化理解，使学生在先有概念的基础之上形成生态文明的新概念。从课程组织来说，教师引导学生通过课堂笔记、刻意练习、交流讨论、心得体会等形式开展。

3.2 通识教育式课程设计

通识教育实施模式决定了通识教育式生态文明教育教学。目前，我国教育系统大致形成了核心课程型、校本特色型和拓展渗透型三种模式。所谓核心课程型就是将生态文明教育理念贯穿其中，围绕生态文明教育理念设置课程体系，开设生态文明教育相关核心课程，通过课程必修、限选和任选的修习形式开展，课堂形式与传统课堂授课差异不大，以传统知识型授课为主。

校本特色型生态文明教育目标凸显校本特色，根据学校区域经济社会发展需求、发展理念设置生态文明教育课程、开展生态文明建设。立足本校专业师资优势，设置依托本校专业实力的特色、前沿通识课程。生态文明教育课堂充分利用学校和区域的资源，开发校本教材、利用学校专业师资开展生态文明教育。

拓展渗透型生态文明教育主要以体验式活动和隐性课程形式开展。开展生态文明教育体验活动、建设生态文明校园、社团建设、生态文明知识技能竞赛等形式，同时重视生态文明隐形熏陶课程，潜移默化影响学生的认知和行为。通识教育式生态文明教育课堂设计比较灵活，根据课程的开展形式多样化设计，其中多角度体验在通识教育式生态文明教育课堂是学生有效学习不可或缺的重要方式。

3.3 研究项目式课程设计

真实的世界是跨学科的，解决真实世界的问题必须是跨学科的项目，生态文明教育的实践需要研究项目式的课程设计。一线教师的课程设计更多的是考虑如何将生态文明知识、技能传授给学生，如何上好这堂课，容易出现"只见树木不见森林"的情况，碎片化的知识结构和能力无法解决真实世界中的问题。

研究项目式课堂设计以真实世界的生态文明现象、问题为探究对象，通过"真题假做"（"真题真做"）的形式，将实际项目引入课堂教学，让学生直接参与到实际的研究项目中，进一步将教学情境生活化，充分发挥学生在参与研究中的主动性，启发学生最原始、最根本的生态意识，并鼓励其根据自身兴趣和优势有意识地去认知世界和探究真理，将研究视为启发学生的一个重要过程，让学生在实践过程中边学边做边思，最终实现"教—学—做—思"合一。在实践的过程中逐步建立正确的生态文明价值观念和行为模式。让学生真正参与到生态文明建设的研究过程中，并将研究作为启迪学生的过程。学生通过主动参与讨论、研究和实践，不断地自省和反思，进而天真地去探索真理。

总之，生态文明作为一种新型的独立的文明形态，对社会发展有着崭新的引领作用，将生态文明理念植根于人才培养中，将生态文明实践渗透到课程体系中是历史赋予教育的使命。生态文明教育的跨学科课程设计为我们提供了一条行之有效的路径，"十年树木，百年树人"，保护环境，教育为本。生态文明教育思想观念应该渗透到教育的各个领域，实现全方位全过程育人的观念转变，培养具有生态意识和生态行动能力的"生态公民"。

参考文献

［1］赵国营，张荣华.生态文明：中国特色社会主义总布局的时代意蕴［J］.理论月刊，2016（12）：5-6.

［2］杨志，王岩，刘铮.中国特色社会主义生态文明制度研究［M］.北京：经济科学出版社，2014：20-21.

［3］巴登尼玛，李松林，刘冲.人类生命智慧提升过程是教育学学科发展的原点［J］.教育研究，2014（6）：20-21.

［4］贺祥林，江丽.关于生态文明的几点思考［J］.湖北大学学报（哲学社会科学版），2016（5）：161.

［5］刘洋.高职院校生态文明教育机制构建研究［J］.科技展望，2014（6）：9-10.

［6］彭秀兰.浅论高校生态文明教育［J］.教育探索，2011（4）：21-22.

［7］孙正林.高校生态文明教育的困境与路径［J］.教育研究，2014（1）：93-94.

［8］李霞.大学生生态文明教育国内外研究述评［J］.安徽工业大学学报（社会科学版），2016（1）：102-103.

［9］彭云，张倩苇.课程整合中跨学科教学的探讨［J］.信息技术教育，

2004（4）：96-101.

［10］张晓刚.论艺术学交叉学科的范式建构［J］.东南大学学报（哲学社会科学版），2010（1）：66-67.

［11］邱士刚.关于大学跨学科教育的思考［J］.河北师范大学学报（教育科学版），2004（1）：78-79.

试论如何将生态文明教育与高职院校课程教学相融合

——以"广告原理与实务"课程为例

陈亚茹（四川国际标榜职业学院　四川成都　610103）

所谓生态文明，是人类在改造客观物质世界的过程中，遵循事物发展的客观规律，协调人与人、人与环境、人与社会的和谐关系所取得的物质成果、精神成果和制度成果的总和。在此基础上，笔者将生态文明教育的内涵定义为"教育者有计划地组织一系列有关生态文明知识的教育活动，对受教育者的身心施加影响，使其关注生态问题，具备生态道德和生态素质，并且能够自觉地保护生态环境和维护生态和谐"，并以此文探析如何在高职院校课程教学活动中融合生态文明教育。

1 生态文明教育进高职院校的重要性

1.1 有利于促进高职院校学生的全面发展

在我国，高职教育是高等教育发展中的一个类型，为体现其在类型上与本科教育的不同，高职教育一贯讲求"就业导向"，强调与岗位的对应性，使高职教育整体上呈现出一种"唯专"的发展趋势。但凡事都有两面性，在过分强化"专"的同时，势必弱化了学生的"全面""均衡"发展，过于强调岗位对应性，必然使教学内容过于实用化、功利化，大部分高职院校没有切实开展生态文明教育，更谈不上将生态文明教育融入专业教学中去，高职院校的学生在一定程度上存在着生态文明意识淡薄的现象，这不利于高职毕业生的可持续发展。因此，将生态文明教育活动纳入高职院校学生培养过程，有利于促进学生全面发展。

1.2 有利于促进我国社会主义和谐社会建设

高职院校的学生毕业后大多工作于生产、建设、管理和服务领域的第一线，从事技术应用的实践工作，是我国社会主义建设的一线工作者和中坚力量。如果他们普遍树立生态文明意识，具备生态文明观念，并将保护生态环境的理念融入工作当中去，将会对我国社会主义生态文明建设大有裨益。因此，高职院校应高度重视开展生态文明教育，把学生培养为具有深厚生态文明素养的公民，他们不仅能够身体力行地保护生态环境，而且会发挥宣传和带动作用；号召身边的人参与到生态文明建设中来，共同为我国建设社会主义和谐社会、实现可持续发展目标及全面建设小康社会发挥积极的促进作用，作出应有的贡献。

1.3 有利于坚持立德树人，培育和践行社会主义核心价值观

我们现代教育的核心是立德树人，提高公民核心素养。习近平同志在十九大报告中指出，要培育和践行社会主义核心价值观。要以培养担当民族复兴大任的时代新人为着眼点，强化教育引导、实践养成、制度保障，发挥社会主义核心价值观对国民教育、精神文明创建、精神文化产品创作生产传播的引领作用，把社会主义核心价值观融入社会发展各方面，转化为人们的情感认同和行为习惯。所以在高等职业教育中要重视生态文明教育，并营造崇德向善、积极向上的良好环境、促进大学生健康成长。积极投入树德立人事业，让生态文明成为一种习惯。

2 高职院校生态文明教育困境及对策分析

高等职业教育在开设专业时都会有对应的专业人才培养方案及学期教学执行计划；各教研室在制定人才培养方案时，都会根据行业人才需求及未来就业趋势进行科学合理地制定，同时在专业培养方案里面有自身的人才培养目标要求。根据党的十七大、党的十八大报告的精神，高职院校可以将生态文明意识加入人才培养要求里面，达到"你中有我，我中有你"的和谐状态。具体的体现依然要回归到课程教学中，专业人才培养方案是更好地为社会输送各行各业的人才，灌输生态文明意识只有通过课程教学进行潜移默化才能得到实现，从而引导学生更好地理解和意识到生态文明建设的重要性，并能够对学生未来的生活、学习、工作产生深远影响；但是，目前我国高等职业教育课程体系中单独开设生态文明课程还存在很大的局限性。主要表现为：

首先，实施生态文明教育的资源有限，课程定位比较模糊。因此，笔者建议把生态文明课程定位为通识教育课程、社会本位综合课程或选修课程。每一个课程定位所涉及的教育资源目前在我国参差不齐。

其次，编写专门的生态文明教材存在一定局限性，生态文明强调的是要坚持全民协调可持续发展，并因地制宜地发展区域政治、经济、文化建设，因此要达到教材内容编写与区域生态环境相融合，难度较大。

再次，教学时间有限，生态文明教育重点在实践教学，而且推崇实践教学多

于理论教学，因此，难以单独匹配充分的教学时间以满足生态文明教育需要。

最后，师资条件有限。生态文明教育在我国实施较晚，相匹配的师资队伍建设总体从"量"和"质"两方面来说，都不足以真正保障此项教育功能。

综上所述，目前最理想的教学方式是将生态文明教育与专业人才培养、专业课程教学充分融合，这样既可以减少生态文明理论学习带来的枯燥单一，又可以使学生在专业学习的实践课程中结合生态文明理论的原理利用到专业学习当中，从而得到生态文明教育带来的成效。这样才能使生态文明教育变成一种长效性的学习活动。如果只是单独开设一门课或一项实践活动，都只能取得短期的效果，笔者认为这并不是生态文明教育的初衷。

3 以"广告原理与实务"课程教学为载体实施融合

笔者以"广告原理与实务"课程为例，将其教学活动作为载体，尝试将生态文明教育与专业课程教学进行融合，以探索如何有效解决前述的生态文明教育困境。

3.1 生态文明教育与该课程核心教育内容的融合

"广告原理与实务"课程核心内容是通过对广告基础知识的学习和理解，培养学生在不同市场生命周期选择不同广告形式的能力，以及能够运用广告创意理论分析广告创意的能力，对企业产品或服务进行广告初期创意的能力。笔者认为，生态文明教育可将"广告原理与实务"课程体系作为载体，在讲授教材的概念、原理、规律和方法的同时，重点研究以下内容：

如何把作为生态文明主体的生态意识的形成过程，与在日常生活中具有生态文明知识的高素质公民培养结合起来？可以通过广告创意的制作过程中与人文的生态情怀、生态美的审美情趣及日常生活中自然资源的节约利用理念结合起来。

通过生态文明教育与本课程学习的相融合，系统地培养大学生在今后的行业上做到合理科学地利用社会资源，减少行业管理中的负面环境影响。课堂是教学的主阵地，教师应加强对学生进行生态文明观念的教育。结合教材中与生态环境保护相关的内容，不失时机地对学生进行生态文明意识的渗透。例如，在"广告原理与实务"的第一章第二节讲授广告功能和作用，知识点讲到广告对经济发展、社会文化、企业生存和发展等作用时，可以加入生态文明的相关概念，让学生加深对生态文明的认识及生态文明对经济、社会文化、企业生存带来的可持续发展前景，这也是未来保护环境，更合理利用社会资源发展经济的趋向。这其中涉及了很多的生态学知识，使课堂教学更加丰富。

利用"广告原理与实务"的实践课时，充分调动学生的创意思维，小组讨论制作与生态文明相关的生态广告创意。选择优秀的作品在课堂上进行解析分享并加入生态文明的理论学习。学生在学习专业理论的同时，也对生态文明有了基本认识，再通过实训课的学习，得到学以致用的效果。

3.2 生态文明教育与该课程教学成果的融合

在具体的教学过程中，需要解决两个核心问题：第一，如何才能通过组织课堂教学把有关的生态文明教育内容自然而又符合专业属性地传递给学生；第二，如何实现"广告原理与实务"课程与生态文明教育教学目标共同强调的行为转化效果。这两个问题的解决是生态文明教育与课程教学融合一体取得成功的关键。

为解决第一个问题，教师需要在课堂教学过程中适当引入生态文明教育内容。为此，教师需要在教学过程中引入操作措施的具体内容，如环保计划、技术控制及制度安排等；但这些增加的生态文明教育内容如何既引起大学生的重视又不增加额外的学习负担，案例教学模式是在实践教学环节中总结出来的专业教育和生态文明教育相互融合的理想方法。在授课过程中，通过农夫山泉的公益广告、知名房地产的商业广告等案例的引入，结合图片、图像，向大学生传递环保计划和制度安排，加深大学生对这一创意广告的理解和认识，最终转化为职业过程可操作的绿色行为。

总之，笔者认为，在专业教学过程中我们应该坚持把专业知识点与生态文明教育相关问题相联系、相融合，使每位大学生都能在接受专业教育的过程中，潜移默化地受到良好的生态文明教育。

4 结语

推进生态文明教育发展和实施还有很长的道路要探索。面对日益严重的生态问题，唤起世人的生态文明意识迫在眉睫。大学生作为祖国的栋梁，对其进行生态文明教育刻不容缓。教师在日常备课时，需要做好充分的课前准备工作，要根据自身专业的特点灵活安排生态文明教学内容。

参考文献

［1］齐滨，宁强.生态化视角下应用型本科英语专业翻译教学模式探索［J］.成都工业学院学报，2017（1）.

［2］何平月.高校思政课构建生态化教学模式的意义与路径研究［J］.黑河学院学报，2017（3）.

［3］曾颖，郑晓笛.生态为基础的教学模式研究——以美国宾夕法尼亚大学风景园林专业教育为例［J］.建筑学报，2017（6）.

［4］张惠芬.网络环境下英语生态化教学模式构建探讨［J］.湖北函授大学学报，2017（6）.

［5］白艳萍.高职艺术设计生态化教学模式研究［J］.江苏经贸职业技术学院学报，2017（4）.

［6］杨芙蓉.教育生态学视域下高校英语专业翻译课程"生态课堂"教学模式构建研究［J］.沈阳大学学报（社会科学版），2017（4）.

［7］涂丽平.高校生态德育的实践教学模式初探［J］.台州学院学报，2015（1）.

［8］林琛.高中思想政治生态课堂教学模式实践研究［D］.福州市：福建师范大学，2014.

思 政 教 育

Ideological and Political Education

生态文明教育研究

首届生态文明教育国际学术交流会论文集

高职思政课中生态文明意识教学内容的融入

马晓英（四川国际标榜职业学院　四川成都　610103）

党的十九大报告中强调：建设生态文明是中华民族永续发展的千年大计；我们要牢固树立社会主义生态文明观，推动形成人与自然和谐发展现代化建设新格局。2018年新修订的《中华人民共和国宪法》也明确提出："推动物质文明、政治文明、精神文明、社会文明、生态文明协调发展"，生态文明建设第一次被写入宪法。这些论述，标志着生态文明建设已经上升到了国家战略高度，是法治的重要组成部分。作为立德树人主阵地的思政课，生态文明教育应该被包含在内。生态文明意识决定着生态文明行为，因此培养学生的生态文明意识是生态文明教育的主要任务。

1 思政课中培养大学生生态文明意识的必要性

1.1 生态文明教育的要求

思政课是关于意识形态领域的教育，生态文明意识应该属于其中重要的部分，在思政课教学中渗透生态文明教育，是思政课应该承担的重要责任。在加快建设"美丽中国"的今天，高校作为培养未来人才的重要基地应当牢固树立生态文明建设的发展理念，把生态文明教育作为重点内容纳入高校思想政治教育之中，使生态意识内化于心、外化于形，引导大学生成为合格的新型"生态保护者"。

1.2 拓展思政课教学内容的要求

思政课作为大学生思想政治教育的主阵地，其主要任务是根据形势的需求，通过宣传党的路线、方针、政策，培养学生树立正确的世界观、人生观和价值观。思政课的教学内容也会随着时代的不断变化而变化，随着党的政策的变化及时调整。生态文明教育是党近年来提出的一项重要国策，将其体现在思政课教学中，是对党的方针政策的一种积极回应，同时也丰富了思政课的教学内容。

1.3 提高大学生思想道德修养的要求

目前，大学生生态文明知识欠缺，意识较差，践行程度更是让人瞠目结舌。外卖、一次性物品充斥着他们的生活；浪费自然资源的行为屡见不鲜；铺张浪费已成为普遍现象。合格的社会主义接班人不仅应该具有专业的知识和能力，更应该具有较高的道德修养。生态文明道德是道德修养的重要组成部分，由此可见，培养大学生生态文明意识已成为当务之急。

2 生态文明意识的主要内容

2.1 生态危机意识

一个世纪以来，由于世界人口的增长，工农业生产的发展，加上生态危机战争和社会动乱，人类干预自然界的规模和强度不断地扩大和深化，全球多处出现森林覆盖面积缩小、草原退化、水土流失、沙漠扩大、水源枯竭、环境污染、环境质量恶化、气候异常、生态平衡失调等现象。局部地区甚至整个生态系统结构和功能的严重破坏，威胁着人类的生存和发展。要让学生了解上述知识，从而培养危机意识，意识到生态危机主要由人类的活动导致的，要意识到个人行为与生态环境之间的关系，从而调整自己的行为，符合生态环境保护的要求。

2.2 生态责任意识

生态责任意识是指人对自然环境应当承担的保护义务和道德责任。大学生的生态责任意识主要体现在对生态的自我认知、生态价值观和日常行为方面。生态认知既包括生态文明建设内容的认识，也包括自身在生态文明建设中应当承担的责任的认识。大学生的生态价值观是生态责任意识形成的动力，它包括大学生个人对生态相关问题及人与自然和谐相处的看法、认识、态度和追求等。日常行为规范则是大学生有无生态责任意识的直接体现，它建立在生态认知和价值追求的基础之上。

当前大学生的生态责任意识明显不足，多数大学生并没有意识到生态文明建设与保护跟他们有什么关系。即使部分学生对此有一定的认识，但是认为自己个人的行为对生态文明建设并不会起到一定的作用。因此，通过教育，要让学生意识到：生态文明，人人有责。

2.3 生态法治意识

党的十八届四中全会提出，要在依法治国中推进生态法治建设，用法来调整人与自然的关系，坚持改善环境，优化经济发展，坚持经济与环境相协调。树立生态法治意识，就是将法作为社会与自然和谐发展最高权威保障的理念与文化，以制度理性有效地实现人与社会、人与自然、社会与自然之间的平衡。培养学生的生态法治意识，要让学生树立主体意识，由被动守法变为主动护法，促进大学生依法、有序、有效、积极主动地参与生态文明建设；强化大学生的权利意识，激发大学生对自身生态人权的保护热情和能动性，成为社会主义生态法治忠实崇尚者、自觉遵守者、坚定捍卫者；强化大学生的责任意识，保护生态环境就是保护人类自己，克制破坏生态的冲动，保障人与自然的和谐秩序。通过自律和他律性规则对行为进行强制性规范与引导，使学生逐渐将保护生态环境的法治意识内化为生态保护的自觉行动。

3 生态文明意识在思政课教学中的融入

生态文明意识的养成是一个长期的过程，笔者认为需要经历这两个步骤：理论学习和实践。理论学习包括生态文明知识的学习和情感的培养；实践指将生态文明知识应用于生活中，并在实践中加强对理论的应用和理解。高职思政课共有三门："基础""概论"和"形势与政策"。在这三门课程中分别融入生态文明教学内容，完成生态文明知识的学习和情感的培养，设计相关的校内外实践活动，实现实践育人功能。

3.1 在各门课程的理论教学中融入生态文明意识教学内容

3.1.1 思政课中生态文明意识教学内容的融入

首先，在2018版"基础"第四章"践行社会主义核心价值观"中，"和谐"是社会主义核心价值观的内容之一，课本中没有展开论述。和谐包括人与自然的和谐，在这一部分中，融入生态文明教育，论述人与自然之间的友好共生是中国特色社会主义文化的价值追求。通过案例分析人与自然"共生共灭"自古以来都是思想家们的共同观点。马克思主义生态观也认为：人作为自然界一个组成部分的客观地位，决定了人不应该以自然的征服者、统治者自居，而要把自己当作自然界的一员。人类通过自己的生产实践活动与自然界紧密联系，构成了一个有机联系的整体，是一种相互依存的关系。因此生产实践活动就不能完全以人为中心，而应该以人与自然的协调发展为基础。通过这部分的学习，让学生形成正确的生态价值观。

其次，"基础"第五章"明大德守公德严私德"中的"传承中华传统美德"部分强调：中华传统美德是中华优秀文化的重要组成部分，我们要继承和弘扬优秀的传统道德。中华民族传统道德中有许多有关生态问题的道德要求，对今天的生态环境保护仍然具有重要借鉴意义。这些传统道德思想都主张人要尊重自然、顺应自然、爱护自然，追求人与自然的和谐，甚至提倡可持续的生产生活方式。利用和弘扬这些优秀传统道德，并根据社会进步挖掘和阐发其时代新内涵。在本章的"公共生活中的道德规范"中就包括了保护环境。并强调：大学生要像对待生命一样对待生态环境，身体力行，倡导简约适度、绿色低碳的生活方式，为留下天蓝、地绿、水清的生产生活环境，为建设美丽中国作出自己应有的贡献。这一章中融入生态文明教育，培育学生的生态责任意识。

最后，在第六章"遵法学法守法用法"中的"培养法治思维"和"依法行使法律义务"部分中融入生态法治教育，加强学习《中华人民共和国环境保护法》，了解《中华人民共和国大气污染防治法》《中华人民共和国水污染防治法》和《中华人民共和国固体废物污染环境防治法》等法律法规，培育学生生态法治意识。

3.1.2 "概论"课中生态文明意识教学内容的融入

2018版"概论"的社会主义生态文明理念培育内容主要有两个方面：一是在第七章"科学发展观"中的"科学发展观的科学内涵"部分指出，"科学发展观"的基本要求是全面协调可持续，并强调：坚持可持续发展，必须建设生态文明。良好的生态环境是经济社会可持续发展的重要条件，也是一个民族生存和发展的根本基础；坚持文明发展道路，就要把生态文明建设放在突出的地位；正确处理经济建设、人口增长与资源利用、生态环境保护的关系，确保人们在享有现代物质文明的同时，又能保持和享有良好的生态文明成果。强调了生态文明建设是可持续发展的必由之路。

二是在第十章"五位一体总体布局"用一节内容论述社会主义生态文明指

出，生态文明的核心是坚持人与自然的和谐共生，强调人与自然不仅是共荣共生的生命共同体，更是休戚与共的命运共同体。建设社会主义生态文明总体要求的核心和实质，就是要建设以资源环境承载力为基础、以自然规律为准则、以可持续发展为目标的资源节约型、环境友好型社会；必须树立尊重自然、顺应自然、保护自然的生态文明理念；节约资源和保护环境是我国的基本国策，要像对待生命一样对待生态环境，推动形成绿色发展方式和生活方式。并强调建设生态文明是一场涉及生产方式、生活方式、思维方式和价值观念的革命性变革。

在以上两章中扩展生态文明教育的内容，培育学生的社会主义生态文明理念。

3.1.3 "形势与政策"课中生态文明意识教学内容的融入

"形势与政策"课重点是讲述社会热点问题，时事性强，信息更新快，直接反映学生关心的问题。今天环境保护、生态文明、气候变暖等问题是世界各国人们关注的焦点，网络、报纸、书刊等各种媒体铺天盖地报道，可见解决这个世界性难题的紧迫性。

首先，形势教育。我国环境保护面临的形势和挑战。全球性气候变暖、臭氧层耗损与破坏、生物多样性减少、酸雨蔓延、森林锐减、土地荒漠化、大气污染、水污染、海洋污染和危险性废物越境转移等被称为"十大全球环境问题"。环境问题是民生问题，比如雾霾问题，牵动着每个人的神经，直接关系到我们的生活、工作和学习。

其次，理论学习。习近平总书记的生态文明观，包括生命共同体观、建设美丽中国和绿色发展新观念。他指出，要像保护眼睛一样保护生态环境，像对待生命一样对待生态环境，把不损害生态环境作为发展的底线。

最后，政策学习。国家颁布的关于生态文明建设的系列文件，如《"十三五"生态环境保护规划》《中共中央国务院关于加快推进生态文明建设的意见》等。

以上内容都可以设计成专题，在"形势与政策"课程中讲授。

3.2 开展生态文明意识教学实践活动

高职思政课教学中有1学分的实践课时，在实践课中加入生态文明意识教学活动，实现实践育人的目的。

实践分为校内实践和校外实践。四川国际标榜职业学院（以下简称学院）思政课的校内实践做得比较成熟，其中一些活动涉及生态文明教育，如思政课在"社会公德"这一部分设计的校内实践活动是"建设和谐校园"。要求学生分组去寻找并拍摄校园中的不文明现象，并制定解决措施。作业以PPT的形式呈现，并要求在课堂上汇报。学生做完作业并听取了其他小组的汇报后，会受到极大的振动，原来那些习以为常的行为，如点外卖、浪费食物等竟然会造成严重的环境污染，从而反省自己的行为，提高生态文明意识。

在校内实践中，还可以设计一些专题活动，如开展生态文明知识竞赛、辩论赛，开展"杜绝白色污染""拒绝舌尖上的浪费""节约水电资源""帮垃圾找到家""爱护花草树木"等主题活动。

校外实践主要结合社区资源和地方优势，融入社区，如学院正在参与的"社区与学校共建生态文明示范院落"项目，学校师生均在参与，为生态院落的打造提供专业知识和实践指导。

依托社区，还可以组织很多校外实践活动，如组织学生走上街道、走进小区，设点宣传环保知识，开展"节约资源、减少污染""绿色消费、环保购物"等主题教育活动，开展环境问题的广泛社会调查，让生态教育从校内扩展到社区，在实践中提高学生的生态文明意识和生态文明素养。

参考文献

［1］莫东林，庞虎.高校思政课中生态文明教育存在的问题及对策研究［J］.决策与信息，2017（2）：95-100.

［2］郝颖钰. 公民生态法治意识是生态文明建设的精神支撑［J］.中共济南市委党校学报，2014（5）：99-102.

思政课中生态文明教育实践教学设计研究

文金（四川国际标榜职业学院　四川成都　610103）

随着改革开放的推进，中国的经济经历着平稳快速地发展，但是经济高速发展。因此，生态文明建设纳入了中国特色社会主义事业"五位一体"总体布局，"美丽中国"成为中华民族追求的新目标。以习近平同志为核心的党中央牢固树立保护生态环境就是保护生产力、改善生态环境就是发展生产力的理念，陆续出台了"关于加快推进生态文明建设的意见""生态文明体制改革总体方案"等法律法规，贯彻"绿水青山就是金山银山"的理念。十三届全国人大一次会议将"生态文明建设"写入宪法，为建设美丽中国夯实根基。建设生态文明是应天道、合国情、顺民心的世纪伟业，理应融入经济、政治、文化和社会建设，自然也应贯穿教育事业的各方面和全过程。

1 思政课与生态文明教育的依存关系

生态文明是人类遵循人、自然、社会和谐发展这一客观规律而取得的物质与精神成果的总和，是以人与自然、人与人、人与社会和谐共生、良性循环、全面发展、持续繁荣为基本宗旨的社会形态。生态文明教育就需要帮助人们树立正确的"人与自然"关系，以生态环境保护意识、可持续发展模式、公平公正社会制度为指引，侧重公民道德培养和人格养成，同时遵循环境保护、宣传生态知识的基本原则。而高职教育具有服务生态文明的历史责任，也是高职教育的内在需求。在对高校大学生生态文明意识、世界观和价值观的培养中，思政课是生态文明教育的主阵地。通过思政课中生态文明课堂教育和实践活动，营造生态文明氛围，将高职大学生培养成建设生态文明的实践者与传承者。

2 思政课中生态文明教育的现状与问题

当今各大高校对生态文明教育日趋重视，教育教学有一定成效，但仍存有不足，需进一步探索。目前，由国家在两课教材内容修订来看，高校实施生态文明教育，可着重依靠思政课的平台，将生态文明知识纳入到思政课中去，完成大学生生态文明教育。

2.1 生态文明教育纳入两课教材，重要性逐步凸显

以"毛泽东思想和中国特色社会主义理论体系概论"为例，2013年版教材，将建设社会主义生态文明纳入到建设中国特色社会主义总布局中，与经济、政治、文化、社会构成了中国特色社会主义事业"五位一体"总体布局。2015年版教材对于生态文明内容有所增加，如下所述：

（1）突出树立社会主义生态文明"新"理念，阐明生态文明的核心是正确处理人与自然的关系，生态文明建设的地位是关系人民福祉、关乎民族未来的长远大计，是实现中华民族伟大复兴的中国梦的重要内容。

（2）增加了党的十八大以来新时代赋予生态文明的新理念，如"我们既要绿山青山，也要金山银山""生态文明就是生产力""要正确处理好经济发展同生态环境保护的关系"。

（3）提出总体目标，到2020年，资源节约型和环境友好型社会建设取得重大进展，生态环境质量总体改善，生态文明重大制度基本确立。

（4）将法律制度与生态文明相结合，完善生态文明制度体系。

2018年版教材，提出"建设美丽中国"新理念，注重人对自然的重要影响，要求形成人与自然和谐发展新格局。还注重提出加快生态文明体制改革，建立生态文明制度的"四梁八柱"，提出将生态文明建设纳入制度化、法治化轨道，加快形成绿色生产方式和生活方式，着力解决突出环境问题，使国家天更蓝、山更绿、水更清、环境更优美，让"绿水青山就是金山银山"的理念在祖国大地更加充分展示出来。

由此，从《毛泽东思想和中国特色社会主义理论体系概论》教材三次修订的内容可见，由国家政策到社会民生，生态文明的重要性日趋凸显，生态文明教育必将着重发展。

2.2 思政课中生态文明教育现状——以四川国际标榜职业学院为例

为了解四川国际标榜职业学院（以下简称学院）生态文明教育现状，特针对大一学生进行了思政课实践教学现状调查，通过350份调查问卷知悉，学院思政课中的生态文明教育主要以传统讲授模式为主，通过教材引导，教师课堂授课，

采取理论知识的灌输，相关视频资料展示的形式进行。通过对学生的调查与访谈发现，目前的教学方法不能满足学生需要，学生普遍反映收获不大，课后对生态文明含义认识不清晰，对生态文明行为养成影响不大。大部分学生提出，生态文明教育很有必要，他们希望能创新教学方法，以多种途径进行生态文明教育，如讲座、社团教育、实践活动等。对于思政课中的生态文明教育教学，学生更倾向于实践活动，他们认为社会实践远比理论说教更能达到生态文明教育的目的，对培养生态文明意识有更好的效果。而学院思政课的生态文明实践教学形式单一，重视不够，有待改善。

3　生态文明教育实践教学的重要性

理论教学传授知识，实践教学检验知识。大学生生态文明教育不仅需要让其了解环保知识，更需要擅用环保知识、树立环保意识、形成环保行为。通过思政课实践教学的有益尝试，利用校内校外一切有益资源，开设多种多样实践活动，有效提高大学生生态文明意识，树立新型生态文明价值观，使其今后不仅在校内而且在社会起到生态文明引领示范的作用。

4　生态文明教育实践教学活动设计

生态文明是社会发展到一定程度后面临的新课题，是一种发展理念，也是人类文明发展的一种必经形态。生态文明的核心是坚持人与自然和谐共生，人类在利用和改造自然的过程中，应积极改善和优化人与自然的关系，树立尊重自然、顺应自然、保护自然的生态文明理念。作为高校大学生，则更应树立生态文明意识，了解生态文明发展历程。可通过各种实践活动学习生态文明知识，使其明白全面落实科学发展观、推行可持续发展的发展概念，了解坚持节约资源和保护环境的基本国策，坚持节约优先、保护优先、自然恢复为主的生态文明建设政策。

4.1　丰富生态文明知识

活动一：课内案例分享。

本活动旨在让学生了解生态文明概念、知道生态文明建设是我国的基本方针政策，利用"毛泽东思想和中国特色社会主义理论体系概论"课程第十章第五节"建设美丽中国"的课程内容，结合生态文明经典案例，在课内组织学生进行讨论与分析，梳理出生态文明知识点。

活动二：每月赏析有感。

为了让学生充分利用课余时间，循环学习生态文明新知识，让生态文明理念变得可持续，教师每月将推荐一部与生态文明相关的视频、书籍、文章，建议学生观看或阅读。推荐资源如下。

视频：《地球脉动》懂得生物与自然的相处之道与生存法则；《地球的力量》了解形成地球的诸多因素，火山、大气、冰雪、海洋等；《地球无限》关注濒临灭绝的生物的生存环境；《蓝地球》全面探索海洋世界的自然历史；《植物私生活》了解植物又神秘又奥妙的世界，等等。

书籍或文章：图书《大地在心》反思西方文明的历史和现状；《平静的革命》一文使学生了解各大洲的民众如何解决环境恶化问题，如何摆脱贫困和改善人际关系；图书《走进梦想小镇》构建梦想中的世外桃源，等等。

通过观看和阅读，引发学生讨论与思考。例如，生物与自然应如何共处？为什么说环境问题关键是人的问题？环境保护与人类文明有着什么关联？教育在环境保护中起了什么样的作用？通过思考问题的解决之道，印证可持续发展的正确性。

4.2 树立生态文明意识，养成生态文明行为

大学生良好的生态文明行为是生态文明意识的外在体现，生态文明意识的培养需要在学习和生活中不断受熏陶，最终内化并体现为日常行为。因此，开展校内外各种各样生态文明实践活动，以活动培养思维，以思维促成行为，达成将高职大学生培养成为知行合一的生态文明建设者和传承者的最终目的。

活动一：校内不文明行为调查。

结合"思想道德修养与法律基础"课程第五章第三节"遵守公民道德准则"的教学内容，用两课时进行大学生校内不文明行为调查。让学生善用生态文明思维观察日常生活，以建设生态校园为目的，以校园为考察地，以校内师生为考察

对象，以不文明行为为考察内容，通过学生分组调查、走访、交谈、拍摄等方式，了解学院生态状况、生态行为状况，呼吁大学生关注生态文明建设。

活动二：共享共建和谐寝室。

为了使大学生将生态文明意识贯彻到日常生活，不仅学习资源循环可再生知识，而且树立互利共享意识，养成节能环保、物尽其用的生态文明行为，思政课堂与校团委合作开展以大学生寝室为单位，开展资源共享共建活动。主要形式有：寝室垃圾分类、光盘行动、日用品资源共享、旧物创新再利用、环保知识宣讲、分享生活小窍门、关机（手机）1小时，等等。通过校团委考查并将结果计入思政课实践教学分数中。

活动三：志愿服务。

以思政课校外实践基地为平台，结合"思想道德修养与法律基础"课程第三章弘扬中国精神、"毛泽东思想和中国特色社会主义理论体系概论"课程第十章"五位一体"总体布局，用四课时组织开展大学生志愿服务活动。将校内所学到的生态、环保知识通过行为回馈社会，将乐于助人、友爱互助、维护环境等正能量传递出去，影响他人，为构建和谐社会，建成美丽中国贡献一份力。主要活动有：党史宣讲、古镇服务活动等。

5 结语

大学生生态文明教育关系着国家生态文明建设的稳步推进，大学生思政课中生态文明教育则关系着大学生生态文明意识的培养，而大学生思政课中生态文明教育实践教学则关系着大学生生态文明行为的养成。在思政课生态文明教育中开展多样化的实践活动，能使大学生生态文明教育避免教条性和盲目性，让生态文明建设由理论走向实践，具有更好的指向性和科学性。当然，为了保证思政课生态文明教育实践教学的有序进行，师资建设、活动考评机制等都将在后续研究中不断改进与完善。力求以多种途径和形式，确保大学生全方位、多角度的体验生态文明教育资源，达到理论升华行为，实现生态文明教育的最终目的。

参考文献

[1] 李影.《思修》课中生态文明教育实践教学设计 [J].山东农业工程学院学报，2017（2）.

[2] 樊如茵.高校思政课中生态文明教育存在的问题及对策 [J].思想政治教育研究，2017（1）.

[3] 彭丽华.高校生态文明教育实践活动存在的问题及解决对策分析 [J].文史博览（理论），2016.4.

[4] 王艳.思想政治教育视域下大学生生态文明意识的培育 [J].中共中央郑州市委党校学报，2015（4）.

[5] 汪芳琳.论高职实践教学中学生生态文明意识的培养 [J].长江大学学报（自然科学版），2014（29）.

[6] 习近平：坚持节约资源和保护环境基本国策努力走向社会主义生态文明新时代 [J].北京：环境经济，2013（6）.

[7] 唐华清.增强大学生生态文明教育的实效性探析——以实践教学为突破口 [J].广西民族师范学院学报，2013（2）.

[8] 曾雅丽，周艳华.试论思想政治教育的生态价值 [J].思想教育研究，2011（7）.

高职思想政治理论课生态文明教育教学方式思考

钟学娥（四川国际标榜职业学院　四川成都　610103）

1 生态文明和高职思想政治理论课生态文明教育概述

"生态文明是指人类遵循时代变革与客观规律的发展所取得的物质成就与精神文明的总和，是为获得人、自然、社会三者全面发展、持久繁荣，形成良性循环达到和谐共生，并能以此为根本宗旨的文化伦理形态"。它涉及人、自然、社会及政治、经济、文化、道德、伦理等各个领域。

生态文明是中国追求实现现代化和"中国梦"的过程中逐渐形成的文明理念，是马克思、恩格斯生态文明思想中国化的理论表述，也是中国共产党执政理念现代化的逻辑必然，从20 世纪80年代起，环境保护被纳入我国基本国策，而后逐渐提出可持续发展——科学发展观，建设"两型"社会等。党的十七大首次提出建设生态文明。党的十八大对生态文明建设作出全面部署，把"生态文明建设""美丽中国"作为我国现代化的宏伟目标。党的十九大把"绿水青山就是金山银山"写入党章。十三届全国人大一次会议第三次全体会议表决通过"中华人民共和国宪法修正案"，生态文明就此被历史性地写入宪法。生态文明写入宪法，具有了更高的法律地位，拥有更强的法律效力。继写入党章后又写入宪法，正是让生态文明的主张成为国家意志的生动体现。而以宪法之名确立生态文明的重要性，无疑为将绿色发展理念更加广泛而深入地植入人心、落实到行动上发挥重要的推动作用。这些是对马克思主义生态理论的创新与实践，进一步丰富中国特色社会主义理论宝库，中国社会主义道路也将越走越宽广，这些创造性的生态文明理论应在高校思政课教学中得到体现。

生态文明教育是高职思想政治教育的重要内容。它是以环境教育为基础，以可持续发展教育做展开，吸收了国内外大量关于生态文明建设方式与教育方法的研究成果而产生的教育理念。旨在培养受教育者的生态文明意识，形成生态文明素养，养成受教育者的生态文明行为。首先，高职思政课教学加强生态文明教育在于了解我国的生态文明现状，生态文明对每个人的重要性，培养学生的生态文明意识，促进其对生态环境重要性认识。其次，高职思政课生态文明教育就是要培养学生良好的生态素养、顺应自然规律、约束自身行为，是能够实现人与自然共生、经济和社会可持续发展的个人或群体，要树立正确的生态文明价值观，成为当前生态建设的主力军。最后，高职思政课生态文明教育的最终目的是落实到行为的养成，让学生形成自觉的爱护自然，保护自然，用自身的行动来创建美好家园。

2 高职思想政治理论课生态文明教育教学方式思考

高职思想政治理论课作为生态文明教育的重要渠道和阵地，以"毛泽东思想和中国特色社会主义理论体系概论"为例，现行的2018年3月出版的教材，有关生态文明的内容很多：建设美丽中国，两个一百年奋斗目标，中国梦想，一带一路等。只有根据国家的方针政策，采用各种方法把生态文明教育的内容融入思想政治理论课各环节的教育教学实践中，才能把高职大学生培养成社会需要的、优秀的应用型高技能人才。通过对以往生态文明对教学成果的分析发现，高校应调整教学方式，将生态文明教育融入高校思想政治理论课的教学可采用课堂教学与实践教学相结合的方式，把体验式教学法、小组合作任务导向法和情境教学法贯穿其中。明确高校思政课教学生态文明教育方向，让高校大学生对生态文明教育有一个形象化的直接认知，进而提升其生态环境保护的热情，为社会生态文明建设作出应有的贡献，并将该行为贯彻终生。

2.1 体验式教学法

将生态文明教育融入高校思想政治理论课，为培养大学生的生态文明意识，在课堂教学中可采用体验式教学法。

大学生对自身生活的生态环境的反思需要通过对现状的了解来体现，因此，需要安排大学生对自身生活的生态环境进行普遍的搜索研究，首先教学班级，应分成学习小组，人数以6到8人为宜，在分组的基础上，以小组为单位，进行一次生态环境知识的大搜索。最后做成一个生态环境小报。如果说社会调查是对生态环境现状的普遍了解，那么，学生通过有关生态环境的社会热点案件的分析，可以更深刻地对产生生态环境问题的原因进行分析总结，热点案例教学要充分发挥学生的主动性：由学生任意随机选择当前有关生态环境的社会热点案例，然后学生对选取案例的案情进行详细调查，分析社会各界人士对该案例的主要观点，学生本人的观点及为什么持这样的观点，这样的案例为什么会发生？如何防止类似案例再次发生等。这种由学生直接选取自己身边或感兴趣的原始案例，让大学生更深刻地理解到生态环境问题产生原因的复杂性，从而为解决生态环境问题打下基础。

这样的体验式教学法是创设特定的活动情境，学生以不同的角色参与到活动中，通过活动的进行而达到教学之目的的一种教学方法。日本、美国称之为角色扮演法。学生通过自行收集资料，创设活动，做案例分析，在整个过程中，已经加强对于生态现状的了解，形成一定的生态文明意识。

2.2 小组合作的任务导向法

将生态文明教育融入实践教学环节应采用任务导向法和小组合作法。使学生逐渐形成关注生态、保护生态的习惯，养成良好的生态观。

在思想政治理论课实践教学环节融入生态文明教育，有利于提升生态文明教育的效果，在思政课实践教学环节融入非专业的公共生态文明教育，应采用任务导向法，组织学生以小组为单位查阅文献资料，并开展生态文明建设相关项目的调查研究，其实施步骤包括实践调研项目的选择，调查研究实施方案的制订，开展调查，实践调研成果汇报展示及评价等环节。任课教师可根据实践课程的计划课时量，合理分配各环节课时。

思政课实践教学环节融入生态文明教育采用任务导向法的实施步骤：选择调研项目，制订调查研究实施方案，开展实践调研，调研成果汇报展示及评价。

同学们在老师的指导下选题。选题后，同学们以小组为单位，紧紧围绕所选取的调研项目查阅文献，制订详尽的调研实施方案，明确实践调研的对象、内容、方法、时间分配、实施步骤与进度安排及小组人员分工等，涉及访谈或问卷调查的项目还需拟订访谈提纲并设计调查问卷，确保整个实践调研项目的顺利推进，以期取得预期的成果。再次，学生在任课教师的指导下以小组为单位，依据既定实施方案开展实践调研，调查调研中可根据实际情况调整和完善实施方案，同时要充分运用现代化的多媒体技术手段完整记录调研数据材料，不断发现问题，勤于思考分析，并及时对调研材料进行整理，为最终形成调研报告积累丰富的素材。

实践调研结束后，应督促学生对调研所获得的材料，尽快进行总结和分析，并撰写调研报告，及时巩固实践教学的效果。由每个小组选派一名代表向全班同学汇报展示调研成果，班级其余同学可针对各小组的汇报展示情况进行提问，由汇报小组负责解释，最后教师对各小组的实践调研情况进行点评，为其指出项目未来的研究展望与建议，激发学生继续深入思考。同时，由每个小组抽调一名同学组成评委团，对各小组的调研成果进行同学互评，结合教师评价和同学互评结果形成最终评价结论，并评选出优秀实践调研小组，最后给出学生本门课程的实践教学成绩。

2.3 情境教学法

生态文明教育融入高职思政课还应充分集合生态校园环境优势，在情境中建设体验如何培养生态文明意识，养成生态文明行为。

建设资源节约、绿色环保、生态良性循环的校园既是优美环境的需要，也是实现高职院校可持续发展的需要。四川许多高职院校在环境建设上都有自己的特点和优点。有许多既是校园也是景区，四川国际标榜职业学院就是一个3A级景区。这所院校为建设绿色生态型校园，对校区进行科学、合理的规划，对校园各生态景观合理安排、精心布置，把校园每一处都精心设计，赋予生态文化内涵和教育意义，使学生时时在生态文明的感染中，更开心、更舒适、更有利于学习成长。以"毛泽东思想和中国特色社会主义理论体系概论"课程为例，在讲到第十章第五节：建设美丽中国。可以采用情境教学法，设立一个情境体验项目：美丽中国、美丽校园。学生通过拍摄照片，录制视频，讲述美丽校园的故事，从而在情境中建设体验如何培养生态文明意识，养成生态文明行为。

另外结合专业及爱好，成立各种生态文明社团，观看生态文明建设的视频资料，开展生态文明知识竞赛、辩论赛，组织学生参加每年的全国植树节活动；开展"杜绝白色污染""拒绝舌尖上的浪费""节约水电资源""帮垃圾找到家""爱护花草树木"等主题文化活动。让学生养成节约用水，爱护校园，自觉进行垃圾分类，节约粮食等习惯。另外高职院校结合各地实际与就近的生态文明建设示范园区开展社会实践基地共建活动，组织学生到生态保护区等实践基地进行实地学习、考察、调研，接受教育，并能自觉为生态文明建设出谋划策，真正促进社会生态绿色健康发展。

3 后记

为了实现人与自然的和谐双赢，在全社会牢固树立生态文明理念，高校思想政治理论课教育既要重视专业的生态文明教育，也要重视非专业的公共生态文明教育。在目前生态文明教育公共基础必修课僵乏的背景下，思政课应主动承担起公共生态文明教育的职责。因此，不仅要在思政课实践教学环节中融入公共生态文明教育内容，并建立长效机制，例如，积极开发并利用生态文明教育资源，确保各门课程之间的有效衔接，使公共生态文明教育系统化。同时，还应不断地改革课程教学方式与学生社团活动有机结合起来，形成特色，打造品牌，不断传承并延续生态文明教育。

此外，有条件的高校还可根据自身的特点，建立思政课生态文明教育的实践教学基地，切实发挥思政课的生态文明教育职能，提高学生对生态文明的整体认识，培养学生的生态文明意识。

生态文明建设功在当代、利在千秋。我们要牢固树立社会主义生态文明观，推动形成人与自然和谐发展现代化建设新格局，为保护生态环境做出我们这代人的努力！

参考文献

[1] 饶世权，龚元英.高校思想政治理论课培养大学生生态文明素质的探讨 [J].思想政治教育研究，2013.

[2] 张平全.生态文明素养教育融入高校思政课的内容结构和表达方式 [J].黑龙江教育学院学报，2016（10）.

[3] 吴明红.高校思想政治理论课实践教学中融入生态文明教育的思考 [J].教育探索，2013（10）：96-97.

[4] 谷雨.高校思政课教学中加强生态文明教育的实现路径 [J].当代教育实践与教学研究，2017（18）.

浅谈生态文明教育与高校思政课的结合

王馨馥（四川国际标榜职业学院 四川成都 610103）

人类社会的进步，极大地推动了社会生产力的发展，但也带来了许多弊端，如生态失衡、大气污染、气候变暖等严重生态问题，引起了人们的普遍关注。因而，党的十八大报告强调，"应加强生态文明宣传教育，增强全面节约意识、环保意识、生态意识。要更加自觉地珍爱自然，更加积极地保护生态，努力走向社会主义生态文明新时代"。生态文明教育主要通过思政课来推动，所以是各高校义不容辞的历史使命。生态文明教育工作推动好了，社会主义生态文明建设就能成功。思政课作为高校生态文明教育的主渠道，目前还有诸多问题，需要不断完善。因此，思政课教师要将生态文明教育尽可能地渗透到高校的思政课教学中，有效实现高校思政课中生态文明教育的功能和价值，使学生树立正确的生态是非感，强化生态忧患意识，真正做到知行合一，同时使思政课成为生态文明教育的前沿阵地。大学生对生态文明建设有一定程度的认知，充分肯定我国在"十一五"期间取得的生态文明建设成就。面对当前我国严峻的资源环境问题，大学生能够正视问题，对党和政府在推进生态文明建设的工作上的成绩予以充分肯定，对于出现的问题能够积极响应，思考并寻找解决问题的措施。我们当前急需解决的问题是从道德和法律的层面提升学生的生态文明理念，规范生活中的行为，真正实现学以致用，这是高校思想政治理论课首先要来承担的重大责任。

1 生态文明融入思政教育的必要性

1.1 生态文明建设客观需要

生态文明教育既包括了价值观和道德的教育，同时也包含了经济学、伦理学等学科的内容。目前在我国的诸多高校中并没有开展生态文明的相关课程，但纵向来看，学校的思政教育课程受到国家、社会的重视和认可，无论是教育教学内容还是高校师资情况，都为生态文明教育提供了良好的发展平台。"从人与自然关系的角度看，教育是以人类的本体自然为对象，改造体外自然的实践活动"。教育对生态文明起着非常重要的作用。生态文明教育的根源是人，人不正确的思想观念和行为方式必然会表现出来，所以要想实现全社会生态文明建设必须要不断地更新观念、反思而提升人的素质。因此，如果想进一步共建和谐社会，加强生态文明教育力度，思政教育为理想的选择方式。大学生这个群体是一群即将走向社会、推动社会进步的群体，是富有创造力的群体，因此必须对这个群体进行生态文明思想教育，从而促进全社会的生态文明建设。思想政治教育作为一种通识教育，可以对大学生进行生态文明的内涵、价值观的教育，培养他们作为社会公民的道德品质和基本素养，能够合理解决人与自然、人与人、人与社会之间的问题和矛盾，在社会中存在并发展，在这个过程中促进社会的进步和良好发展，进而促进人类的全面发展，实现自我价值。而且生态文明的思想和高校的思想政治教育本身就有内在的一致性，其就是要融入政治、经济、文化和社会建设的各个方面。

1.2 高校培养高素质社会主义建设者的需要

当代教育教学的目的，已经不单是传授学生科学文化知识，或是给予学生一种技能，更重要的是教会学生做人做事的道理，学会做人之后再去做事，才能成人。而高校的思想政治教育工作正是在提高学生的思想观念和政治觉悟，帮助学生树立正确的人生价值观。首先，融入生态教育的思政课可以帮助大学生形成正确的生态观，进而激发起当代青年的社会责任感。其次，融入生态教育的思政课可以培养他们的主体意识，生态文明建设是全体公民的共同目标。这样的融合将会极大地促进大学生的全面发展，培养有道德、有担当的社会主义公民和建设者，培养出高素质的社会人才。最后，生态文明教育有利于大学生道德领域的培养，在生态文明教育下，形成良好的生态道德。大学生生态道德的高低，直接影响中国社会未来的发展。在思政课中开展生态文明教育，能帮助大学生树立和谐的人与人、人与自然的关系。为我们的德育增添了内容，在教育中，我们能够超越个人主义，真正体现集体主义的价值。

2 生态文明教育融入思政课教学的途径

利用思政课这个平台对大学生进行生态文明意识的培育是非常必要的，但是也存在一些普遍暴露出的问题：

（1）在时代呼唤"美丽中国"的今天，高校必须牢固树立和贯彻落实生态文明理念，大力培养大学生的生态文明意识，但是一些高校对生态文明教育的重要性和必要性认识不足，有些任课教师并未把生态文明理念融入教学过程中。

（2）作为生态文明教育的主渠道和主阵地，在思政课教学中，生态文明教育的教学目标还不明确，整体上造成杂乱的感觉。

（3）教学效果不尽如人意。高校在对大学生进行生态文明教育上，有一部分是通过社团活动来实现，如张贴海报、发放传单等形式；还有一部分是在课堂上，思政课老师采用填鸭式的教学方式，简单地向学生宣传生态方面的理论知识，这种教学效果非常不好，学生不仅没有真正领会生态文明的内涵，也造成了沉闷的课堂气氛。所以，生态文明意识应该融入思政课教学的全过程，真正入脑入心，把沉闷的包袱甩掉，老师与学生之间真正互动，实现教与学，这就是要充分发挥思政课老师的主导作用和引领作用，提高思政课教学的时效性。

2.1 发挥思政课教师的引领作用并形成长效机制

思政课老师首先要加强理论学习。思政课老师首先要深刻领会生态文明的内涵，要树立全面的观点，运用系统思维来解决问题。思政老师在授课中，不用另起炉灶，也不用增加课时，而是将生态文明的内容融入高校思想政治理论课课堂并使其常态化。在教学方法上，应当以多种灵活有效的方法，将生态教育融入课堂，真正实现学生对生态文明的知信和践行的统一。例如，可以通过展示有现实意义的案例，在教师的引导下让学生进行讨论反思，促进学生对生态文明的内容的理解和把握。思政教师在备课的过程中，特别要注意梳理典型范例，帮助学生鉴古知今。在案例的选择上，也可使用本地生态文明相关案例，较好地调动学生学习的积极性，增强课堂教学的生动性，更好地实现教学目标。在生态文明的教学中，也可让学生去调查收集资料，课堂上由老师引导，学生讨论，在讨论中寻找分歧，在分歧中寻找对错，这样的教学效果可以达到事半功倍的作用。由于思政课多为单纯的教师讲授，因而教师很难了解学生的动态和对问题的看法，因此多深入了解学生的思想动态，引导学生多用所学知识用于环保实践，在内心自觉形成生态文明价值观。思政教师也可以从学生的日常生活中寻找结合途径，让学生在生活中真正感受生态文明的重要性，可以从身边的一草一木开始，做到不踩踏、不浪费水电等，使生态文明成为自然反应，真正融入头脑，记在心里，变成行动。为深化教学效果，在教师讲授理论知识，学生学习领悟后，可由教师引导学生走出课堂，走进大自然，通过社会调查、实地体验等生态体验式教学方式，引导学生观察错综复杂的环境问题，指导学生理论联系实际，深化对生态文明的认识，强化生态文明保护意识。

2.2 加强生态文明法制教育

思政课的功能还包括帮助大学生学会判断是非善恶，引导其选择合理的生态行为，培养广大学生正确的生态道德行为习惯。在生态文明建设的制度层面，中央政治局审议通过的《生态文明体制改革总体方案》提出系统的生态文明制度体系，就是要通过制度建设来推进生态文明的法制建设。高校的思想道德修养与法律基础课教材大纲要求要培养当代大学生的法律意识和法律素养，在设计这部分教学内容时，应该将生态文明与法制教育相结合。但是这种结合跟专业法律涉及的生态文明不同，思政课的教学主要是为了培养学生的法律素养，启发、引导和净化学生的内心世界，整体把握学生的人生价值观，而专业法律中涉及的生态文明方面是侧重于法律知识的掌握。在思政课中开展生态法制教育，重在引导、评价和调整大学生在实际生活中具体的法律行为，培养大学生保护环境的法律意识和责任意识，树立正确的法律意识，培养法律思维。在法律教育部分，可以引入典型的破坏生态环境的案例，以反面的教材达到正面教育的效果，让学生发自内心地认识到保护环境的重要性。思政教师通过案例讲解环境保护政策，促进大学生依法有效地参与生态文明建设。

2.3 建设绿色校园

近几年来，绿色校园的理论逐渐兴起并被广大高校接受，生态文明教育尤为重要。校园环境作为育人的重要手段和工具之一，在培育大学生的生态文明素养上起着非常重要的作用。自然生态是生态文明校园建设的重要部分，绿化学校校园，不仅达到了人与自然和谐的目标，还可以利用学校优美的环境，对学生开展生态文明教育。学校的生态环境可以增强学生关于人与自然关系的生态见识，直观去感受生态美，在美的自然环境下养成良好的生活行为习惯，在不知不觉中，绿色校园就是对学生最好的生态文明教育。绿色校园建设中，要注重学校建设的总体布局，在校园建设的小细节中，一定要注意不仅设计美观，还要尽可能体现良好的环境保护意识与生态和谐的特点，营造好的氛围，提高学生的生态文明意识。

将生态文明建设列入中国特色社会主义建设的总布局，可见生态文明建设的重要性。大学生作为未来中国建设的中坚力量，担负着生态文明建设的使命和责任。加强生态文明教育，高校是主阵地，思政课是前沿阵地，大力开展生态文明教育，践行生态文明的要求关系到人类自身发展和小康社会建设的全局。总之，倡导生态文明理念，加强生态文明教育是高校培养人才的重要内容之一，必须将两者进行有机结合，才能培养出能够为生态文明建设做出贡献的人才。

参考文献

［1］徐艳.生态学马克思主义研究［M］.北京：社会科学文献出版社，2007.

［2］刘仁胜.生态马克思主义概论［M］.北京：中央编译出版社，2007.

［3］李慧斌，薛晓源，王治河.生态文明与马克思主义［M］.北京：中央编译局，2008.

［4］中共中央文献研究室，国家林业局.毛泽东论林业［M］.北京：中央文献出版社，2003.

［5］国家环境保护总局，中共中央文献研究室.新时期环境保护重要文献选编［M］.北京：中央文献出版社、中国环境科学出版社，2001.

［6］孟培元.人与自然——中国哲学生态观［M］.北京：人民出版社，2004.

体 育 教 育

Physical Education

生态文明教育研究

首届生态文明教育国际学术交流会论文集

生态文明视域下的高校体育

王磊义[1] 崔燕[2] 饶浩[3]

（1，2，3 四川国际标榜职业学院 四川成都 610103）

生态文明是人类文明的一种形态，它以尊重和维护自然为前提，以人与人、人与自然、人与社会和谐共生为宗旨，以建立可持续的生产方式和消费方式为内涵，以引导人们走上持续、和谐的发展道路为着眼点。生态文明强调人的自觉与自律，强调人与自然环境的相互依存、相互促进、共处共融，既追求人与生态的和谐，也追求人与人的和谐，而且人与人的和谐是人与自然和谐的前提。

高校体育是指在高等院校内开设的体育教育课程。在生态文明的背景下，高校体育也应该清晰地审视自身的特点，调整因素与结构，更好地发挥其对于高校学生的体育教育功能。

1 生态文明的启示

从生态文明的内涵表述中，可以明显地将生态文明实质归纳为人与人的和谐相处、人与自然的和谐共生、强调人自身的自觉与自律。在生态文明视域下，高校体育的发展必须基于生态文明的实质，在体育教育实施过程中注重人与人、人与自然及人自身自觉自律的意识和行为养成。

2 生态文明视域下的高校体育和谐发展

2.1 高校体育应注重人与人的和谐发展

高校体育的教育对象为18~20岁的青年群体，这一群体呈现出价值取向多元化、自我意识较强烈等心理特点。正是因为这样的心理特点，使高校体育教育对象群体呈现出较强的创新意识和创新能力，也符合多元发展的时代背景。但也正是这种心理特点，使这一群体在人与人和谐相处、和谐发展方面呈现出较弱意识关注和行为缺失。

2.1.1 高校体育的教育内容应加强群体性体育项目

高校体育课程中开设有田径、足球、篮球、乒乓球、羽毛球、健美操、体育舞蹈等诸多体育项目，这些项目满足了高职学生群体不同兴趣、爱好方面，提升了学生体育技能学习和身体素质。基于生态文明视域下的高职体育应注重人与人的和谐发展，同时基于现代社会强烈的竞争环境，高校体育应着力加强学生在竞争环境下的人与人的和谐发展。诸多的体育项目中,群体性体育项目呈现出的特点使其成为培养学生在竞争状态下和谐相处的不二选择。

篮球、足球等强对抗的群体性活动,涉及队员与教练、队员与队友、队员与竞争对手的多重关系。这与高校学生在职场中需处理的与领导关系、与同事关系及与竞争对手关系极为类似。因此,高校体育的教育内容应加强诸如足球、篮球等群体性体育项目,以此培养学生在强烈竞争状态下如何更好实现人与人的和谐发展。

2.1.2 高校体育应鼓励学生自主成立体育活动社团、举办各项目体育赛事

体育社团是注重学生个性发展,集知识、健康、娱乐、竞技、兴趣一体的多元化课外体育教育的另一种有效的补充手段,并将逐渐发展成为学校课外群体活动竞赛和校园体育文化活动及校际间体育交流的主力军。在组织丰富多彩的体育社团活动中,提高了"学生—学生"之间的交往,促进学生之间和谐的发展,其沟通、教育的功能在高职体育中凸现出来,成为学生自我教育、适应竞争社会、迎接未来挑战的重要载体。

体育赛事是一项较复杂的系统工程,涉及赛事策划、赛事赞助、赛事组织、赛事裁判等多项工作。任何一个项目环节都涉及显著的人与人之间的沟通、协调。且在不同的赛事阶段,沟通的对象也发生明显变化。赛事裁判对内,主要针对同学群体中的参与者。赛事赞助对外,主要针对校外的赞助企业负责人。在组织体育赛事的过程中,可以明显地提升人与人的和谐发展。

2.2 高校体育应注重人与自然的和谐发展

当前,更多的体育课程学习、课余体育训练和课外体育竞赛的主场地基本在学校内部进行。更多的校内体育场地表现为人工场地、设施设备。科学的场地布局、设施设备诚然为学生的体育锻炼提供了安全保障,提升了锻炼效果。但也存在不可忽视的局限性,如冒险精神的培养,与自然的和谐相处无法明显呈现等。

2.2.1 走出校门,走向自然

户外,指室外露天处,与室内有区别。户外活动也就是露天场所的活动。户外多数带有探险性,属于极限和亚极限运动,有很大的挑战性和刺激性。户外运动能拥抱自然,挑战自我,能够培养个人的毅力、团队之间合作精神,提高野外

生存能力。更重要的是使学生置身自然环境中，更好的体验与自然的和谐相处，顺应自然、适应自然，提升健康体适能与运动体适能。

高校体育的户外课程可以进行登山、徒步、穿越、野营、定向等活动。通过户外活动能够有效地拓展高职学生群体的潜能，提升和强化个人心理素质，帮助学生建立高尚而有尊严的人格；学生能更深刻地体验个人与同学之间，个人与教师之间，个人与自然之间的关系，从而激发出拼搏创新的动力，使个人更加有活力、使团队更富凝聚力、使个人融入自然、适应自然。

2.2.2 高校体育课程应注重纳入基本活动能力的教学内容

在体育的诸多教学内容中，以人的基本活动能力作为重要的教学内容，可以深入激发人的本真属性，体现人自身的自然。

生态文明视域下的高校体育，除重视人和自然环境的和谐发展外，还应着重考虑人自身的自然属性，追求自身的自然和谐。从这个意义考虑，加强对学生基本活动能力的培养，理应成为高职教育的重要教育内容。

基本活动能力主要包括走、跑、跳、攀爬、穿越等。基本活动能力的培养很难单独呈现，体育游戏呈现出的教育性、娱乐性、回归自然的属性使其可以很好地作为基本活动能力的载体而呈现。

体育游戏是在一定规则约束下，通过身体运动的方式进行的一种娱乐活动。体育游戏以体育动作作为基本内容，以游戏为形式，以增强体质、娱乐身心为主要目的。从体育游戏的内涵来看，基本内容可以以身体的基本活动能力为主，在体育游戏的进行过程中，自然产生对身体基本活动能力的锻炼与提升。体育游戏以娱乐身心为主要目的，自然产生在游戏过程中自身的身心和谐，对人自身的自然和谐效果自现。

2.3 高校体育应注重人自觉、自律的意识培养和行为养成

在高校体育教学中组织每一项活动，均有一定的目的任务、组织原则、规则要求、需要学习和掌握相应的动作技术，以及克服各种各样的困难等，这些是构成高职体育教育的基本因素。学生在这一环境中进行学习、锻炼或参加比赛，就会受到直接的影响。

2.3.1 高校体育应确立明确的教育目标

目标是活动的预期目的，为活动指明方向。具有维系组织各个方面关系构成系统组织方向核心的作用。目标是一种激励学习动力的力量源泉。只有在学生明确了行动目标后，才能调动其潜在努力，使其尽力而为，创造最佳成绩。

明确的教育教学目标及转化成的清晰的学习目标，对学生产生导向及激励作用，成为其自觉、自律意识培养和行为养成的内在动力。

2.3.2 高校体育应加强各运动项目规则认知

体育运动项目呈现出的一个重要显著的特征——项目规则。只要是规则，便具有制约性。因为规则都具有绝对的或相对的约束力。人的行为是一种在一定的范围内才可以得到许可的行为，才是可行的行为，而不是一种完全的无拘无束的行为。

起跑线、变道线、道次线非常清晰地呈现在田径场，成为田径场亮丽的"风景线"。在体育教育过程中，可以通过形象的比喻，将这一条条"风景线"比作社会规则、法律道德约束学生的行为，培育其自觉、自律的意识和行为。例如，篮球比赛中的"违体犯规""技术犯规""违例"等判罚知识的讲解，可以清晰地使学生明确在篮球场上的"可为"与"不可为"，衍生其在社会生活中自觉、自律的意识培养和行为养成。

3 结语

生态文明是人类文明发展的一个新的阶段，即工业文明之后的文明形态；生态文明是以人与自然、人与人、人与社会和谐共生、良性循环、全面发展、持续繁荣为基本宗旨的社会形态。在这一新的文明阶段，高校体育既作为教育的内容又作为教育的手段，在高校体育的教育过程中，必然要求通过教育内容拓展、教育场地变更、教育方法延伸等手段促进高校学生在人与人、人与自然、人自觉自律方面的和谐发展。基于生态文明的可持续发展理念，为终身体育奠定意识、技能、行为基础。

参考文献

［1］王蓓.探析高校体育竞技人才培养存在的不足及解决措施［J］.经济研究导刊，2017（6）.

［2］王登峰.学校体育的困局与破局——在天津市学校体育工作会议上的报告［J］.天津体育学院学报，2013（1）.

［3］卢元镇.中国学校体育必须走出困境［J］.沈阳体育学院学报，2012（6）.

［4］黄晓波.培育大学体育精神的现实意义及途径［J］.体育学刊，2012（1）.

试论幼儿体育课程生态化

黄毅杰（四川国际标榜职业学院 四川成都 610103）

幼儿体育在幼儿教育中起着基础性作用，对学龄前儿童的全面发展有着重要意义。但是在幼儿体育发展的过程中，很多问题日益显现出来，影响着幼儿体育的可持续发展。幼儿体育课程作为实施幼儿体育目标的主要实施途径，关系到幼儿是否全面健康发展。20世纪以来，生态学作为一门新兴学科，成为当前形势下的主要发展策略方针。课程生态化也在快速崛起，本文拟从理清幼儿体育课程生态化的概念、发展的必要性、如何采取措施三方面来探讨幼儿体育课程生态化。

1 幼儿体育课程生态化的相关概念

幼儿体育课程，狭义是指幼儿在幼儿园接触的体育内容，广义指依据幼儿体育教学目标，依据幼儿身心发展特点，所传授给幼儿的体育知识、运动技能等，不仅包括幼儿园内的体育课堂教学，还包括课外体育活动内容。

幼儿体育课程生态化，指在开设幼儿体育课程中始终以幼儿为主体，充分利用幼儿喜欢亲近自然、回归自然的天性，树立生态多样的教育目标，开展生态化的教学内容，丰富教学方法与手段，同时对训练效果进行生态化评价，从而全面发展幼儿身心健康，实现幼儿体育可持续发展。

2 幼儿体育课程生态化的必要性

2.1 幼儿体育课程生态化是幼儿体育可持续发展的必然需要

幼儿体育是幼儿获得全面发展的重要前提，其在学前教育领域具有重要作用。幼儿体育的目标是保证和促进幼儿的生命健康和生长发育。幼儿体育课程是幼儿体育教学的基本单元，是教师和幼儿共同实施教学活动的载体，是实现幼儿体育目标的主要途径。

幼儿体育在发展的过程中，出现了教学内容重复枯燥、简单乏味，出现了学生过早体育项目专项化，出现了体育活动只是走过场等现象。出现上述现象主要原因在于幼儿体育目标不明确、教学内容设置不够合理、教学方法手段单一等，其本质在于幼儿体育课程体系不够完善，没有达到生态化，制约着幼儿体育的可持续发展。

2.2 幼儿体育课程生态化是实施幼儿生态文明教育的途径

幼儿生态文明教育，是将现代生态学原理和方法融合到对幼儿的教育活动中去，目的是为了构建相对完善的幼儿教育组织，制定出一整套适合幼儿身心发展的策略方针，促进幼儿在"绿色校园"里舒心安静的学习。

生态文明教育注重教育与各学科领域之间的关系，主要是教育内容的选定，是要和幼儿实际生活相联系。幼儿的求知欲、好奇心、游戏的天性，是生态文明教育内容实施办法中必须要把握的关键点。幼儿体育课程生态化是把生态文明教育融入幼儿体育课程中，充分挖掘幼儿体育课程资源的隐性教育价值。幼儿体育课程生态化本质上就是生态文明教育的一种实施途径和方法。

3 幼儿体育课程生态化的建议

幼儿体育课程生态化，要求课程设置要合理、科学，符合国家要求、幼儿的心理特征和生理特征、幼儿成长发育的客观规律，要对课程的内容有所区别。

幼儿体育课程生态化，可以从教学目标、教学内容、教学方法与手段、教具设计与制作、教学评价五方面入手，达到幼儿体育课程真正的生态化，回归到幼儿的"自然属性"，回归到"以生为本"和"健康成长"，从而促进幼儿体育的可持续发展。

3.1 教学目标生态化

课程的目标，应是围绕具体的教育目标和教学大纲来展开的。课程的总体目标，是实现幼儿教育，并在教育中植入自身。情感教育目标以启发幼儿对科学探究和学习欲望、培养幼儿情感、发展幼儿能力、教育幼儿适应环境之道，促进幼儿情感、知识、技能、态度的全面和谐发展教育目标的制定，要依据幼儿身心发展特点，从幼儿生活经验出发，教育他们探究人与自然的关系，激发他们主动学习乐趣。

总之，幼儿体育课程的目标，一方面要依据幼儿身心发展特点，从幼儿生活经验出发，教育他们探究人与自然的关系，激发他们主动学习乐趣。全面发展幼儿身心健康，保证儿童身体素质的可持续发展，坚持"健康第一"，切不可过早以培养学生体育特长为主要目标，应该多元化。

3.2 课程内容的生态化

幼儿体育课程生态化追求的是人与自然的和谐、人与社会的和谐、人与人自身和谐的生态目标。因此，自我即课程、自然即课程、生活即课程逐渐成为当前教育课程生态文明观的三个重要内涵。

幼儿体育课程的内容选择上应该具有以下几个特点：一是兴趣性，幼儿好奇心强、求知欲强，容易对新鲜事物产生兴趣，同时也对某些事物很容易失去兴趣，幼儿体育工作人员应该多让幼儿接触不同的体育项目，不管是传统的还是现代的，多注重幼儿对体育项目的体验，在体验的过程中逐渐引导幼儿，进而培养其兴趣；二是健身性，幼儿体育的目标是促进幼儿健康成长、幼儿的生长发育，因此教学目的以提高幼儿身体素质为主；三是全面性，幼儿体育课程生态化要求幼儿身体与心理的和谐统一，在内容的选择上不能忽略小孩对教学内容呈现出来的情感表现。

幼儿体育课程生态化，要求内容的选择上要注重回归幼儿的基本运动能力上，如练习走、跑、跳、爬、钻、攀、投等动作，使幼儿四肢灵活，平衡性增强；要求内容的选择上关注幼儿的特点和个性，每个幼儿都有自己的特点和个性，对体育的具体项目喜爱的程度不一样，有的喜欢跑步、跳跃；有的喜欢游戏、捉迷藏；有的喜欢体操、健美操；有的喜欢登坡和游泳，要根据幼儿的爱好组织课外体育活动。

总之，根据幼儿课程生态化的教学目标，幼儿体育课程的教学内容要逐渐向多样化、社会化、生活化、实用化的方向发展，同时要回归到以培养幼儿的基本运动能力为主上。

3.3 体育教具设计与制作生态化

目前，幼儿在体育活动中使用的教学用具、锻炼产品绝大多数都是工业制成品，很少是教师自己设计和制作的。究其原因，一是随着工业化程度提高、生产效率不断提高、生产成本下降，制作幼儿体育用具变得非常简单、便捷；一是教师不需要花费额外的时间和精力。但是，如果绝大多数的体育教学用具都是现成的，不仅忽略了幼儿的探索需求，而且也让教师失去了实施教育的机会，因为教师在设计和制作教具的过程中是教师对学生的认知过程、交流对话过程、建立友好关系过程。

幼儿体育课程生态化，要求体育教具设计与制作生态化。这就要求教师，根据不同教学内容设计教学用具，制作所需素材尽量回归到大自然，从大自然中去选择。例如，在设计幼儿基本能力练习的教学内容中，可以采用抱石头代替实心球、用树枝作为跳跃的障碍物等。

3.4 教学方法和手段生态化

游戏是幼儿的天性，教育部颁发的《3~6岁儿童学习与发展指南》指出，幼儿的学习是以直接经验为基础，在游戏和日常生活中进行的，游戏对幼儿的发展其有独特的价值。同时，争强好胜、喜欢对比也是幼儿的天性。

教师在进行幼儿体育活动锻炼时，多采用游戏方法、竞赛法。幼儿喜欢游戏、竞赛。幼儿不太能很好地控制住自身，哪怕是站、坐都坚持不了多久，因此如果教师还是按照传统的讲授方法，学生容易兴趣不高、集中注意力时间短、效率低、成效差。总之，应该贴近自然，回归幼儿本性，在很好管理幼儿的前提下，多采取游戏、互动、分享、探索等人类本能学习的教学方法和手段。

3.5 教学评价的生态化

构建合理的幼儿体育课程评价标准，应紧密围绕教育目标，始终遵循以幼儿为本的评价原则。因此，幼儿生态化课程在评价方法上、评价内容上和评价形式上要有所改变，将提高幼儿身心健康作为课程评价的主要宗旨，可以参考《幼儿园教育指导纲要（试行）》的教育评价部分，也可以根据实际情况制定有利于课程发展的、有利于促进幼儿发展的评价标准。

总之，在评价的过程中，教师不能做单一方面的评价，如运动成绩、成绩排名、身体变化；而是要从多维度、多视角展开评价，如幼儿在体育过程中的运动参与度、积极性、情绪变化等。

参考文献

［1］付丹.生态文明视域下我国高校体育课程改革新思考［J］.搏击（体育论坛），2014，6（11）：27-29.

［2］杨英姿.我国中小学和高校生态文明教育课程设置研究——以海南为例［J］.海南师范大学学报（社会科学版），2014，27（12）：107-110.

［3］李柏，郑秀丽.构建高校生态体育课程体系的理论思考［J］.辽宁体育科技，2010，32（6）：72-73.

［4］仇有望.体育教学生态化影响因素及生态体育课程的构建［J］.南京体育学院学报（社会科学版），2008，22（6）：97-100.

［5］刘馨.学前儿童体育［M］.北京：北京师范大学出版社，1997.

［6］孟庆光，陈洪淼，胡国鹏.藩篱与突破：现代幼儿健康的生态学审视［J］.体育科学研究，2017，21（1）：71-76.

［7］刘晓倩.生态系统视角下农村幼儿教育现状与思考［D］.济南：山东大学，2015.

［8］王仲仪.幼儿园生态文明教育的实施策略探讨［J］.课程教育研究，2013，12（2）：10-11.

生态课程观对高职体育专业野外生存课程改革的启示

施建明（四川国际标榜职业学院　四川成都　610103）

1 生态文明与生态课程观

人类文明在依次历经渔猎文明、农业文明、工业文明之后，自20世纪70年代以来逐渐进入一个崭新的文明形态，即生态文明。这是人类深刻反思传统文明形态中二元对立关系的成果，从"反自然"走向尊重自然的意识进步。所谓"生态文明"是指在认识自然、尊重自然的基础上，追求人与自然的统一、动态和谐、可持续发展，并且事物之间应为相互联系、相互依赖、共同发展的关系。

而如今这种随生态文明而萌发的世界观、道德观和价值观（包括其认识论和方法论）已经深入人们的生产、生活和思维当中。学校的教育活动——课程教学也应伴随生态观念的渗入而积极改革。如果将生态意识融入学生教学课程中，不仅能使得学生习得对应的知识技能同时又能促进个体内部人格、情感、心理等综合素质提升，树立协调、全面、可持续的生态发展观，最终形成服务于课程发展改革的生态课程观。

具体的生态课程观是指既重视个体在课程学习过程中对知识、技能的掌握，又关注人类与自然、社会的统一和谐，强调人的价值性，又重视人与环境的整体性、相互依存性、动态平衡性，同时凸显相互之间的可持续发展。

2 高职教育课程特点

高职教育是我国高等教育的一个重要组成部分，其人才培养主要是以就业为导向、以职业岗位需要为目标，偏重于培养某一行业一线高等技术应用型与实用型人才。随着信息时代的发展，终身教育意识的传播，可持续发展的生态观渗入，体现生态效益、关注全面发展的培养目标不仅重视知识文化教育，具备高素质修养，还强调实际工作能力，具备一定的专业技术、技能。高职教育的目标旨在培养学生最终能与社会环境、企业岗位、服务人群等更为统一、联系紧密、互促发展。

所以，设计工学结合的优质课程体系则是达到相应培养目标的重要保障。如果把生态观融入课程目标、课程内容、课程实施及课程评价各个方面，则更能使整个课程体系更加完善，对学生技能知识习得也具有深刻的指向性。

3 高职体育专业野外生存课程

野外生存课程，是一门高职体育专业核心课程，对学生的专业技术技能的形成，走上社会企业的职业岗位，及对其所服务的人群等方面都具有明确导向。

野外生存是指于自然生态环境中，如山区、丛林、荒漠、高原等野外，在依靠个人或团体掌握野外生存基础理论知识、生活技能和活动技能的努力下进行模拟探险活动、促进维持健康生活能力的特别设计项目。随着社会人群对休闲娱乐需求的提高，该项目也以其挑战性、冒险性、趣味性和实用性吸引着众多个人或组织参与并逐渐形成一个新型的体育服务行业。野外生存课程能够帮助参与者形成意志磨砺、融入自然环境，战胜自我、融入团体等品质。

目前大部分高职院校这门课程的开设现状仍处于亟须改善的状态。其表现为课程设置与人才培养需要及社会环境的不统一且相对滞后；呈现的课程内容、组织方法形式与企业岗位需要脱节、与服务人群脱节疏离的状况；课程忽视了参与者身心素质的综合发展进而制约着人的思想提升，没有起到推动社会发展价值实现的作用；阻碍人才的可持续发展。这些种种的尚不合理性都脱离了人才培育和课程发展的生态平衡。

而现阶段我国正处于社会转型环境之中，迎来新的机遇和调整。对课程建设改革，许多专家、学者一直努力探究实行并也提出很多良策。为此，笔者认为基于追求人与自然共同协调发展的生态文明时期，利用生态课程观来促进高职体育专业野外生存课程建设不失为一种时代趋势。

4 生态课程观视野下的体育专业野外生存课程

4.1 和谐统一的课程目标

现在部分野外生存课程的教学目标存在过度重视技能实践，或是技能学习无法与社会企业需求统一，或是缺乏人文素质培养等弊端。和谐统一是生态观的核心之一，这就要求课程教学与人、自然环境、社会环境具有内在联系并和谐互促。另外，课程目标作为人才培养的整体指导方向不仅以学生经验技能积累为重点，还应实现学生的技能技术与社会需求、企业岗位应用相协调，实现在社会、企业中能顺利转化。要求在教学过程除了技能的习得，还需得到情感的陶冶、身心的体会及对自然的态度得到全面提升。所以，在生态观的指导下要让学习者觉察到人与社会环境、自然环境的斗争性（索取的关系）和同一性，最后达到各个方面的动态平衡。让学生可以在野外生存课程中真正的敬畏自然，学会爱护环境，而不是怀着战胜自然、挑战自然的心态进行无限的掠夺开发。

具体而言，在生态观的融入下体育野外生存课程的教学目标主要表现为通过一系列匠心设计的教学活动和学习任务等使得参与者掌握在野外自然环境下生存生活的基本理论知识（如野外生存概论、野外医学卫生等）、掌握必备的生活技能（如基本体能训练）、具备在野外安全意识和处理突发事故伤害的急救能力。同时，让学生能熟悉社会喜闻乐见的野外项目（攀岩、徒步穿越、定向越野、野外拓展等）的计划制定、活动开展流程等具体方法。最重要的是让学生融入自然、体会成败、学会正确看待个体与组织之间竞争合作的存在，达到个体与自然的和谐统一。

4.2 多元化的课程内容

野外生存的课程内容主要由内训、外训、野外实践、考核四部分组成。内训侧重于基础理论知识的学习、基础技能的掌握、常用装备的了解及室内心理素质训练等。内训更多是通过课程培训及教材教学，而外训主要表现为训练基地或运动场地实施基本技能练习、基本装备应用、模拟野外技能活动等。野外实践则是在已经有一定知识技能积累后选择对应项目的场地进行的更加真实性的实践训练。最后考核部分则是对前面进行的三部分做一个总体评价。

但目前，不同高职院校基于自身各类条件的限制，在野外生存课程内容安排上依旧体现出单一性和割裂性。课程内容设置的主要问题有：过于重理论学习轻实践训练，偏重依赖教材；实践活动设计难度太低；实训装备配置明显滞后；野外实践训练与职业流程相比过度缺乏真实性；实践技能的练习与社会岗位需求脱节；最终考核内容可能无法很好体现学习效果等。总体表现为所学不能很好地与企业需求相协调，或者学生所学的无法顺利在职业岗位中进行转化。

生态文明平衡提倡的是物种多样化、丰富性，注重各物种之间对大生态系统的共生互补，既不是二元对立也不是机械式的割裂甚至毫无联系，以使得各个资源处在同一生态系统中进行良好运作。同样，作为课程内容的资源是多元化的。有来于自然的、社会的、文化沉淀累积的，也有特指社会个体的人力（如教师与学生）等资源。生态课程观强调切勿机械化将课程内容定型为某一单一内容资源，单一的课程内容来源不利于学生将知识、技能、文化与社会贯通和整合。从身心全面和谐发展的角度来说，多元化课程内容、多渠道的课程资源是支撑生态化的课程目标能够顺利达成的必要前提，发挥着统一整体和促进发展的作用。

这些问题的解决，需要采用科学的实施方式来合理整合课程内容的各类资源。利用好来自社会的、大自然的、文化积累的及人力的所有资源，其中特别是如何整合校内课程资源与校外社会企业资源。例如，通过校外实践基地+企业活动+学生（如充当活动助手）方式，达到学生任务学习与企业合作的目的。

4.3 动态的课程实施

课程实施表现为教学实践，也体现为教学组织方式方法，是用于实现整个课程目标的主要环节，是教师和学生将多元化的课程资源进行有机整合形成课程内容的过程。而它的资源多元化注定处于一个动态平衡状态。

野外生存课程实施从生态观的视角出发，应呈现出自然环境、学生、教师、企业行业、社会物质等资源动态平衡协作的状态。例如，可以发挥学生学习主体、主动构建的作用。利用实践—体验式的实施方式构建知识体系熟练技能操作，而非单一的教师教授、教师开发和教材的灌输；也可运用问题—探究式引导学生对实际问题、自身思想选择等进行探索讨论，不再是教师的"表演"，而是学生主动寻找答案操作，解决未来可能在职业岗位遇到的实际问题。在可能产生的观察、调查、操作等活动中深化学生对实际问题、正确思想意识的感受；同样情景—陶冶式更是有利于置身其境。利用自然的不同风貌、社会校企合作的紧密契机、自身心智的多层感受审视及同伴榜样引导等使得学生深化知识技能、感化其思想情感、开发其智力体力，让课程任务更具企业感和工作体验。

4.4 多层次的课程评价

为了检验课程实施的产生效果、评估课程内容设计的合理性、判断课程目标是否达到，就需要开展一定的活动进行评估。一项合理的、与时俱进、人性化的课程评价影响着课程发展，而基于系统的、整体的、联系的、和谐生态观下使得对于课程的评价应具有多层次性。这也更为符合野外生存课程是多样课程内容、多类课程资源、多种课程实施方式的课程特点。

传统的野外生存课程评价有单一通过理论试卷考核的、也有仅结合教师对过程实践评价的，但这都不足以对这门课程作客观合理的评价。

从生态观全面协调的视角，野外生存课程应该摒弃以往课程教学过程中单一主体（教师成为课程实践的参与主体、评价主体），形成学生自评、互评、教师评价的三位一体评价方法。从注重筛选到尊重差异、促进个性发展，向着综合化标准转变；侧重于"学中做、做中学"，向形成性与总结性评价转变；不局限于专业技能技术习得的评价，提高对学生方法能力和社会能力的评价，向职业化、企业化评价转变；从课程目标、实施、效果等多层次进行同时评价。最终使得整个评价体系能更为客观全面的展示课程效果。例如，应用分组实践的方式，让部分组别的学生"观看+评价"同学在进行活动组织时的情况，形成直观学习与学生互评的效应。

5 结语

既然协调可持续的发展已是当今时代的主题之一，过度地强调主体性就不能与生态环境及其他构成因素和谐统一，这将阻滞自身的发展甚至出现危机。

本文通过生态文明背景下，生态课程观的切入来初探日后高职体育专业野外生存课程发展改革方向。笔者认为"生态课程观"能帮助野外生存课程树立协调平衡、全面、可持续的发展观，激活野外生存课程的生命力和实用应用价值，增强其在培养学生情操、企业就业意识方面的功效。生态课程观给课程改革提供了一个全新的、可行的视角。但目前而言，作者仅认为结合生态课程观是野外生存课程改革发展的道路方向之一，而该课程体系中的具体改革措施现还未能完整构思，如怎样具体建立校企合作模式等。在今后工作中，笔者将进一步完善这一理论的发展，期望就本门课程开设的理念、课程目标、内容体系、教学方法、教学评价等能提出具体和实际的课程改革新举措。

参考文献

［1］刘雪飞.生态课程观-高校思想政治理论课的生态视角［D］.合肥：合肥工业大学，2005.

［2］陈晓琴.高职课程标准与职业岗位技能标准对接研究［J］.职教论坛，2011（14）：16-18.

［3］莫双溪，谢宛妍，莫双瑗.普通高校野外生存课程体系的构建［J］.体育科技，2017（5）：156-157.

［4］刘孟良.从高职课程改革现状谈高职课程改革［J］.中国成人教育，2009（4）：86-87.

［5］徐国庆.当前高职课程改革中的困境与对策［J］.江苏高教，2008（4）：124-126.

［6］张启富.高职课程教学评价改革的"五个转变"［J］.职教论坛，2014（23）：77-80.

生态文明视野下大学生体育能力培养路径研究

朱世霞（四川国际标榜职业学院　四川成都　610103）

1 前言

大学生体育能力培养路径研究对我国大学生体育改革研究具有重要意义，这是时代发展的需要，也是高校体育发展的目标。2014年6月教育部印发《高等学校体育工作基本标准》（以下简称《标准》）提出："要严格执行《全国普通高校学校体育课程教学指导纲要》，要落实立德树人的根本任务，切实提高大学生体质健康水平，促进学生全面发展，大学生学会至少2项终身受益的体育锻炼项目，学校要建立大学生体质健康测试中心，提议学生要成立学生体育社团"。生态文明不仅是人类文明发展一个新阶段的要求，也是对《标准》的实施提供了方向，高校体育能力的培养应该走可持续发展的道路。

随着互联网和智能技术的不断发展，对学生的身心健康产生了很大的影响，特别是对于大学生来讲，日益发展的社会对大学生的要求越来越高，就业压力加大，如果大学生们学到了过硬的专业技术技能却没有一个健康的体魄，不利于学生的后续发展。高校教育作为学校教育系统的最后一个环节，高校体育教育是学校体育教育的最后一站，在人生教育中起着承前启后的作用，搞好高校体育教育能让离校后的大学生们终身受益，所以在高校大学生体育能力培养路径探究方面，走可持续发展道路，能更好地培养大学生的核心素养，为社会培养一批更加具有个性、活力的综合性全面发展的人才，为祖国健康工作50年。因此，进行生态文明视野下高校大学生体育能力培养路径研究具有十分重要的意义。

2 大学生体育能力培养现状

大学生体育能力的培养主要对大学生身体锻炼能力、运动能力，提高学生参与活动的组织及管理能力，发展学生的个性与提高学生的心理素质五个方面的能力。高校体育课程是提高大学生体育能力的主要途径，也是提高学生综合素质的重要手段，然而我国正处于信息网络比较发达的时代，大学生的课程相对来说比较轻松，自己把握的时间也比较多，所以高校相关教育工作者更应该积极主动地让大学体育能力培养模式与生态文明的相关要求契合，进而推动体育教学改革工作的开展，让大学生形成体育终身意识，走可持续性发展的道路。这就要求大学体育教师加强自身专业水平，进一步了解生态文明建设对大学体育课堂开设的指导性，从我做起，时刻以促进人与自然、人与人、人与社会和谐共生、良性循环、全面发展、可持续发展的社会形态为宗旨开展大学生体育能力培养活动，下面针对生态文明视野下的高校大学生体育能力培养现状进行分析。

2.1 高校对体育能力可持续性发展重视程度不够

进入现代社会以来，体育的功能逐渐被人们所了解和重视，并发挥了积极的作用，但仍有一些大学生对体育课程持有偏见，上体育课的目的是为了拿学分，以一种被动的态度参加体育活动，而没有认识到体育锻炼关系着个人的身体健康与未来发展。由于没有形成正确的体育意识，自然不会自觉地参与体育锻炼，更谈不上终身锻炼。体育课程与其他课程相比，与自然环境、社会环境有更为密切的关系。在社会文化的影响下开展有规律、有利于身心的健康活动，在一定程度上引导学生认识到体育能力的学习对终身体育形成的重要性，能够使他们在未来的学习、工作和生活中保持强健的体魄。但是多数高校将"人与自然、人与人、人与社会和谐共生、良性循环、全面发展、可持续发展"的生态文明理念作为一种口号，体育能力培养方式不够合理，没有将可持续意识纳入到具体的体育实践中。

2.2 大学生参与体育课程积极性不高

大学生公共体育课程不仅能增强体质，愉悦身心，还能增进友谊，在运动中体验到快乐，这正是体育课程的魅力所在。目前高校体育课程的内容相对单一、传统，究其原因是大学体育课程出现炒了中学体育课程的"冷饭"，延续了"应试教育"，体育课成为指向性竞技枯燥训练课，视体育运动为吃苦受累的差事，体验不到运动的乐趣，不符合大学生的个性发展，且有高校对于体育课程不够重视，在大二没有体育课，这样不仅不利于体育能力的培养，且挫伤了学生们上体育课的热情，体育课程的内容单一，也就失去了主动地参加体育锻炼的积极性。课程是实现育人目标，体现办学特色的有效途径，体育课程中，教是传授体育技能，锻炼纪律性和抗压能力，激发兴趣，明确未来的方向。但高校体育课程在资源配置上缺乏相对应的体育项目和教学内容，导致学生未能真正融入体育课程中，所以高校公体课程要不断丰富体育课程内容及教学形式，充分利用教学资源，让大学生积极地参与到体育课程及体育活动中来。

2.3 高校公共体育课程评价形式化

各个大学公体课培养模式不同，教学水平和教育资源更是有着较明显的差别。高校体育能力培养模式应该根据高校本身的实际情况进行培养模式的创造与实践，尤其是充分利用每个学校的特色和现代网络技术，考虑生态文明建设的重要性，进而设计出适合本校发展的体育能力的教学模式。目前高校在大学体育教学模式设置上不够灵活，课程评价体系单一，对于体育能力的培养仅限于课堂上，不利于学生综合素质的提高，对于学生终身体育意识的形成监测手段更少，并没有积极地进行改革，这种做法会滋生学生的逆反心理，不能为大学生体育能力的发展创造良好环境。

3 生态文明视野下大学生体育能力培养路径

生态文明建设不是一个人或者一个团队就能够完成的，也不是在较短的时间内能够完成的，需要社会各个群体一同坚持生态文明建设，注重生态文明建设的方式方法，从而更好地提高大学生参与体育课程的积极性。

3.1 大学生体育能力可持续发展意识的培养路径

高等教育生态文明对大学生体育能力培养路径的研究具有至关重要的实际意义，无论从现在还是长远发展来看，培养可持续发展意识应从多方面入手。

（1）学校层面。学校领导重视学生体育能力的可持续发展、体育习惯养成的培养，支持体育能力发展的决策。

（2）课程设计分层。教师根据学生体育能力的不同对教学方法及手段进行调整，重视学生的全面发展。

（3）体育场地优化配置。体育器材是学校体育生态环境的重要组成部分，教师要对体育生态学和体育美学有所了解，学会就地取材，根据学校特色、社会发展需要，形成本校特色。合理改造场地器材，提高场地利用价值，要把场地打造成学生运动的乐园，一切从学生的实际和兴趣出发，如缩小足球场地的尺寸，羽毛球场地和篮球场、网球场地合并，充分利用场地的同时，提高场地的利用率，聚集活动氛围，利于体育课外活动的开展。

3.2 丰富基于生态文明建设背景下的大学公共体育课程内容及形式

大学公共体育课程是一门基本的课程，对于大学生身体素质提高和价值观的培养有较大的意义。高校公共体育课教学的前提是兴趣，兴趣是最好的老师，所以要想实现大学公共体育课程可持续发展，就需要注重开设学生喜欢的体育内容，让课程内容更加丰富。

例如，加入特色课程。开展体育拓展训练课程及休闲体育类课程，集知识性与趣味性于一体，学生通过亲自参与设计活动项目，激发大学生的主动性、积极性及创造性，提高公共体育课的实用性。在高校中普及太极拳和游泳项目。太极拳融入了丰富的民族文化内涵，与武术相结合，具有强身健体、祛病延年、抗暴防身等终身体育意识培养的功能。游泳项目能增强学生的身体协调性，提高各部位器官功能，锻炼学生的意志力，掌握自我保护的本领，这两个项目的学习，能让学生们为终身锻炼的体育能力做储备。

推行体育课程选修，把学生们感兴趣的项目加入选修项目，如健身健美、拳击、跆拳道、轮滑等，学生每个学期可以根据自己的兴趣进行选修，提高学生上体育课的积极性。

3.3 把生态文明意识贯穿于课程评价全过程

当代大学生缺乏体育终身意识，这就要求教师创新教学评价方式，促进体育课程的良性发展，使学生在走向社会之前，不仅掌握体育的基本知识及运动技能，同时养成良好的体育锻炼习惯和兴趣，培养终身体育意识，为健康工作做好准备，为今后的发展奠定良好的基础。课程评价考核与课后监督相结合。例如，对于长跑项目评价上，教师教授跑步动作要领及注意事项，学生利用课后时间进行校园跑，规定在一定时间内，完成一定的公里数的校园跑，同时利用APP进行记录，最后根据学生的完成程度，进行跑步的综合评价。通过这样的课后评价系统的构建，提高学生对长跑的参与度，同时有利于学生锻炼习惯的养成。

4 结语

基于生态文明视野下的大学生体育能力培养，不仅需要高校加大相关资源的支持力度，还需要教师对教学模式有更多的创新和与时俱进，学生群体则需在生态文明的视野下掌握1~2项体育技能，达到终身体育目的。促进大学生全面发展，让体育活动成为人际交往的一个重要内容，为大学生体育能力可持续发展探索出更适合的路径，达到为祖国健康工作50年的目标。

参考文献

［1］吕春燕.民办高校思想政治理论课教学模式改革探讨［J］.经济研究导刊，2012（34）：286－287.

［2］张志荣，薛忠义.试析高校思想政治理论课教学模式的整体架构［J］.黑龙江高教研究，2013（4）：110－113.

［3］姜鹏. 高校体育隐性课程教学目标与控制的研究［J］.教育教学论坛，2013（14）：162－164.

［4］王焕. 长春市本科院校体育设施及其对社会开放现状的调查分析［J］.搏击（武术科学），2013（9）：114－117.

［5］沈壮海，等.中国大学生思想政治教育发展报告2014［M］.北京：北京师范大学出版社，2015.

［6］环境保护部宣传教育司.全国公众生态文明意识调查研究报告［M］.北京：中国环境出版社，2015.

［7］曹关平.中国特色生态文明思想教育论［M］.湘潭：湘潭大学出版社，2015.

［8］闫蒙钢.生态文明教育的探索之旅［M］.合肥：安徽师范大学出版社，2013.

［9］张运君.大学生生态文明教育读本［M］.武汉：湖北科学技术出版社，2014.

［10］张乐民.当代大学生生态文明教育论析［J］.中国成人教育，2016（5）.

管 理 研 究

Management Research

生态文明教育研究

首届生态文明教育国际学术交流会论文集

高职院校生态文明教育存在的问题及改善策略探究

——以四川国际标榜职业学院为例

张燕（四川国际标榜职业学院　四川成都　610103）

生态文明教育有着极为丰富的内涵，实施途径涵盖了学校教育、社会教育、职业教育等领域。党的十八大报告把生态文明建设提升到了"五位一体"、中国特色社会主义事业总体布局的高度，强调把生态文明建设放在突出地位，融入经济建设、政治建设、文化建设、社会建设各方面，努力建设美丽中国，实现中华民族永续发展。为了实现"十三五"期间绿色发展目标，党的十八届五中全会提出"创新、协调、绿色、开放、共享"的发展理念。这一系列战略布局、政策的出台，表明国家对生态文明建设的重视。

1 生态文明教育的内涵

生态文明教育是人类顺应自然的人性的教育，是全社会应自觉形成的一种人生态度，它是当代的终身教育观。当我们面对当前教育的功利性和社会道德伦理的溃败，生态文明教育是可以唤起我们所有人的教育价值观的觉醒。

生态文明教育是人类为了实现可持续发展和创建生态文明社会的需要，而将生态学思想、理念、原理、原则与方法融入现代全民性教育的生态学过程。我国的生态危机不仅是资源能源的危机，更是生态教育的危机。应对日益严重的环境问题，不仅要推动科技创新、加强法制建设，还要培养生态文明建设人才；但是，现状则是——当代的大学生，乃至于所有人，"只是知道生态文明很重要，但还不知道如何去做"。

2 我国高校生态文明教育存在的问题

要使生态文明教育具有针对性，必须对其目前的状况和未来的发展有一个比较清楚的了解和把握。

2.1 教育效果欠佳，大学生的生态文明意识较淡薄

生态文明教育应当是一项面向全社会的系统化的终身教育。不管在小学、中学、还是大学阶段，系统学习生态知识，形成完整的知识体系。大学生们步入社会的时候，将"知识体系"带进社会、影响社会，达到真正意义上的终身教育，为生态文明建设提供"帮助"。将环保从主义变成意识，从意识变成习惯，生态

文明教育应该贯穿一生。

但是，在目前的教育环境下，从小学到中学，从中学到大学，生态文明教育并未形成完善的系统。虽然目前我国生态文明教育在不少中小学和大学课程中都有所体现，学校在课程设置等方面皆有新突破。但是各学校重视程度不同、课程性质定位不同，教学质量参差等情况仍然存在，学生的受益情况也有所不同，实际教学效果不如人意，有待提升。

不少大学生也都知道环境保护、可持续发展的重要性，但是由于受到整个社会氛围的影响，他们对生态环境的基本知识、生态文明的基本要求、生态文明的制度规范和伦理规范等缺乏起码的了解，对生态文明漠然处之；大学生的生态意识淡薄，仅停留在认知层面上，没有内化为行为习惯。

2.2 高校生态文明教育课程设置体系缺乏、教学资源欠缺

首先，在课程设置方面，涉及的生态文明方面的课程仅仅开设在环境类专业中，并未像公共课那样普及到每一个专业。没有让它成为高校大学生的必修课。个别学校会将生态文明相关知识作为讲座的形式或者选修课的形式呈现给学生。但是，学校的决策和顶层设计直接反映了学校对生态文明建设的重视程度，也直接影响生态文明建设被学生们"接受"的程度。

另外，没有系统的教学设计、没有专业的教学团队及专业的教材和配套设施，也制约了生态文明教育在高校发展的步伐，让人感觉"心有余而力不足"，高校知道该做、想做，但是有点力不从心。真正的解决了这些实际问题，几者共同前进，相互融通，落到实处，使得教师个人生态知识得以提升的同时还能得到传播，学生获益颇多，学校也将出现一片欣欣向荣的"绿色文化"景色。

2.3 理论、实践并未合二为一

生态文明教育的理论知识必不可少，但是"生态文明教育"的实践尤为重要。当代大学生的教育不仅仅是理论的教育，更是实践的教育。不管是专业课，还是公共课，"做中学、学中做""学以致用"是每门课程的必经环节。唯有这样才能把生态文明教育的理念辐射得更宽、更广。但是，目前在高校的生态文明教育中，很多学生对学校开展的教育活动不知情、不熟悉、不了解。这从侧面也说明了高校并没有足够

重视对学生的生态文明教育，社团组织开展的生态文明的活动比较少，生态主题教育活动不够丰富，生态文化宣传不到位。学生学到了知识，如再有"环境"让其"表现""释放"，学到的能实践，实践的能变成习惯，何乐而不为。

3 措施探究——环境育人

3.1 共建绿色校园

四川国际标榜职业学院（以下简称学院）（见图1）绿化建设规划以生态学和美学原理为理论基础，以生态理念和"以人为本"思想为指导，生态环境和观赏功能兼备，着重突出中西合璧的国际性，大胆借鉴国外的造景方法和绿化技巧，短短几年时间内，形成了鲜明的"标榜"特色，出现校园内有森林，森林掩映校园的独特景观。追求自然景观和生物多样性综合功能的实现，以人为本的和谐校园建设已成为标榜人追求目标，真正实现了绿化、观赏、休憩、防护的和谐统一。学院从校园的整体设计、景物设置、绿化布局等方面的硬性环境，到校园卫生、学校管理等方面的软性环境，无不体现着校园环境是学校教育中不可缺少的特殊的教育载体的作用，它所表现的教育功能是多方面的。

图 1 四川国际标榜职业学院一

学院一步一景，布局独特，拥有川西文化气息，四季均"绿色盎然"。学校图书馆的建设采用了绿色环保节能的设计特点，达到"冬暖夏凉"的独特效果。另外，整个校园构建出一个绿色生态系统，不仅自然，还充满了浓浓的田园气息。鹅卵石铺成的小路、花园式的篮球场，都是创建"园林式"校园的点点滴滴。这就正好秉承了国家的政策——坚持可持续发展的环保型理念，构建和谐校园。此外，屋顶种植蔬菜，校园内果实满满，空间有限，为扩大绿化面积，学院到处可见立体绿化——绿棚、绿墙和绿色屋顶。这在世界高校中绝无仅有，合理利用空间，生态环境教育意识就在学生身边（见图2）。

图 2　四川国际标榜职业学院二

3.2 深化"两课"内容，"生态文明教育"实践教学融入其中

就课程本身而言，高校思想政治理论课蕴涵丰富的生态文明教学资源，在学生生态文明意识培养和生态价值观形成中具有独特的见解。"思想道德修养与法律基础"课程中的理想信念、爱国主义、人生价值、道德修养、法律基础与生态文明有许多结合点，教师在教授过程中可以增加生态思想、生态道德和生态法律的相关内容。"毛泽东思想和中国特色社会主义理论体系概论"课程中的可持续发展战略、科学发展观思想、建设资源节约型与环境友好型社会及"五位一体"的中国特色社会主义事业总布局的内容等。

面对"两课"纯理论教学，学院开展了适合学生特点的项目化教学，把每一重要模块的内容都加入实践操作课程。一方面提高学生的积极性，另外一方面在这天时、地利、人和的育人环境中打造真正属于学生的主体地位。爱国主义、人生价值、可持续发展战略等科学发展观等政策，通过实践加深学生印象。面对环境污染严重、生态系统退化的严重形势，树立尊重自然、保护自然的生态文明理念，走可持续发展道路。学院成立的环保教育中心，是垃圾处理模式教育功能可视化展示区，以垃圾资源分类、资源二次循环利用、环境保护宣传为主题，倡导日常生活节能减排。这一环保教育中心，正是学院上课的实践教学基地，通过感同身受来增强环保意识，直观地告知学生生态文明是什么、为什么？怎么样？三大问题。

3.3 提升师资队伍的生态文明教育水平

开展生态文明教育，教师是关键，课程是基础，学生是主体。第一，构建生态文明教育的师资队伍势在必行；第二，通过专业的生态文明教育师资队伍的影响与带动，感染高校的其他教师和员工；第三，鼓励在校老师攻读生态文明相关硕士、博士学位，提高自身的学术水平；第四，让教育者不仅仅是生态文明知识的传授者，更应是生态文明教育的示范者和践行者，教师应当言传身教，通过自身的积极行为对学生产生潜移默化的影响。

学院与中欧社会论坛、国际生态文明大学、北京益地友爱国际环境技术研究院联合成立了"生态文明教育研究中心"，召开了首届生态文明教育与国际学术交流会。聚焦了生态文明教育课程建设与生态文明教育的概念，开展课程建设和课程资源的开发。让教师们首先融入生态文明教育的环境中去，从教师自身做起，做好教师的带领作用，以身示教。

3.4 第一课堂、第二课堂、第三课堂齐头并进

学院不断营造绿色和谐的校园环境。把学校建设为具有浓郁学术、人文氛围、高品位的校园，建设成为具有中国园林特色的艺术作品。此外，积极推进校园环保措施及节能设备的使用，鼓励学生创造更多的"绿色节能"作品，让学生在无意识中受到这种生态文明的教育。

第一课堂中理论与实践共建绿色生态文明教育，将生态文明教育实践写入人才培养方案，作为学生暑期社会实践的必备项目，让大学生走进大自然、感悟大自然，亲身感受并思考人与自然的关系。第二课堂、第三课堂开展生态文明方面的主题讲座、知识竞赛、演讲比赛、辩论赛、排练有关环境保护的小品或话剧、鼓励学生拍摄有关美丽校园或者大自然生态环境的宣传片等，增加高校学生在这项教育活动的参与度。

总之，生态文明教育必须避免内容空洞，甚至空谈，否则难以引起学生的兴趣，无法达到理想的教学效果；我们应该积极改进教育方式，将理论与实践相结合，课上与课下相结合，形成多元化的生态文明教育途径。生态文明教育的开展不应局限于课堂之上，开展生态文明宣传活动，实施绿色环保措施，减少校园能耗浪费，才能使生态文明教育从虚入实。生态文明教育产生的良好效果并不局限于高校之内，通过高校师生的文明行为可以带动家庭、社区、社会重视生态文明教育，产生良好的辐射效果。

参考文献

［1］谷树忠，胡咏君，周洪.生态文明建设的科学内涵与基本路径［J］.资源学，2013（1）：2-13.

［2］孟东方，王资博.中国梦的内涵、结构与路径优化［J］.重庆社会科学，2013（5）：12-23.

新时代增强我国教师队伍生态意识的思考

王洪艳（四川国际标榜职业学院　四川成都　610103）

在党的十九大报告中，习近平总书记指出"经过长期努力，中国特色社会主义进入了新时代，这是我国发展新的历史方位"。这是对党和国家发展历史方位的精辟概括，具有深刻内涵和重大意义。2018年，中共中央、国务院印发《关于全面深化新时代教师队伍建设改革的意见》，为新时代教师队伍的建设与行动指明方向，深刻肯定了教师的作用。2014年环保部向媒体公布了我国首份"全国生态文明意识调查研究报告"（以下简称研究报告），研究报告显示，我国公众生态文明意识呈现"认同度高、知晓度低、践行度不够"的状态。绿色发展理念乃当今世界发展趋势，生态文明教育理念对于新时代我国经济、政治、文化等的建设与发展意义重大。作为学生学习、立德树人的表率，新时代的教师队伍应率先具备深厚的生态意识，观念指导行动，知行合一，这样才能依托学校教育的基础性与系统性，通过生态文明教育的方式影响学生，化育"生"心，为我国培养一代又一代具有较强生态意识的新人，实现真正的生态文明建设。

1 生态文明教育与生态意识的内涵与联系

1.1 生态文明教育

1.1.1 生态文明教育的内涵

生态文明教育是在人类面临严重生态危机的背景下产生的，是人类为了实现经济和社会的可持续发展而把生态学的思想、原理和研究方法等应用到现代教育中的一种教育理念。生态文明教育的内涵非常丰富，涵盖了学校教育、职业教育等各个教育层面；其教育对象涉及了社会的各个阶层，包括在校学生；教育方式包括课堂讲授、科学实验、媒体宣传、野外体验等；教育内容包括生态学理论、生态伦理、生态价值、生态文明等；教育的目标是使全人类形成一种新的生态伦理观、生态价值观和生态文明观，从而实现社会的和谐发展。在实践中，生态文明教育的顺利推进，有赖于加强生态文明教育师资队伍的建设。

1.1.2 实施生态文明教育的意义

教育能为个人的生活作准备，是面向未来的基础，能汲取前人积累的精神财富，获得独立生活的前提。从某种意义上来说，教育决定国家和民族的未来，是一个国家和民族最重要的事业。生态文明建设任务的完成，功在当代，利在千秋，将生态文明建设的内容融于教育是助力生态文明建设的有利途径。龚克写到"生态文明教育是一种基本的素质教育，它要面向全体公民，要融入不同学科，要培养生态人格，要提高人的生态意识，要树立生态价值观，要转变人们的生活、生产和治理方式。实施生态文明教育，是推进'五位一体'建设，建成美丽中国，实现可持续发展的必然要求"。

1.2 生态意识

1.2.1 生态意识的内涵

生态意识就是人们对生存环境的观点和看法，是人类在处理自身活动与周围自然环境间相互关系及协调人类内部有关环境权益时的基本立场、观点和方法。具体来说，是处理眼前利益和长远利益、局部利益和整体利益、经济效益和环境效益、开发与保护、生产与生活、资源与环境等关系时应具备的生态学观念和常识，其主要内容包括生态道德意识、生态忧患意识、生态科学意识、生态价值意识和生态责任意识五个方面。

1.2.2 生态意识的重要性

公民生态意识是公民从人与生态环境整体优化的角度来理解社会存在与发展的基本观念，是公民尊重自然的理论意识，是人与自然共存共生的价值意识。公民生态意识是衡量一个国家或民族文明程度的重要标志。

1.3 生态文明教育与生态意识的联系

中共中央关于"十三五"规划纲要中再次提出"加快建设资源节约型、环境友好型社会，提高生态文明水平"，生态文明建设被提到国家发展的战略层面上。然而现实生活中，人们的生态意识薄弱、生态伦理观念扭曲、生产生活方式粗放等问题已成为制约生态文明建设的主要问题，要实现人类文明的持续发展，必须提高全人类的生态意识和生态道德，养成良好的生态世界观，而生态意识和生态道德的形成，依赖于生态文明教育体系的建立和生态教育的全面开展。由此可知，生态意识的培养有赖于生态文明教育的实施，生态文明教育是培养生态意识的途径。而教师是实施生态文明教育的主力军，教师队伍具有较高的生态知识与意识，有利于生态文明教育的实施，进而推进"五位一体"的建设，最终建成美丽中国，实现可持续发展。

2 增强教师队伍生态意识的必要性

2.1 增强教师队伍生态意识是生态文明建设的迫切需要

建设生态文明是实现中华民族伟大复兴的根本保障，是关系中华民族永续发展的根本大计，同你我都息息相关，美丽中国的建成，更是需要全社会的共同参与。而要实现全社会共同参与的局面，需要的是社会成员具有高度的生态意识。作为社会成员中的一部分，教师队伍生态意识的增强更是建设生态文明的迫切需求，因为教师队伍的工作具有"化育人心"的作用。

2.2 增强教师队伍生态意识是实施生态文明教育的前提

习近平总书记曾讲到，美丽中国的建设，需要人才。在进行生态文明教育的过程中，教师是主要的实施主体，发挥着至关重要的带头作用，是培养美丽中国建设一代新人的关键人物。有效的实施生态文明教育，不仅需要建立系统的生态文明教育体系，还需要实施主体具有较强的生态意识。加强教师培训，增强教师队伍的生态意识，充分发挥教师在生态文明教育中的主导作用，是有效实施生态文明教育的前提。

2.3 增强教师队伍生态意识有助于对学生产生一定的影响

基于社会对教师职能和地位的期望和要求，教师在教育情境中扮演着多种角色，榜样示范者的角色使教师对学生产生耳濡目染的作用。具有较强生态意识的教师能够将生态文明思想贯穿人才培养的全过程，在一定程度上对学生产生影响，对解决目前大学生生态意识和素质高度不够等突出问题起到缓和作用。

3 当前我国教师队伍生态意识的现状

教师队伍是年轻一代的培育者，是传递和传播人类文明的专职人员，是学校教育职能的主要实施者，被推崇为"人类灵魂的工程师"。在生态环境问题已成焦点的今天，教师队伍应当发挥其功能，树立较强的生态意识，融生态意识于教育内容之中。但笔者通过相关资料收集与调查研究，认为当前我国教师队伍的生态意识还处于较低的水平，其结果直接导致生态文明教育实施效果不佳。

3.1 有关教师生态意识的调查

有关教师生态意识的调查，如表1所示。

从已有调查研究发现：首先，当前我国教师队伍在观念上对生态文明教育与生态意识的内涵与意义认识不到位。近年来由于各种保护环境的呼吁层出不穷，

表 1　教师生态意识的调查

文章	发表时间	调查现状
山东省中小学教师生态意识调查研究	2008 年	问卷深层次的分析表明，涉及生态意识具体内容时，很多教师还存着认识上的偏差和知识上的不足。调查结果表明，山东省部分中小学教师的生态意识现状还不容乐观，而且在不同地区、不同专业之间也存在着很大的差别
苏南地区小学与学前教育教师生态教育的调查研究	2011 年	教师生态意识较强，但对自身在教学环节中的生态教育意识水平较低
重庆市高中体育课堂教学中生态教育现状与路径构建研究	2017 年	调查显示，重庆市高中体育教师对生态教育的了解还不够深刻，甚至有部分体育教师完全不了解生态教育，这就需要体育教师应加强对生态教育基本理论的学习。""结果显示，重庆市高中体育教师的生态教育意识整体上还是比较高的，但是也有少部分的体育教师生态教育意识薄弱
文明城市建设背景下提升幼儿教师及家长生态意识刍议——以铁岭市为例	2017 年	虽然学生家长、教师具备了一定的生态意识，但是随着调查的逐步深入，课题组发现部分教师及相当一部分学生家长的生态意识不强，流于表面

教师对于生态问题有所了解，一定程度上也加强了保护生态环境的意识，但由于缺乏相应系统的知识体系，大多数教师对于什么是生态文明教育，什么是生态意识都缺乏充足的认识，大多停留在表面的认识上。其次，教师生态文明教育行为随意性。观念指导行动，由于生态意识的薄弱，教师在进行生态教育时大多知识都是信手拈来，其科学性与思想性都略显不足。

3.2 问题存在原因

问题存在的主要原因是：第一，教师观念受"人类中心主义"观念的影响，生态意识缺乏。该理论认为只有拥有意识的人类才是主体，自然是客体。受传统观念的影响，教师对保护生态的重视度不够，因此，相应的生态意识也未能很好树立。第二，学校缺乏相关的生态文明教育课程体系。教学过程既包括教师的教，也包括学生的学，即教学相长。当前我国大部分学校都未有健全的生态教育课程体系，固然教师与学生的生态意识都很难得到专门的强化。第三，教师在职教育工作践行不够。为更好地培养德才兼备的合格教师，提高教育教学质量，教师在职教育有其必要性。生态文明教育贯穿人类一生，融生态教育于教师在职教育能实现终身教育理念，增强教师队伍的生态意识。

4 新时代增强我国教师队伍生态意识的思考

俄国著名作家车尔尼雪夫斯基曾说过，"生命，如果跟时代的崇高的责任联系在一起，你就会感到它的永垂不朽"。新时代，教师不能停留在传统教育模式上，而应该肩负起生态文明教育的历史责任，立足新时代，从自身做起，引领新人。

4.1 建设生态校园，孕育生态意识

生态校园是指运用生态学的基本原理与方法规划、设计、建设、管理及运行的人与自然关系和谐，各物种布局、结构合理且自然环境优良，物质、能力、信息高效利用且对环境友好的集学习、工作、活动、休闲功能于一体的人工生态系统。古有"孟母三迁"的故事、"近朱者赤，近墨者黑"的告诫，这都体现了环境对人成长的重要影响。今天，我们宣扬教育要回归常识，而环境是进行教育的一项重要途径，同时，也能体现出一所学校的教育理念。如今，越来越多的学校

开始融绿色、生态、健康、环保等理念于校园建设之中，以四川国际标榜职业学院为例，它是一所园林式的校园，一草一木，一砖一瓦，一词一句都迸发着生命的气息，象征顽强生命力的火棘，立体式绿化，各色果树等，处处尽显"和谐之美"。学院坚持可持续发展理念，打造新乡土生态校园。师生在这里，孕育出强烈的生态意识，遵循人与自然和谐共处的原则。

生态校园的生态教化以一种耳濡目染的方式熏陶着工作于这里的教师；利用生态校园，可以对教师进行生态教育，愉悦身心，从而提高教师的生态意识。

4.2 开拓数字化阅读，渗透生态意识

"书不仅是生活，而且是现在、过去和未来文化生活的源泉"，阅读可以明了人类的活动，而人类所有的活动是组成生活的根本；阅读可以启迪智慧，领悟经典的思想。苏轼曾言，"书富如入海，百货皆有"，但"人之精力，不能兼收尽取"，新时代，学校可以通过数字化平台，将丰富、海量的书籍进行数字化的管理，数字化阅读能够使教师充分利用碎片时间，如此，阅读于教师而言，就成了"信手拈来""弹指一挥"之事。不得不承认，阅读可以开阔视野，生态文明是一种价值观，也是一种日常行为，通过数字化阅读平台，生态意识的渗透将成为易事。

4.3 整合云平台资源，优化教师在职培训资源，强化生态意识

教师在职培训能全面提高教师自身素质和业务能力，提高教育教学质量，培养新型的合格人才。终身教育思想和学习化社会理论都要求人们不断学习，而作为教育工作者的教师，更应该在这方面作出表率。"互联网+"教育时代，可以通过优质资源共享方式，强化教师的生态意识，具体做法是：将有关生态文明的课程放在云端，通过互联网直播教学将有助于提高教师生态意识的优质课程资源，如生态德育、生态伦理学、生态美学等课程内容，以此提高教师对生态教育的理解和认识。生态意识的强化，有赖于教师在职培训的内容中对生态意识的渗透。在职教师一般工作任务多，对于自身素养的提高，很多时候是心有余而力不足，而立足新时代，通过整合云平台资源与教师在职培训的方式，是一条树立与强化教师生态意识的有效途径。

4.4 完善生态文明教育课程体系，教学相长，增强生态意识

教学是一个双向互动的过程，它既包括教师的"教"，也包括学生的"学"。"教"与"学"是相辅相成的，故曰"教学相长也"。课程是教育思想、教育目标和教育内容的主要载体。生态文明教育体系建设需要明确主要目标、基本内容、实施途径和评价体系，此外融生态文明教育于思政德育教育，组织编写专业教材，通过实践与反思，在课程体系构建过程中发现问题并解决问题，以完善生态文明教育课程体系。其不仅有利于学生生态意识的培养，更有利于教师队伍生态文明教育知识体系的完善与生态意识的提高。

4.5 利用国际交流与合作，追求生态意识

教师队伍应该在注重专业发展的同时，紧抓时代脉搏，认真分析教师发展所面临的挑战，充分认识国际交流与合作的重要性，将国际交流与合作提升到长期的发展战略位置。目前，我国生态文明教育还处于初级阶段，相关制度、法律仍处于规范建设之中，而国外在这一方面的成功经验较多，使得我国生态文明教育有法可依，有助于稳步推进，最终构建出具有中国特色的生态文明教育体系。教师队伍应充分利用多方位资源，学习、交流、借鉴、合作国外优秀做法，最终达到创新的境界，以提升教师生态意识与发挥良好的生态文明教育作用。

5 结语

当前，我国正处于全面建成小康社会的决胜阶段，教育改革发展进入中国特色社会主义新的历史阶段，作为教师，我们应该立足新时代，站在新起点，认清我们所肩负的使命和责任，力争做"四有"好老师，成为符合新时代需要的高素质教师队伍。"建设生态文明是中华民族永续发展的千年大计""坚持人与自然和谐共生"是"新时代中国特色社会主义建设的14条基本方略"之一，作为新时代的教师，我们应该为新时代的使命作出贡献。

参考文献

［1］温远光.世界生态教育趋势与中国生态教育理念［J］.高教论坛，2004（2）：52-55.

［2］王道俊，郭文安.教育学［M］.北京：人民教育出版社，2013：444.

［3］徐洁.生态文明教育的内涵、特征与实施［J］.现代教育科学，2017（8）：8-12.

［4］于冰，王洪新.生态意识的当代审视［J］.马克思主义研究，2016（3）：111-117.

［5］刘贵华，岳伟.论教师的课堂生态意识及其提升［J］.教育理论与实践，2015（16）：30-34.

［6］余谋昌.生态意识及其主要特点［J］.生态学杂志，1991（4）：70-73.

［7］周远丽.重庆市高中体育课堂教学中生态教育现状与路径构建研究［D］.西南大学，2017.

［8］卢越.文明城市建设背景下提升幼儿教师及家长生态意识刍议——以铁岭市为例［J］.辽宁师专学报（社会科学版），2017（5）：135-136.

［9］单岩，陈慧.大学英语教师教育生态意识调查［J］.琼州学院学报，2008（1）：64-66.

［10］石竹.山东省中小学教师生态意识调查研究［J］.山东教育学院学报，2008（1）：13-16.

［11］赵冬初.高校教师生态文化素养的提升［N］.光明日报，2008-01-16（10）.

［12］全国生态文明意识调查研究报告［N］.中国环境报，2014-03-24（02）.

［13］中共中央 国务院关于全面深化新时代教师队伍建设改革的意见［J］.中国高等教育，2018（Z1）：4-9.

［14］常晓薇，孙峰，孙莹.国外环境教育及其对我国生态文明教育的启示［J］.

教育评论，2015（5）：165-167.

［15］刘贵华，岳伟.论教育在生态文明建设中的基础作用［J］.教育研究，2013，34（12）：10-17.

大学生生态文明教育现状浅析及探讨

林洋洋（四川国际标榜职业学院 四川成都 610103）

生态文明教育以环境教育为基础，以可持续发展教育做展开，吸收了国内外大量关于生态文明建设方式与教育方法的研究成果而产生的教育理念，同时也是思想政治教育的重要内容。大学生是国家的栋梁、民族的希望，承担着深化改革与实现社会主义现代化的重要使命。想要培养大学生全面发展，加强生态文明教育环节是必不可少的。优良的生态文明意识有助于更好地培养大学生的社会责任感与使命感。加上如今的社会发展与经济发展的趋势都在向可持续发展的战略目标转变，对生态文明理念的全社会覆盖提高出了新的挑战。

1 大学生生态文明教育现状及问题

1.1 大学生生态文明教育主体对生态文明教育助推力不够

大学生生态文明的教育主体，是指在大学生生态文明教育过程中具有主动教育功能的组织或个人。首先，大学生生态文明教育的机构主要是指高校。高校对生态文明教育的助推力度尚未达到应有的水准，在生态文明教育宣传上欠缺较多，没有形成校园文化风貌。高校在主动实施生态文明教育过程中部署与安排不够，课程设置与教学资源没有跟上步伐，软件设施、硬件设备、平台供给与师资力量较为缺乏，在宣传教育工作中缺乏占有率，积极性较弱，没有相应的政策激励教师与学生积极参与生态文明科研创新工作。这些都是导致大学生生态文明教育存在问题的主要原因。其次，教师主动接受生态文明的主观能动性不强，对生态文明的认知程度不高，对开展生态文明教育的积极性偏低，对生态文明知识储备不足。在实施文化教育过程中并没有向生态文明方向积极靠拢，将专业实际与生态理念结合在一起，在对学生的思想考核与行为激励上不侧重生态文明理念。

1.2 大学生生态文明教育客体接受生态文明教育的主观意识欠缺

大学生生态文明教育客体，是指在生态文明教育过程中教育主体的行为对象，而教育客体与教育主体地位是变动的，随着条件转换。本文所指教育客体指教育主体进行教育的对象，即大学生群体。当前，大学生群体普遍主动接受生态文明教育的积极性不高，且对生态环境知识、生态哲学知识、生态保护知识、生态法律常识的储备不足。受社会思想和就业压力的影响，只关心自己所学专业的未来发展状况，不会特别关注生态文明的知识储备和吸收，普遍表现为专业技能良好但生态文明的理论知识匮乏、实践行为缺乏。并且还存在着即使尝试践行了部分生态文明的行为，却不受社会认可的现象，挫伤了大学生践行生态文明理念的积极性。在学习生态文明理念的同时，也不能将科学发展观同自我教育结合起来，没能将教育与自我教育统一，完成不了"内化"向"外化"的飞跃，影响了正确的生态意识养成和生态行为形成。

1.3 大学生生态文明教育环境缺乏顶层设计和基础设施

从大学生生态文明教育环境组成来说，可以分为硬环境与软环境。

硬环境主要指的是高校生态文明教育的必要的设备等物质条件与环境搭建，软环境则指的是生态文明教育赖以生存、得以发展的文化氛围与精神条件。高校对生态校园的基础建设不足，包括布局规划与环境建设不到位，绿色植被覆盖率低，教育平台较少，教育设施不齐全，宣传方式的缺少都使得生态文明教育硬环境的建设较为缺失。高校在抓生态文明精神文化的力度不强，没有形成完备的管理体系与激励机制；没有充分发挥大学生参与校园生态建设的能动性；还未看到有高校利用网络手段、校园媒体、宣传栏、校园标语或讲座等手段将生态文明知识进行普及，软环境的建设工作还未有实质性的展开。

2 强化大学生生态文明教育的对策

2.1 把大学生生态文明教育纳入思想政治教育理论体系

思想政治教育是社会文明建设的根本保证，是社会治理的重要手段，是塑造人格的主导力量。利用思想政治理论教育课开展生态文明教育，既是培养大学生世界观、政治观、人生观、道德观、法制观、创造观与健康心理的主渠道，也在大学生生态意识培养过程中起到至关重要的作用。在生态文明建设已然升级为我国战略任务的情况下，高校思想政治教育课程也应该顺应时代发展，积极发挥主渠道作用，把生态文明教育渗透到思想政治教育具体课堂教学中。

2.2 把大学生生态文明教育融入校园文化建设

校园文化环境是多功能的载体，对大学生群体具有导向、熏陶、激励、娱乐、辐射功能。良好的生态校园文化环境是塑造师生生态文明素养的阳光、空气、雨露及土壤，影响着学生的价值取向、思想道德以及生活方式的选择，具有潜移默化、水滴石穿的力量，生态校园文化建设对于推进大学生生态文明教育具有决定性的影响。例如，在学校里面设立垃圾分类的装置，并以图文的形式明确垃圾分类的标准（见图1），再以主题班会、辅导员班会等形式从思想上让大学生明白垃圾分类的意义，从培养践行垃圾分类的行为习惯中普及推行大学生生态文明的意识。

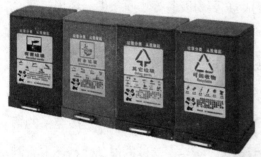

图 1　图文并茂的垃圾分类装置

2.3 加强日常学习生活中的生态文明教育引导

当今有许多大学生都是积极的环境主义保护者，这在很大程度上是教育影响的。但绝不仅仅是学校教育单方面的影响，也包括大学生们随着时代变化和倡导产生的属于他们自己的思考模式和感觉方式对他们自身的影响，毕竟传统的感觉方式在他们身上已经不那么根深蒂固了。即便如此，这仍然足以证明教育可以改变大学生的态度，并且可以培养出新的行为方式。大学生不仅是教育客体，同时也是自我教育的教育主体。推行生态文明教育，同样需要大学生个体充分发挥其主观能动性，以生态文明的方向来重新认识世界、认识自然、认识自身，以生态思想指导自己的行为。因此，应面对不同的教育对象，采取不同的教育手段，运用辅助牵引的方式激励大学生发挥其主观能动性，鼓励大学生进行自我生态文明教育，而且通过自我教育学到的生态文明知识要比教师灌输的知识记忆更为深刻，理解更为透彻。在日常生活中面对不同情况能够对自身的行为作出正确的指示，养成良好的生态行为及习惯，使得高校开展大学生生态文明教育活动更加畅通无阻。

2.4 增加大学生生态文明教育实践教学

"实践是检验真理的唯一标准"。恩格斯指出，"人们实践活动越多，就越会重新感觉与认识到自身与自然界的一致，而把那种精神和物质、人类和自然、灵魂和肉体对立起来的那些荒谬的、反自然的观点，也就不复存在了"。对于大学生生态文明教育理论的提升仅仅是肇基，运用正确的理论来指导实践活动才是更重要的部分。生态文明教育的主客体的实践性更是决定了大学生生态文明教育的长期性与时效性，在实践过程中综合运用各类资源，吸取教训，总结经验，不断探索新时期、新形势下的大学生生态文明教育实践的新路径。

综上所述，大学生是一个国家的重要群体，承载着国家和民族的发展希望。肩负着社会发展和生态文明建设的重任。他们关系着实现"中国梦"的成功与否，关乎祖国的未来。大学生生态文明教育对大学生生态文明理念的树立尤为关键。本文中，对大学生生态文明教育存在问题及强化大学生生态文明教育措施展开介绍，以期更好地对大学生进行生态文明教育，培养出顺应时代发展要求的全面型人才，引导大学生们在学习中更好地提升个人修养、完善人格，从而提升人生境界。

参考文献

［1］何京玲，杨小军.绿色发展理念下大学生生态文明教育的创新［J］.环境教育，2017（2）.

［2］黄宇，张丽萍，谢燕妮.国际生态文明教育的趋势与动向［J］.环境教育，2017（11）.

［3］于克锋，张建恒，霍元子.环境生态学课程教学中的生态文明教育方法探索［J］.安徽农业科学，2018，46（8）.

［4］陆林召.加强大学生生态文明教育的意义及实施策略［J］.学校党建与思想教育，2015（1）.

［5］周晓阳，胡哲.我国大学生生态文明教育存在的主要问题及其原因分析［J］.中国电力教育，2013（10）.

［6］习近平总书记系列重要讲话读本［M］.北京：人民出版社，2014：8-9.

高职院校大学生生态环保意识教育现状调查及对策研究

——以四川国际标榜职业学院为例

杨小平（四川国际标榜职业学院　四川成都　610103）

党的十八大明确提出"要大力推进生态文明建设"，并将生态文明建设与经济、政治、文化与社会的建设一起并入到国家发展的"五位一体"总体布局之中，进一步表明了生态文明建设的战略地位和建设生态文明的紧迫性。党的十九大报告对生态文明建设进行多方面的深刻论述，习近平总书记指出："加快生态文明体制改革，建设美丽中国。"国家进行生态文明建设，离不开大学生这个群体，加强对大学生的生态文明教育，不仅可以培养大学生的生态文明意识，还能养成大学生的生态文明行为，更能提高大学生的生态文明素养，因此高等教育教学加强大学生生态文明素养的培育已势在必行。

1 概念界定

1.1 环保意识

环境是指既包括大气、水、土壤、植物、动物、微生物等为内容的物质因素，也包括一些自然因素和社会因素，既包括非生命体形式，也包括生命体形式。

环境保护一般是指人类为解决现实或潜在的环境问题，协调人类与环境的关系，保护人类的生存环境、保障经济社会的可持续发展而采取的各种行动的总称。

环保意识是人们通过一系列实践活动过程而形成的对环境保护的认识和行为倾向，它由环保认知、环保行为倾向两种成分构成，其中，环保认知是环保意识产生的基础，但环保意识并不止于环保认知，人们通过对当前环境的危机感、责任感与道德感等而产生一定的行为倾向，从而引导正确合理的行动。

1.2 大学生环保意识

大学生作为当代具有较高知识储备和素养的群体，具有比普通民众更强的判断力和思想觉悟，有着较强的解决问题和思考问题的能力，有着较强的接受与适应能力，因此，生态环保意识教育的主体首要选择的对象就是大学生，他们的生态文明素养、生态文明意识及对于生态文明的认知程度等都对于我们国家乃至整个民族的发展有着重要的影响作用，他们也是推动人与自然、人与社会、人与自身协同发展、和谐共处，是贯彻和落实科学发展观、建设美丽中国、全面建成小康社会的必然选择。

大学生环保意识是指大学生在掌握环保知识和理解环保规则的基础上，所形成的对环境的一种带有情感道德色彩的觉悟。这包含了两层含义：一是指大学生对环境问题和环境保护的认识水平和程度；二是指大学生参与环境保护行为上要有一定的自觉性。

大学生环保意识反映是一种对环境的认同感，大学生有意识地去关注环境变化和生态平衡，并且自觉地维护生态系统的良性发展，强烈反对任何破坏、污染环境的行为。所以，大学生保护环境应该是知和行的统一，也是个体意识和群体意识有机结合的统一。

1.3 大学生生态环保意识教育

大学生作为当代具有较高知识储备和素养的群体，具有比普通民众更强的判断力和思想觉悟，有着较强的解决问题能力和思考问题的能力，以及较强的接受能力与适应能力，因此，大学生生态环保意识教育的主体首要选择的对象是大学生，他们的生态文明素养、生态文明意识及对于生态文明的认知程度等都对于我们国家乃至整个民族的发展有着重要的影响作用，他们也是推动人与自然、人与社会、人与自身协同发展、和谐共处，是贯彻和落实科学发展观、建设美丽中国、全面建成小康社会的必然选择。

大学生生态环保意识教育有自身一定的教育内容，通过校内理论教学传授大学生生态哲学知识、生态环境科学、生态法制内容及生态文明建设理论来培养大学生群体树立正确的生态文明观念与行为；有自身特殊的评估机制，就是对大学生进行思想政治教育素质测评，在大学生动态思想方面，一般都是由辅导员来掌握与评估；还有自身特定的教育方法与路径，不仅要通过理论教学的方式使之形成生态文明理念，还要通过课外实践来培养大学生生态文明行为，使之成为全面的、具备高度生态文明素质的社会主义合格建设者和接班人。

综上所述，大学生生态环保意识教育就是以科学发展观作为指导思想，将人与自然协同发展作为出发点，有目的、有计划、有组织地培养大学生的生态环保意识。在生活中树立正确的生态文明观，做到绿色消费等，而且能够积极参与到生态实践活动中来，为社会生态文明建设贡献出自己的力量。

2 大学生生态环保教育意识及行为现状调查问卷分析

2.1 调查对象

本次采取了问卷调查方法，选择了四川国际标榜职业学院健康学院、人文与外事学院、商学院和艺术与设计学院共计12个班，其中一年级3个班（健康学院、商学院和艺术与设计学院各1个班），二年级8个班（每个学院2个班），三年级1个班（人文与外事学院）；总计580名学生，发放问卷580份，收回 519份问卷，其中有效卷为519份，有效率为89.4%。关于调查对象的具体情况见表1和表2。

表 1　调查对象年级分布情况

年级项目	发放问卷数（份）	有效问卷数（份）	有效率（百分比）
一年级	150	135	90%
二年级	400	360	90%
三年级	30	24	80%

表 2　调查对象男女比例

性别	有效问卷数（份）	有效率（百分比）
男	125	24.08%
女	394	75.92%
有效填写人	519	

2.2 我院大学生生态环保意识教育存在的问题

2.2.1 大学生生态环保意识较弱

通过表3问卷的数据显示，1.73%的学生非常了解，29.8%的学生有一定的了解，有54.7%的同学仅仅只是听过但不了解，完全不了解的占13.6%；表4显示，71.1%学生感觉自己的环保意识一般，不高不低，这类型的学生一般都随大众和

表 3　您对生态环保概念了解吗？

选项	小计	比例
A. 完全不了解	71	13.68%
B. 听过但不清楚	284	54.72%
C. 有一定了解	155	29.87%
D. 非常了解	9	1.73%
本题有效填写人次	519	

表 4　您觉得自己的生态环保意识如何？

选项	小计	比例
A. 很强	148	28.52%
B. 一般	369	71.10%
C. 几乎没有	2	0.39%
D. 非常了解	0	0%
本题有效填写人次	519	

主流，如果引导较好，是学校生态环保建设力量的先行者，通过表3、表4的调查数据不难看出我院的生态环保教育中，缺乏对教育理念的植入和宣传，这种现状出现一是对生态环保概念了解程度不够；二是学生环保意识不强，因此，学院需要高度重视对大学生进行生态环保教育。

2.2.2 我院大学生生态环境保护行为方式出现偏差

人们在了解和掌握生态环境保护的相关常识以及现实情况以后，真正将这些知识内化于心，外化于行，需要在日常生活中真正践行生态文明。表5问题是您是否会分类垃圾，在调查结果看，偶尔占比例最高，55.30%，习惯分类垃圾占18.11%，几乎不和绝对不会分类垃圾占了26.59%，说明学校在垃圾分类教育理念是应该引起重视。表6问题是您是否在意地上的垃圾的行为方式时，数据中，

表 5　您会分类垃圾吗？

选项	小计	比例
A. 绝不会	15	2.89%
B. 几乎不	123	23.7%
C. 偶尔	287	55.3%
D. 习惯的	94	18.11%
本题有效填写人次	519	

表 6　您是否在意教室或校园内地面上的垃圾？

选项	小计	比例
A. 很在意，自己不扔也会阻止别人乱扔	176	33.91%
B. 在意，自己不乱扔，看到也不会捡	300	57.8%
C. 有一点在意，不在意间自己会留下垃圾	39	7.51%
D. 可以接受，觉得很正常，觉得这已经是不可阻挡了，自己也扔	4	0.77%
本题有效填写人次	519	

考验大家在面对公众卫生环境中，自己所表明的立场和态度，有57.8%的人认为自己很在意，自己不乱丢也不会捡别人丢的垃圾，只有33.9%的同学很在意地上的垃圾，自己不扔也会阻止别人乱扔，说明整体的公众环境意识维护意识相对较弱，需要大家共同爱护环境的正义需要发声。

2.2.3 大学生生态环保实践能力缺乏

大学生生态环保意识教育旨在引导大学生运用他们所学知识，结合其专业特色，尝试对生态环境问题进行解决，在实践中培养大学生生态文明责任意识与解决生态环境问题的技能，完成"知"到"行"的转化。但是，现如今高校缺乏生态文明素养教育的实践平台，教育与实践脱节的现状很严重。从表7看出，当然他们对待废品处理也有一定的处理意识，数据显示，当有废品时，他们把物品继

表 7 您对废品的处理是？

选项	小计	比例
A. 卖给废品回收站	217	41.81%
B. 直接扔掉	46	8.86%
C. 有用的留着，没用的扔掉	231	44.51%
D. 其他	25	4.82%
本题有效填写人次	519	

表 8 您吃饭打包走时，会使用一次性筷子吗？

选项	小计	比例
A. 从不	14	2.7%
B. 几乎不	37	7.13%
C. 偶尔	268	51.64%
D. 习惯性的	200	38.54%
本题有效填写人次	519	

续分类后扔掉率是44.51%，直接卖给废品回收站是41.81%，直接扔掉占4.82%，可见在处理废物品的时候，大部门学生还是具有一定的分类和废物利用意识。学生普遍都知道使用一次性筷子对环保会产生破坏行为（见表8），但是仍然有高达90.18%的学生偶尔和习惯性使用一次性筷子。

3 大学生生态环保意识教育存在问题原因分析

经过上述调查，四川国际标榜职业学院大学生生态环境保护意识教育存在的问题应该是很多高校都存在的问题，也是客观存在的，想解决这些问题，就应该深度分析造成这些问题存在的原因，我们可以从学生层面、学校层面、教师层面和教育的方式方法方面进行分析。

3.1 大学生主动掌握生态环保相关知识的意识不强

随着经济文化的发展，大学生利用网络、新媒体技术来获得和了解生态文明知识，但是了解他们的特点不难发现他们的主观动机和主动学习性保持的时间较短，碎片化的学习已经成为他们的学习的主要特点，因此他们对基本生态常识的认知仅仅是短时间内获得认知，缺少自觉学习的主动性，而且也没有进行系统的学习生态文明知识，因此大部分学生对于生态文明知识了解不全面。此外在中国传统的教育模式下，学校、家庭一直重视应试教育，却忽略了对于学生人文素养及生态文明观念的培养，导致学生没有系统地接收到有关生态文明的教育，从外部环境看，学生所生活的外部环境中，也没有一些更好能够影响和熏陶学生的生态环境，导致他们的观念和行为习惯的偏差。例如，随意践踏草坪、离开教室后不随手关灯、用水后没有拧紧水龙头、随意乱扔垃圾等。这些生活中的恶习表明大学生在生态文明教育方面存在着欠缺，使他们没有真正树立生态文明观念，养成生态文明行为，没有形成生态文明保护意识。

3.2 学校对生态环保意识教育重视程度不够

学校对大学生生态环保意识教育的重视程度不够主要体现在以下两个方面。

（1）校园文化环境建设与生态文明素养教育理念不符。

高校的校园文化的好坏直接关系到学校德育工作的效果，好的校园教育环境对学生的教育起到潜移默化的影响作用。重视大学生生态文明教育，必须要营造良好的教育环境。但是很多高校将高校的校园文化打造误认为是学校的高、大、上的建筑，投入巨大的人财物进行校园打造和建设，往往忽视了校园软环境的打造。例如，学校绿化景观、垃圾桶设计、标识标语、学校的风气、教学精神、教学态度、学习氛围等方面。有利于将生态文明教育渗透于大学生的学习生活中。

（2）学校生态文明教育制度保障不完善。

高校的生态文明教育制度保障为生态文明教育建设提供了坚实的后盾。然而很多高校根本没有建立相应的规章制度，导致生态教育教学等工作都难以进行，对大学生生态文明教育也会造成一定程度上的影响。有些高校即使建立了相关的制度，但是缺乏系统性，不成体系，具有一定的局限性。例如，缺专项教育经费作为保障，缺乏配套的生态文明教育工作手册，以上这些问题都会对大学生生态文明教育的有效进行起到阻碍作用。

3.3 生态环保教育专业教师短缺

教师作为人类灵魂的工程师，在大学生生态文明教育过程中起到至关重要的作用，教师生态文明素质程度的高低是决定大学生生态文明教育水平的关键。但是在高校中，大都没有生态文明教育专业的教师，即使许多传授生态知识的教师也都不是本专业。而且授课方式有些单一，忽视了教学过程中与学生的互动交流和课下的实践环节，这些就会影响生态文明教育的质量，无法更好地帮助大学生树立正确的生态文明观。

3.4 大学生生态环保教育方式和途径单一

虽然有些高校在加强生态文明理论方面进行了教育，也开展了一些生态文明素养教育方面的活动，例如，"地球日熄灯一小时"活动、水资源保护日、"植树造林"活动、环保社团组织的清理垃圾活动等，但是大都只是停留在活动宣传，学生参与程度不高，开展活动的层次与深入大学生内心的程度不高。对于生态文明的宣传力度低，没有做到生态宣传常态化，对宿舍、食堂、教室等学生日常的学习生活场所的教育针对性也较少。

4 加强大学生生态环保意识教育对策思考

4.1 提高大学生生态环保意识和行为

4.1.1 树立大学生正确的生态文明价值观

生态文明价值观作为生态文明建设的文化基础，对于生态文明建设有着重要的作用。只有大学生自身意识到生态文明的重要性，具备正确的生态文明观念，才能使得教育真正的有的放矢。大学生应该自觉树立良好的环境价值意识、节约资源意识、理性消费意识和生态保护意识，自觉做到低碳消费、绿色出行，主动抵制不良的拜金主义与享乐主义，不盲目攀比奢侈消费，平时在吃饭过程中，尽量不打包将食物带回，在餐厅使用餐盘食用，做到不剩菜剩饭，不浪费粮食。

4.1.2 提升大学生生态环境保护行为的自觉性

作为21世纪的大学生应该积极主动地加入到生态文明实践活动中来，始终坚持绿色良好的生活习惯，尽可能地将所学的生态文明理论付诸实践中去，规范自身行为，提升个人生态文明素养。积极主动参加学校各种生态文明教育实践活动，参加学院生态环保社团，加入校内外环保志愿者组织，将生态文明理念落实到大学生的实际生活中，除此之外，还应该参加大学生生态文明社会实地调研活动，以小组为单位进行深入的地区调查，收集相关数据与图片等资料，做到在尊重大自然的同时予以回报，从而实现社会、个人价值的完美统一。

4.2 提升学校对生态环保教育重视程度

4.2.1 打造绿色生态环保的校园文化环境

绿色文明校园就像是一本鲜活的教材，学生们在其中潜移默化受到感染，树立生态文明观念，培养生态文明素养，耳濡目染地接受生态文明教育。高校校园文化的打造要从两个方面入手，一是重视对校园生态环境的实体打造。二是重视对校园精神文化方面建设。例如，在食堂可以张贴类似"粒粒盘中餐，皆是辛苦换"等标语，开办生态文明专栏，刊登一些生态文明知识。使大学生们通过校园文化环境不断熏陶树立正确生态文明观，增强生态文明责任意识。

4.2.2 建立健全生态文明素养教育相关规章制度

随着党和国家领导人对生态文明建设的重视，我国的生态文明法律体系也基本形成，从中央到地方政府已形成一股生态文明立法的高潮，高校作为教育的主体，也应该联合教育部门制定相关的生态文明教育法规，将大学生生态文明教育列入学校的生态文明建设的规划中，将学校的管理制度与生态文明建管理制度有机结合起来，奖罚分明，对大学生进行生态文明教育。例如，建立大学生宿舍水电使用收费机制、大学生生态文明教育素质学分、生态文明教育专业教师管理办法、高校教师、学生生态文明素养的考核等，只有这样，才能真正重视生态文明教育，促进大学生生态文明素质的提高，保障生态文明教育长期有效地的开展和实施。

4.3 加强生态环保教育教师队伍建设

高校的生态文明素养教育离不开教师的传道授业，他们的主观能动和专业水平的高低直接决定了生态文明教育的效果，一是教师应当积极主动学习生态文明教育的相关理论知识，对教育内容进行科研学习，完善和充实教师自身的知识量。二是学校要专门针对教师制定外出培训和学习计划，不断提高教师生态文明的学识水平和教育水平，全面提升教师的生态文明素质。三是高校可以通过制定一系列制度来提高教师积极性，如考核评价制度和职称评定制度等，激发教师的工作热情，形成良好的生态文明教育风气。

4.4 建立健全生态环保教育教学体系和探索生态环保教育途径

4.4.1 丰富生态文明素养教育课程

很多高校没有形成一个完整的、系统的、全面的生态文明教育课程体系。学校应该加强环境道德课程的建设，将生态文明教育加入到高校教学改革中去。第一，学校可以组织编写完整的生态文明教育校本教材；第二，把生态文明教育理论知识纳入到"形式政策""思想道德修养与法律基础"及"毛泽东思想与中国特色社会主义理论概论"相关学科教学；第三，开设大学生生态文明的公共课或环境教育专业，使大学生掌握生态文明基础理论知识，了解什么是正确的生活方式及消费观等一系列知识。

4.4.2 拓宽生态文明素养教育方式

随着现代化进程的加速，传统理论教育方式已经不能适应当前高校教育的需要，因此，生态文明素养教育需要创新的教育模式和方法，形成生态文明素养教育方式矩阵，多角度全方位教育。

（1）广播：广播是最直接、有效的宣传方式，虽然传统，但是效率高，覆盖面较广。

（2）两微两端：新媒体时代的到来也大大改善了信息传递的速度和效率，学院的官方微信和微博、网站、APP覆盖面广，直接服务于全校师生，具有较高的影响力。

（3）主题讲座：每年定期邀请专家举办环保专题讲座，具有较高的可行度、推广度。

（4）把生态文明教育实践活动引入到课堂，提高学生的兴趣，增强课堂学习氛围。

（5）重视家庭生态环保意识教育的方式。在生态环境保护教育中，家庭是最容易被忽略的一个教育场所，但是也就是这么一个最容易被忽略的家庭，却是生态文明教育中最重要的一环，父母是孩子最好的老师，因此，充分利用家庭环境中的教育资源，是大学生生态文明素养教育中重要的一部分。作为孩子的父母应该培养孩子具备绿色环保的消费观念，勤俭节约的好习惯，父母在日常生活中要引导好孩子"从小事做起"，热爱大自然，维护生态环境，践行绿色行为。例如，垃圾分类，节约用水，废旧物品的二次利用，出门前关闭电源节约用电，不随地吐痰，不随手乱扔垃圾等，这些细节都是孩子学习的典范。家长在潜移默化中对大学生进行生态文明教育，陶冶了学生的情操，养成生态文明行为。

（6）其他方式。小组互动式教学、制作宣传单、利用课堂派等方式提升教育教学整体质量。

4.4.3 以环保社团为载体推进大学生生态环境保护建设

高校环保社团是进行思想政治教育非常重要的平台，通过高校环保社团将生态文明素养教育结合起来，通过潜移默化的方式，使大学生在社团活动的过程中得到了教育。高校环保社团在生态文明素养教育上的具体作用，可以从以下几个方面概括：思想文化导向的功能、素质延伸及个性拓展功能、激励和凝聚功能、自我调节和监督功能及开拓创新功能等。通过这些功能让学生在人生观、价值观和生态观上树立正确的环境保护，促进大学生生态文明素养。

4.4.4 以绿色环保活动为途径提高大学生生态环保意识

环保活动是实现生态文明教育的重要途径，与日常课堂教学理实结合。高校在开展生态环保社会实践活动时，可以从校内和校外两个方面入手，校内要重视通过生态文明实践活动培养大学生的生态文明意识，树立生态文明观念。开展环保辩论赛、征文比赛、演讲比赛、社区寝室卫生评比、垃圾减量和分类等一系列活动，调动大学生们参与的积极性，深化生态文明认知。校外可以带领学生参观生态文明教育基地，如四川国际标榜职业学院绿色生态环保科普基地、科普体验馆等，高校还应支持鼓励大学生融入社会，多参与社会团体组织的与生态文明教育相关的实践活动。通过活动的开展让更多人了解、普及加强生态环境保护的重要意义，将生态文明行为贯穿于每个人的生活中。

参考文献

［1］潘文岚.中国特色社会主义生态文明研究［D］.上海：上海师范大学，2015.

［2］张蕊.生态文明建设视野下大学生环保意识教育研究［D］.沈阳：农业大学，2016.

［3］辛鹏睿.大学生生态文明教育问题及对策研究［D］.长春师范大学，2017.

［4］沈悦.大学生生态文明教育调查研究［D］.西安理工大学，2017.

［5］钱俊生，赵建军．人类文明观的转型［J］.中共中央党校学报，2008.

［6］曹群.大学生生态文明教育的观念与途径［J］.湖北经济学院学报，2008.

［7］杨志华，严耕.高校开展生态文明教育是时代发展的新要求［J］.中国林业教育，2010.

［8］仲艳维．高校大学生生态文明教育实践途径的探索［J］.中国林业教育，2011.

［9］曾雅丽，周艳华．试论思想政治教育的生态价值［J］.思想教育研究，2011.

关于在对外交往中融入生态文明教育内容的思考

——以四川国际标榜职业学院为例

朱文瑞（四川国际标榜职业学院　四川成都　610103）

当前，生态文明建设同经济建设、政治建设、文化建设、社会建设一道被纳入中国特色社会主义事业"五位一体"总体布局和"四个全面"战略布局的重要内容。习近平总书记强调，绿水青山就是金山银山，坚持节约资源和保护环境的基本国策，像对待生命一样对待生态环境，建设美丽中国，开创社会主义生态文明新时代。然而改善环境不是只依靠我国自己的努力就可以解决的事情，生态文明建设需要全球参与，因此在对外交往中也应积极融入生态文明的内容。

四川国际标榜职业学院作为一所省级示范高职院校，一直保持"教书育人"的初心，并将培养当代大学生的生态文明意识作为学校的责任和义务。该校与国际和港澳台地区相关优质教育机构建立了密切的合作关系，借鉴国际先进教育理念、教育实践、职业标准，探索优质教育的真谛，并将生态文明的教学内容融入公共基础课中，在生态文明校园建设方面也积极与国外知名高校合作探讨，借鉴国外先进环保理念。而国际合作作为该校国际化发展的重要部分，也应考虑在对外交往中融入生态文明教育的内容。本文将以四川国际标榜职业学院的生态文明建设为例，思考如何在对外交往中融入生态文明教育的内容。

1 生态文明的含义

"生态"（ecology）这个英文单词来源于希腊语，它分为两个部分"eco"和"Logos"。前一部分Eco的意思是"家"（home），我们每一个人的住所，这也是一种生态。在希腊哲学家的智慧中，整个世界都是我们的"家"，地球需要实现生态文明，生态文明不能局限于一个国家、一个村庄、一个城镇或者一个家庭。生态这个词的后半部分Logos的意思是"知识"（knowledge）。所以为了实现生态文明，我们必须要了解我们的家园——地球的相关知识，但是目前我们对这个"家"了解得太少了，我们的教育系统关于这个"家"的教育完全不够充分。我们每个人都应该实践"生态"，生态文明应该是在每一个人生活的方方面面，因此在全球范围推广生态文明教育势在必行。

我国著名生态学家叶谦吉教授认为，生态文明就是人类从自然获取利益的同时，又对大自然进行了保护，使得人与自然二者处于一种和谐稳定的关系。人类不能只是一味地向大自然进行索取，更要学会回报大自然，实现人与自然的协同发展。国家环保部副部长潘岳提出，"生态文明就是我们人类在尊重大自然的规律后所获得的物质与精神财富。虽然许多教授、学者立足不同的角度对生态文明概念进行了阐释和解读，但其本质是基本一致的。生态文明是旨在人和自然、人类、社会三者之间友好相处、和谐全面发展的一种社会形态，是社会进步的一种表现。建设生态文明，首先要做到善待自然，认识和尊重自然规律，在此基础上发挥人的主观能动性去改造自然，把我们的社会建设得更加美好。"

2 生态文明教育在境外的发展概况

世界许多国家和地区都在探索和寻求适合的可持续发展道路，如欧盟的可持续发展战略、韩国的绿色增长战略、蒙古国的绿色发展战略、玻利维亚的"地球母亲"战略等。比较国际社会与生态文明建设类似的理念和战略，借鉴相关经验和实践，对于加快和推动生态文明建设，指导地方实践具有重要意义。

例如，澳大利亚的生态文明教育正式开始于1975年，1980年建立了全国性专业教育系统。维多利亚的迪肯大学和昆士兰的格里菲斯大学就联合面向全国范围在职教师开设了生态文明教育远程课程，已拥有大学本科学位的教师在完成课程后可获得硕士学位。加拿大的生态文明教育始于20世纪60年代，如今很多省份科学课程的课程大纲都明确规定了学校需要提供的环境教育相关活动，越来越多的省份将生态文明教育内容融入已有课程中或者建立起可持续性的教育发展战略。台湾官方生态文明教育始于1987年。一直以来，"循环"都是台湾生态文明教育的主题，在很多情况下，"生态教育"甚至被看作与"固体废弃物循环"同义。台湾的公园、自然中心及博物馆都在支持环境教育方面表现出很大积极性，公园和自然中心定期举办的讲座服务和自然追踪活动为公众提供了更好地了解自然环境的机会，这类活动的长期持续开展给台湾带来了极大的社会效益，人们在资源循环利用、垃圾清理、古树和文物保护方面都产生很大热情并形成良好自觉性。目前台湾的生态文明教育已成功实现了生态教育系统化，户外实践教育也得到了充分重视。

从澳大利亚、加拿大及台湾地区成功的生态文明教育经验中我们大致可以看出其有以下几个特点：教育目标系统化、教育内容突出和教育方法具有实践性。这些都为高校开展生态文明教育提供了很好的启发。

3 四川国际标榜职业学院的生态文明建设基础

四川国际标榜职业学院一直秉承"以美与健康提升人的生命品质"的办学宗旨，注重建构人与人、人与社会、人与自然的和谐与可持续发展。建校伊始便结合对传统技术、传统工艺等非物质文化的收集整理，关注人的使用，珍惜资源，为学生带来真善美的生活态度，同时田园学堂的建设也对历史文化遗存进行了发展性保护。除了生态文化保护，在四川国际标榜职业学院的生态建设比比皆是，如陶罐湿地通过陶罐的毛细渗透作用和土壤渗滤净化水体的作用，结合雨水净化、灌溉、冷却水景、抑制藻类生长为一体的景观湿地系统，在景观水系统循环的同时达到美化环境和灌溉的双重用途；可视化人工湿地野花集，野花集汇集了数十种花草植物的生长，人工湿地根据连通器原理，利用景区荷塘、恋鱼池两个蓄水池进行雨水回收净化，再通过人工湿地、水景等形式对雨水进行加以净化并使其循环，从而调节景区内水资源平衡，再利用雨水灌溉景区内植物，维持雨水生态景观。

同时，该校坚持可持续发展理念，打造新乡土生态校园。校园绿化突出自然活力农耕式的永续发展理念，主张适度开发利用自然资源，让大自然恢复生机，期望以永续发展，从而达到环境生态保持生生不息的风貌。坚持资源利用与可持续发展兼顾，通过对地域文化深入调研，充分利用当地树种、植被，保留植物的多样性。栽培适合本地土壤生长且生命力极强的灌木"火棘"，红砖墙在"火棘"映衬下体现出大自然和谐之美。为保持生态环境，在有限的校园内充分利用土地资源，大量发展立体绿化，绿墙、绿篱、绿棚、绿帘、绿廊、绿园等立体绿化效果突显。这些都让学生清楚地看到并认识到环境绿化、美化建设的重要意义，从而营造了和谐的校园氛围。

另外，四川国际标榜职业学院还将生态文明教育加入基础教育课程体系，通过学校教育，让大学生树立生态意识、普及生态知识，形成生态自觉，加深个人对环境破环带来生态危机的忧患意识，培养学生维护一草一木的特有情感，养成良好的生态文明行为。

除了传承中国传统生态技艺，四川国际标榜职业学院也吸取了国际生态理念，以"霍格沃兹魔法学院"出名的图书馆的自然通风原理便是受英国爱丁堡玛丽皇后宫殿的地送风、烟道等古典的通风原理启发，节省能源获得冬暖夏凉的舒适感的同时，学生在阅览图书时还可以呼吸到来自大自然的清新空气。

4 关于该校对外交往工作融入生态文明教育内容的思考

四川国际标榜职业学院作为"全国绿化先进单位"，已经将环境教育、可持续发展的生态理念融入到了校园建设和学生素质培养中，这也自然成为其在生态文明领域中开展对外交往工作的重要纽带和基础。那么，如何将生态文明教育内容融入高校的对外交往工作中，笔者认为可以从以下几个方面进行探索：

4.1 通过对外交往，将中外生态文明教育实践经验引进学校并落地，以更好地适应本校的生态文明教育设计

四川国际标榜职业学院与英国舒马赫学院（以下简称学院）进行了友好的互访。位于英国西南部德文郡达庭顿的舒马赫学院在英国是可持续园艺研究领域的先锋。舒马赫学院希望学院的教育可以包含非物质价值，如同情心、想象力、创造力、美感和道德，把理性和感性相结合，把质量和数量相结合，把逻辑和直觉相结合。而生态和灵性两者就代表了这种全然的愿景。课程内容上，从学院初创开始，就很注重把生态感观融入科学领域，无论是课程，整体科学，转型经济，设计思维，都以介绍新生态范式为开场白，然后在不同的领域深入研究在新生态范式的具体运用。通过与舒马赫学院的交流访问，可更深入地了解如何在高校环境、课程、人文素养教育上融入生态文明，从而结合本校实际设计出更适合的生态文明教育建设的内容。

另外，为将四川国际标榜职业学院中江校区建设为集生态康养为一体的生态文明小镇，学院领导还走访了德国、奥地利、澳大利亚、泰国等高校或机构。师

夷长技，因地制宜，通过学习、吸收、转化将国外的先进理念和经验融入校园的环境建设和课程设计中去。

4.2 通过组织国际生态文明相关学术会议，搭建沟通平台，及时总结会议精神并应用于实践

由四川国际标榜职业学院、中欧社会论坛、国际生态文明大学、北京益地友爱国际环境技术研究院四家机构共同发起的"首届生态文明教育国际学术交流会"和"生态文明教育研究中心"的成立。来自国内外生态文明教育领域的学者、专家共叙生态文明教育，共谋生态文明建设与发展。通过高校之间、学科之间的密切对话、交流与合作，生态文明教育研究中心将共同开展生态文明教育体系、教学方法和执行途径等研究探索，汇集生态文明相关优秀教师、教材、课程，共享生态文明优质教育资源，以构建适合于高校的生态文明教育体系。

4.3 为学校青年师生打通国际学术、科研、交流及学历提升的渠道，全面实现学校生态文明教育发展的国际化

在国际交流活动方面，通过组织国际青年学生与在校大学生的交流活动，让更多的师生获得国际前沿的生态文明建设理念和经验。实践证明，每一个国家和地区，在生态文明建设方面都有其独特的方式方法和成功经验，值得我们学习借鉴和深入分析。通过国际院校间的交流合作，通过开展学术交流讨论和实地考察等方式，整合跨国资源，在实现国际交流合作的基础上，实现先进经验的本土化，以推动本校生态文明教育发展的国际化。

目前，国际化作为衡量一所高校发展的重要指标，对外交往工作不仅仅在学生、科研、教学、课程等方面起着举足轻重的作用，也必然成为高校发展生态文明教育的重要途径。

5 结语

对外交往工作是四川国际标榜职业学院生态文明建设和国际化发展的重要组成部分。通过对外交往搭建起国际交流的重要平台，以融合东方文化与西方文化、传统文化与现代文化的教育理念，用国际化的眼光审视学生的未来发展，为努力培养包容多元文化，适应国际社会，具有生态文明素养的高素质人才起到一定的推动作用。

参考文献

［1］黄世贤，李志萌.绿水青山就是金山银山——学习领会《习近平谈治国理政》第二卷关于生态文明建设的重要论述［N］.人民日报，2018-01-16.

［2］叶谦吉.真正的文明时代才刚刚起步——叶谦吉教授呼吁开展"生态文明建设"［N］.中国环境报，1987-6-23.

［3］沈悦.大学生生态文明教育调查研究［D］.西安：西安理工大学，2017.

［4］赵建军."新常态"视域下的生态文明建设解读［J］.中国党政干部论坛，2014（12）：36-39.

［5］房尚文，吴斌.马克思的生态伦理思想［J］.云南社会科学，2010.

［6］田杰.浅析经济全球化对中国环境的影响.现代营销［J］，2015（3）.

［7］吴芳.高校生态文明教育研究［D］.成都：成都理工大学，2015.

［8］范梦.思想政治教育视野下大学生生态文明教育研究［D］.北京：中国矿业大学，2017.